Daniel Brandlechner

Seismografien des frühen 21. Jahrhunderts

Daniel Brandlechner

Seismografien des frühen 21. Jahrhunderts

Wie Erdbebenereignisse in Katastrophendiskurse übertragen werden

DE GRUYTER

Überarbeitete Version der im September 2023 bei der Universität Wien eingereichten und im März 2024 erfolgreich verteidigten Dissertation

Die Open-Access-Publikation dieses Buches wurde durch den Open-Access-Publikationsfonds des Fachinformationsdienst Allgemeine und Vergleichende Literaturwissenschaft (FID AVL) der Universitätsbibliothek J.C. Senckenberg unterstützt.

ISBN 978-3-11-170929-1
e-ISBN (PDF) 978-3-11-170932-1
e-ISBN (EPUB) 978-3-11-170960-4
DOI https://doi.org/10.1515/9783111709321

Library of Congress Control Number: 2025946157

Bibliografische Information der Deutschen Nationalbibliothek
Die Deutsche Nationalbibliothek verzeichnet diese Publikation in der Deutschen Nationalbibliografie; detaillierte bibliografische Daten sind im Internet über http://dnb.dnb.de abrufbar.

Einbandabbildung: peshkov/iStock/Getty Images Plus
Satz: Integra Software Services Pvt. Ltd.
Druck und Bindung: CPI books GmbH, Leck

www.degruyterbrill.com
Fragen zur allgemeinen Produktsicherheit:
productsafety@degruyterbrill.com

Die Tiefe muß man verstecken. Wo? An der Oberfläche.
Hugo von Hofmannsthal: Buch der Freunde

Vorwort und Danksagung

Nach dem Erdbeben am 6. Februar 2023 in der Grenzregion zwischen der Türkei und Syrien wurden Bilder und Videos aus dem Erdbebengebiet in sozialen Medien geteilt und kommentiert. Im Fernsehen wurden Spezialsendungen zum Erdbeben gezeigt, in denen Individuen mit vielfältigen Fachkenntnissen auftraten und die Ereignisse einzuordnen versuchten. Die Zeitungen meldeten täglich neue Informationen aus den Erdbebengebieten und auch im Radio drehte sich einige Tage lang alles um das Erdbeben. Die Zahlen der Erdbebenopfer und des Schadens waren immens und wurden täglich nach oben korrigiert. Zunächst wurde von Hunderten von Todesopfern gesprochen, doch bald war die Rede von über 50.000. Außerdem wurden die Ursachen und Folgen des Bebens kontinuierlich in neue Zusammenhänge überführt. Kurzum, die in meiner Dissertation für das frühe 21. Jahrhundert eingängig untersuchten und beschriebenen Mechanismen der Übertragung von Erdbebenereignissen in Katastrophendiskurse traten erneut in Erscheinung.

Nun freue ich mich, dass meine Ergebnisse veröffentlicht werden. Dafür danke ich zunächst Christine Frank, meiner wissenschaftlichen Betreuerin und langjährigen Mentorin. Ohne die durchlaufenen Korrekturdurchgänge und die zahlreichen Gespräche in Präsenz und online hätte ich dieses Projekt nicht in dieser Form durchführen und erfolgreich abschließen können. Durch die fachliche Kompetenz, die kritischen Rückmeldungen und die wertvollen Ratschläge konnte ich meine Forschung auf ein neues Niveau bringen. Vielen herzlichen Dank!

Meine Promotionsphase war geprägt von einer Reihe von Forschungsreisen. Ich danke allen Personen, die an der Organisation meiner Aufenthalte in Deutschland (Wuppertal), England (Canterbury), Frankreich (Lille und – leider nur virtuell – Clermont-Ferrand), Italien (Palermo und Rom), Schweden (Uppsala) und in den USA (Portland) beteiligt waren.

Vielen Dank allen Personen, die mich in diesen Jahren mit einem offenen Ohr begleitet haben. An dieser Stelle möchte ich auch meinen beiden Familien diesseits und jenseits der Alpen danken. Ein besonderer Dank gilt Johanna für das liebevolle, neugierige und immerzu unterstützende Dasein während der Entstehung dieser Arbeit.

Wien, Februar 2025

https://doi.org/10.1515/9783111709321-202

Inhaltsverzeichnis

1. Teil: **Kulturseismologie**

1 Dichtung als Seismografie: Vorüberlegungen

„Er gleicht dem Seismographen, den jedes Beben,
und wäre es auf Tausende von Meilen, in Vibration versetzt."
(Hofmannsthal 2009, S. 140)

Wenn gegenwärtig von der gesellschaftlichen Rolle von ‚Kulturschaffenden'[1] die Rede ist, dann geht dies oft mit der Zuschreibung einer seismografischen Funktion von Literatur, Film und Kunst einher. Das bedeutet, dass sie als eine Art Seismograf agieren, die die Erschütterungen und Veränderungen in der Gesellschaft aufzeichnen und reflektieren. So würde die Literatur „die Veränderungen in den sozialen, ökonomischen und ideologischen Netzwerken [...] dokumentieren und kommentieren" (Terkl 2019), wie es in der Wiener Literaturzeitung *Der Hammer* heißt. Auch das zeitgenössische Theater würde „gleichsam seismographisch gesellschaftliche Bruchlinien und tektonische Verschiebungen bereits in einem frühen Stadium" (Bergmann 2019) erkennen und verhandeln.

Die Metapher hat nicht nur Einzug in den allgemeinen Sprachgebrauch gehalten, sondern auch in die Fachsprachen. So untersucht die kommunikationswissenschaftliche Publikation *Seismographische Funktion von Öffentlichkeit im Wandel* von Bonfadelli et al. (2008) die „seismographische[] Funktion von Öffentlichkeit und Medien" (Bonfadelli 2008, S. 8). Auch die Feuilletonforschung bedient sich dieser Metapher, wenn das Feuilleton gar „seismographisch das Beben einer Kultur im rapiden Umbruch indiziert" (Frank/Scherer 2012, S. 532).

Seismografen sind technische Geräte zur Registrierung von Erdbeben und anderen seismischen Bewegungen. Die sensitiven Wahrnehmungsapparate übersteigen die menschliche Wahrnehmungsfähigkeit um ein Vielfaches und sind dazu gemacht, feinste Bodenbewegungen zu registrieren. Als technische Apparate werden Seismografen gemeinhin nicht als Teil des von ihnen beobachteten Phänomens wahrgenommen, sondern ihnen werden die Eigenschaft objektiven Beobachtens zugeschrieben. Schließlich zeichnen sich Seismografen durch die Art der Aufzeichnung aus. Die kontinuierliche Registrierung von Zeit auf der X-Achse

1 Das Konzept ‚Kulturschaffende' ist äußerst problematisch. Der Begriff eignet sich zwar gut, um genderneutral die Subjekte der Gesamtheit aller Künste zu bezeichnen. Wegen seiner Karriere in totalitären Systemen, insbesondere während der Zeit der NS-Herrschaft, schlagen Eva Blimlinger (2021) und Isolde Vogel (2021) aber vor, den Begriff ganz zu vermeiden. Nichtsdestotrotz handelt es sich heute um einen beliebten Begriff der Alltagssprache. So erlebte der Begriff während der COVID-19-Pandemie eine Renaissance. Um den Fokus auf die Problematik hin zu schärfen, wird der Begriff in der vorliegenden Arbeit bei Verwendung in einfache Klammern (‚') gesetzt, wodurch grafisch die notwendige Distanzierung markiert wird.

https://doi.org/10.1515/9783111709321-001

und der Schwingung auf der Y-Achse charakterisiert den protokollierenden Aspekt von Seismografen.

Die Metapher lässt sich mindestens bis zu einem Vortrag von Hugo von Hofmannsthal zurückverfolgen.[2] Im Jahr 1906 hielt Hofmannsthal in mehreren deutschsprachigen Städten einen Vortrag zur Rolle des dichterischen Subjekts in der modernen Gesellschaft. Später wurde der Vortrag unter dem Titel „Der Dichter und diese Zeit" in der *Neuen Rundschau* veröffentlicht. An zentraler Stelle vergleicht Hofmannsthal den Dichter mit einem Seismografen (vgl. Hofmannsthal 2009, S. 140). Hofmannsthal überträgt die Eigenschaften des neuen technischen Geräts auf den modernen Dichter. Die Schreibtätigkeit des Dichters wird von Hofmannsthal in einen Zusammenhang mit der kontinuierlichen Aufzeichnungstätigkeit des Seismografen gestellt: „Seine dumpfen Stunden selbst, seine Depressionen, seine Verworrenheiten sind unpersönliche Zustände, sie gleichen den Zuckungen des Seismographen [...]" (Hofmannsthal 2009, S. 140). Das visuelle Ergebnis dieser dichterischen Aufzeichnungstätigkeit sei Hofmannsthal zufolge „das Gedicht, das seismographische Gebilde" (Hofmannsthal 2009, S. 148). Mit anderen Worten, Dichtung würde als sensitiver Wahrnehmungsapparat aus objektiver Distanz protokollarisch die Erschütterungen der Zeit registrieren.

Indem man Dichtung als Seismografie bezeichnet, wird jedoch die spezifische Medialität und Materialität des technischen Apparats vernachlässigt.[3] Seismografen werden an bestimmten Standorten platziert, um seismische Aktivität in Form von Bodenwellen zu erfassen und die Amplituden zu registrieren. Vor der Digitalisierung des Aufzeichnungsprozesses zeichnete ein an einem Gewicht befestigter Schreibstift die Ausschläge auf einem mit dem Boden fest verbundenen Registrierpapier auf und erstellte das sogenannte *Seismogramm*, das als Grundlage für die Auswertung des seismischen Ereignisses diente. Alte wie moderne Seismografen zeichnen kontinuierlich die Schwingungen des Erdbodens auf und halten die Amplitude der seismischen Wellen auf der y-Achse und die Zeit auf der x-Achse fest.

Dieses grafische Gebilde kann von *Seismolog*innen* gelesen und entsprechend ausgewertet werden. Das Seismogramm erlaubt Rückschlüsse auf die Intensität oder den Ort eines Erdbebens, was aufgrund dieser Daten seismologisch ermittelbar ist. Ausschlaggebend dafür sind die unterschiedlichen Wellenbewegungen im Seismogramm. Die Pendelbewegungen erlauben Rückschlüsse auf drei unterschiedliche Arten von Wellen: die primären P-Wellen, die sekundären S-Wellen und die zuletzt im Seismografen eintreffenden Oberflächenwellen. Sie

2 Siehe dazu die Ausführungen im Aufsatz „Dichtung als Seismografie" (Brandlechner 2024).

3 Zur technischen Aufzeichnungstätigkeit des Seismografen und zur Ausbreitung seismischer Wellen vgl. hier und im Folgenden das Kapitel „Earthquakes" im Einführungswerk *Understanding Earth* von John Grotzinger und Thomas H. Jordan (2014, S. 347–381).

alle haben zwar denselben Ursprung, das singuläre Erdbebenereignis, sie treffen jedoch nacheinander beim Seismografen ein. Der Grund für die asynchrone Ankunft seismischer Wellen ist durch die Materialität des Übertragungsmediums bedingt: Während sich P-Wellen durch gasförmiges, flüssiges und festes Material im Erdinneren ausbreiten können, bewegen sich S-Wellen ausschließlich durch festes Material und benötigen mehr Zeit, um am Seismografen anzukommen; die zuletzt eintreffenden Oberflächenwellen breiten sich an der Erdoberfläche aus, weshalb sie zuletzt beim Seismografen eintreffen (vgl. Grotzinger/Jordan 2014, S. 355–357).

Diese Dynamik bleibt in der gegenwärtigen Rede von der seismografischen Tätigkeit der ‚Kulturschaffenden' allerdings unberücksichtigt. Darüber hinaus werden hier auch zwei voneinander klar unterscheidbare Prozesse vermengt: der Akt der Aufzeichnung und der Akt der Auswertung und Beschreibung. Wenn ‚Kulturschaffende' also die Seismografen und ihre Bearbeitungen die seismografischen Gebilde sind, wer sind dann die Personen, die in der Lage sind, Seismogramme zu lesen, auszuwerten und zu beschreiben? Wer sind die Seismolog*innen?

Will man an dem Bild festhalten, so wird diese Rolle jenen zuteil, die an der Erforschung diskursiver Dynamiken von Literatur, Film und bildender Kunst einer Gesellschaft interessiert sind. Die im Folgenden betriebene Komparatistik versteht sich als Seismologie in dem Sinne, dass sie – ihrer eigenen „precarious position" (Felski 2015, S. 2) eingedenk – die seismografischen Aufzeichnungen von ‚Kulturschaffenden' erfasst und in Beziehung setzt. In der vorliegenden Arbeit wird Seismografie somit beim Wort genommen.

Bekanntlich setzt sich das Wort *Seismografie* aus dem griechischen Wort σεισμός (*seismós*) und dem Kompositionssuffix *-graph* zusammen, das ebenfalls griechischer Herkunft ist und sich vom Verb γράφειν (*gráphein*) ableitet; das Wort σεισμός bezeichnet eine Erschütterung oder ein Erdbeben (vgl. Pfeifer 1993a), während sich das Verb γράφειν mit den deutschen Wörtern *einritzen*, *zeichnen*, *schreiben* übersetzen lässt (vgl. Pfeifer 1993b). Die vorliegende Arbeit handelt also vom *Seismografieren*, dem physischen Einritzen, Zeichnen oder Schreiben seismischer Ereignisse. Forschungsgegenstand der vorliegenden Arbeit sind *Seismografien*, die Ergebnisse dieser seismografischen Tätigkeit in Literatur, Film und Kunst. Somit steht die Frage im Vordergrund, wie Literatur, Film und Kunst auf die Seismizität der Erde reagieren. Diese Frage verkörpert mehr als lediglich eine Übernahme aus dem geologischen Fachjargon, aus dem die Literatur- und Filmwissenschaften in den letzten Jahren immer wieder geschöpft haben (vgl. Felski 2015, S. 62). Wie gehen Schriftsteller*innen, Filmschaffende und Künstler*innen damit um, dass die Erde regelmäßig von Erdbeben erschüttert wird? ‚Kulturschaffende' reagieren auf Erdbeben, auch wenn diese sich in weiter

Entfernung ereignen. Die zentrale These dieser Arbeit besagt, dass in der Bearbeitung von Erdbebenereignissen gesellschaftlich relevante Themen behandelt werden.

Die literaturwissenschaftliche Forschung hat sich bislang hauptsächlich auf ein einziges seismisches Ereignis konzentriert: das Erdbeben von Lissabon vom 1. November 1755 (siehe u. a. Lauer/Unger 2008a). Aus diesem Erdbebenereignis entwickelte sich in weiten Teilen Europas ein grenzüberschreitender Diskurs. Der französische Schriftsteller und Philosoph Voltaire nutzte das Ereignis als Grundlage für eine philosophische Polemik im 18. Jahrhundert, die als Theodizee-Debatte bekannt ist (vgl. u. a. Weinrich 1971; Lauer/Unger 2008b). In seinem nach dem Erdbeben verfassten *Poème sur la destruction de Lisbonne* hat sich Voltaire auf die in der Philosophie schon vor diesem Ereignis diskutierte Theodizee-Debatte bezogen. Seine Position arbeitete Voltaire in den folgenden Jahren differenzierter aus. Höhepunkt dieser Auseinandersetzung bildet sein Roman *Candide ou l'optimisme*, der im Jahr 1759 erschien. Die von Voltaire in Umlauf gebrachten Texte stehen in einem Zusammenhang mit der „Überpointierung" (Lauer/Unger 2008b, S. 33) von Lissabon und der heutigen Kanonisierung des Erdbebens als geistesgeschichtliche Zäsur. So sieht Harald Weinrich hauptsächlich unter dem Einfluss von Voltaire das Erdbeben von Lissabon als ein Ereignis der europäischen Geisteswelt (vgl. Weinrich 1971, S. 65). Goethe erinnert sich mehr als 50 Jahre später in seiner autobiographischen Schrift *Dichtung und Wahrheit* an das „Weltereignis" (Goethe 1961, S. 29). Auch später in Walter Benjamins für Kinder geschriebenen Rundfunkarbeit „Erdbeben von Lissabon" tritt Lissabon noch als Paradigma von Naturkatastrophen auf (Benjamin 1991).

Das Erdbeben von Lissabon im Jahr 1755 markiert lediglich einen Fall von vielen seismischen Ereignissen, die in zeitgenössische Diskurse integriert wurden und dadurch nachhaltig an Bedeutung gewannen (vgl. Weber 2015). Obwohl die meisten dieser Ereignisse nicht die gleiche intensive Diskussion hervorgerufen haben wie das Erdbeben von Lissabon 1755 (vgl. Lauer 2017, S. 17), haben sich seitdem immer wieder Erdbebenereignisse ereignet, die in Katastrophendiskurse übertragen wurden. Mit der Entwicklung des Nachrichtenverkehrs entlang des Warenverkehrs und dem damit einhergehenden *Strukturwandel der Öffentlichkeit* (vgl. Habermas 1996, S. 71) zielt die Wahrnehmung zunehmend auf globale Ereignisse ab. Besonders im 21. Jahrhundert erregten eine Vielzahl seismischer Ereignisse weltweite Aufmerksamkeit und wurden in Diskurse eingebunden. Allerdings sind Untersuchungen zur Diskursivierung jüngerer Erdbebenereignisse noch nicht weit fortgeschritten. Dies hängt mit der Tatsache zusammen, dass „die sozial-, geistes- und kulturwissenschaftlichen Untersuchungen des Katastrophendiskurses ein relativ neues Forschungsgebiet" (Weber 2015, S. 12) darstellen. Im folgenden Kapitel soll der Forschungsstand kurz umrissen werden.

2 Erdbeben, Katastrophe und Diskurs

Im frühen 21. Jahrhundert hat eine Reihe weltweit geführter Diskussionen, Debatten und Auseinandersetzungen ihren Ausgang in seismischen Ereignissen genommen. Erdbeben sind daher keineswegs ausschließlich ein Paradigma der Aufklärungsperiode im 18. Jahrhundert (vgl. Agazzi/Pailer/Unger 2018), wofür exemplarisch Jakob Birkens Arbeit *Die kalifornische Institution* (2018) zum Erdbeben von San Francisco 1906 angeführt werden kann. Erdbeben scheinen auch die Öffentlichkeit im 21. Jahrhundert sprichwörtlich zu *bewegen* und die öffentliche Aufmerksamkeit zu bündeln. Auch in einer Zeit, die von den realen Auswirkungen des menscheninduzierten Klimawandels geprägt ist, rücken Erdbeben verstärkt ins öffentliche Bewusstsein. Von der geisteswissenschaftlichen Katastrophenforschung wurde auf diesen Umstand aber noch nicht ausdrücklich hingewiesen. Seismische Ereignisse wie das Erdbeben im Indischen Ozean 2004 werden als ‚Tsunami' oder als „Sintflut im 21. Jahrhundert" (Strasser 2023, S. 297) und das Erdbeben vor der Küste Sendais im März 2011 als das nukleare Reaktorunglück ‚Fukushima' (vgl. Geilhorn/Iwata-Weickgenannt 2016) wahrgenommen, ohne auf den Umstand hinzuweisen, dass diese ‚Katastrophen' seismischen Ursprungs sind.

Erdbeben gehören zur Erforschung von Naturkatastrophen, da sie eine der verheerendsten Formen solcher Ereignisse darstellen. In den letzten Jahren und Jahrzehnten hat sich das Feld der Katastrophenforschung stetig erweitert und wurde durch geisteswissenschaftliche Arbeiten bereichert. Begleitet werden diese Arbeiten oft von der Erläuterung des Konzepts ‚Katastrophe'.

Etymologisch setzt sich das Wort *Katastrophe* aus den griechischen Wörtern *κατά* (kata) und *στρέφειν* (strephein) zusammen und kann als *Wendung nach unten* übersetzt werden, was im Sinne einer christlichen Topologie einer Wendung zum Schlimmen gleichkommt (vgl. Pfeifer 1993c; vgl. auch Trempler 2013, S. 7). Während das Wort im *Deutschen Wörterbuch von Jacob Grimm und Wilhelm Grimm* vom Jahr 1873 noch nicht vertreten ist (vgl. Grimm/Grimm 1873, S. 274), liefert der Duden zwei Definitionen des Begriffs. Einerseits wird er als „schweres Unglück, Naturereignis mit verheerenden Folgen" (Dudenredaktion o. J.) definiert, andererseits als *Terminus technicus* der Literaturwissenschaft, als „entscheidende Wendung [zum Schlimmen] als Schlusshandlung im [antiken] Drama" (Dudenredaktion o. J.). Lange Zeit beschränkte sich der Katastrophen-Begriff auf seine aus der Theatersprache abgeleiteten Bedeutung, der zufolge erst die *Katastrophe* das Theaterstück zu einer Tragödie macht. Allmählich ging der Begriff auf neue Bereiche über, wo ein jedes größere Unglücksereignis als ‚Katastrophe' bezeichnet werden kann. Das für die Begriffsverwendung entscheidende Ereignis in diesem Zusammenhang stellt das bereits erwähnte Erdbeben von Lissabon im

https://doi.org/10.1515/9783111709321-002

Jahr 1755 dar. Kleists Novelle *Das Erdbeben in Chili* gilt als das wichtigste literarische Beispiel der begrifflichen Ausdifferenzierung, denn sie „enthält [...] alle Facetten des Begriffs Katastrophe. Sie ist seine zu Literatur gewordene etymologische Bedeutung“ (Wajsbrot 2013), wie es die Schriftstellerin und Essayistin Cécile Wajsbrot in ihrem Artikel „Über Katastrophen schreiben“ ausgedrückt hat.

Heute scheint ‚die Katastrophe‘ als Begriff der Theatersprache in den Hintergrund gerückt zu sein (vgl. Trempler 2013, S. 7). Im Vordergrund steht vielmehr die umgangssprachliche Verwendung des Katastrophen-Begriffs. Das Wort ist von François Rabelais erstmals in die Umgangssprache eingeführt worden, als es 1552 in seinem sogenannten *Quart Livre* (Rabelais 2017; dazu Eliassen 2012, S. 41) erscheint. Der Begriff der *Katastrophe* stellt vor allem einen alltagssprachlichen Begriff dar, wo auch das kleinste Unglück als ‚Katastrophe‘ tituliert werden kann. Darauf hat zuletzt auch die japanische Schriftstellerin Yoko Tawada in Bezug auf die deutsche Sprache hingewiesen: „In Deutschland wird das Wort ‚Katastrophe‘ sehr oft benutzt, auch im Büroalltag. Alles, was die Ordnung durcheinander bringt, ist eine Katastrophe.“ (Gutjahr 2012, S. 34)

Aktuell zeichnet sich zusätzlich eine weitere Nuance ab. Werden erdbebeninduzierte Katastrophen als Resultate langsamer und nahezu unsichtbarer menschlicher Tätigkeit verstanden, dann stehen sie in einer Verbindung zu den Auswirkungen des Anthropozäns, der Idee also, dass das gegenwärtige geologische Zeitalter von der globalen menschlichen Aktivität geprägt ist (vgl. Crutzen 2002). Diese Ereignisse werden unter dem Begriff *slow-catastrophe* bzw. *slow-disaster* geführt. *Katastrophen* werden hier verstanden „not as sudden exogenous calamities but, rather, as endogenous results of human agency invisibly working their effect slowly over a period of years.“ (Holm 2012, S. 116).

In diesem Definitionsgedränge wird oft vergessen, dass es sich bei *Katastrophe* nicht zuletzt um ein Wort handelt, das performative Qualitäten besitzt. Christine Ivanovic hat schon früh in einem Artikel ausgehend von Kathrin Rögglas Erfahrung der Terroranschläge vom 9. September 2001 darauf aufmerksam gemacht, dass dem Wort *Katastrophe* noch kein Platz in der Ästhetik oder der Rhetorik eingeräumt wurde (vgl. Ivanovic 2006, S. 110). Diese Überlegung aufgreifend will der hier vertretene Ansatz die Rede von ‚Katastrophen‘ als eine spezifische Art des Sprechens und Darstellens begreifen. Nicht die Ereignisse selbst, sondern der Umstand, dass und wie diese Ereignisse als ‚Katastrophen‘ verhandelt werden, steht im Zentrum der vorliegenden Arbeit. Zur Markierung dieser Distanzierung vom alltagssprachlichen Begriff wird das Wort *Katastrophe* deshalb in einfache Anführungszeichen gesetzt (‚Katastrophe‘).

Nun stellt sich weniger die Frage nach der von Kathrin Röggla skizzierten „Katastrophengrammatik“ (Röggla 2013, S. 37). Röggla zufolge werden diese Grammatiken ausschließlich institutionell reguliert, was vor dem Hintergrund des komplexen Zusammenspiels der weltweiten Verbreitung von Informationen und Berichten über ‚Katastrophen' zu kurz greift. Sie unterliegen zwar ebenso normativen Regeln, sie werden aber nicht von einer einzigen Institution reguliert. Die Rede von der ‚Katastrophe' soll hier als eine Art der Wahrnehmungsstrukturierung verstanden werden. Mit der Einordnung eines Ereignisses als ‚Katastrophe' ändert sich, wie über das Ereignis gesprochen wird. Wenn etwas als ‚Katastrophe' bezeichnet wird, kann dies eine Sensibilisierung der Öffentlichkeit für bestimmte Fragen und Probleme bewirken. Diese unterschiedlichen Reaktionen lassen sich mit dem Begriff des *Katastrophendiskurses* besser fassen.

Geprägt haben den Begriff Gerhard Lauer und Thorsten Unger, die ihn in ihrem Sammelband *Das Erdbeben von Lissabon und der Katastrophendiskurs im 18. Jahrhundert* (2008a) prominent in den Titel rückten. Leider fehlt jedoch eine klare Begriffsdefinition in diesem Zusammenhang. Die Verwendung des Diskursbegriffs im Singular weist darauf hin, dass die Herausgeber von einem übergeordneten Begriff ausgehen, von dem die in dieser Zeit entstandenen Texte zum Erdbeben regiert werden. Damit stehen sie in einer Linie mit dem regulierenden Diskursbegriff von Michel Foucault, den dieser in *Die Ordnung der Dinge* oder in *Archäologie des Wissens* entwickelt hat (vgl. Parr 2014, S. 234).

Auch die unlängst erschienene Habilitationsschrift *Katastrophe und Kontingenz in der Literatur* von Juliane Blank (2021) lässt sich für die erfolgreiche Aufnahme des Diskursbegriffes in die Katastrophenforschung anführen. So lautet schon der Untertitel *Zufall als Problem der Sinngebung im Diskurs über Lissabon, die Shoah und 9/11*. Während Lauer und Unger in ihrer Einleitung auf eine Definition ihres Leitbegriffs verzichten, setzt sich Blank intensiver mit dem Diskursbegriff auseinander. Im eigenen Unterkapitel „Literarische Katastrophendiskurse in kulturwissenschaftlicher Perspektive" erarbeitet sie folgende Minimaldefinition: „Wenn im Folgenden von Katastrophendiskursen die Rede ist, so sind damit Mengen von Texten gemeint, die sich nicht notwendigerweise explizit aufeinander beziehen, aber sich über den Redegegenstand (‚Katastrophen') zu einer Gruppe verbinden lassen." (Blank 2021, S. 35) Blank definiert ihren Diskursbegriff weitgehend in Abgrenzung vom Diskursbegriff nach Michel Foucault, den sie in der gesamten Studie nur einmal in einer Fußnote erwähnt. Dort weist sie lediglich auf dessen Inkonsistenz hin, wenn der Diskursbegriff „im weitesten Sinne als Beschreibung von zusammenhängender Rede verwendet wird." (Blank 2021, S. 35). Sie orientiert ihre Arbeit stärker am Diskursbegriff des deutschen Semiotikers Michael Titzmann. Dieser setzte sich wiederholt mit dem Begriff *Diskurs* auseinander. Zuletzt definierte er ihn in seiner Einführung in den interdisziplinären Band *Medien und Kommunikation* als ein „System des Denkens und Argumentierens, also ein System der Hervorbringung und/oder Bestätigung und/oder Mitteilung und Einübung und/oder Infragestellung von Wissenselementen oder Wissensbehauptungen“ (Titzmann 2013, S. 106). Blank, die sich auf literarische Texte beschränkt, obwohl sie ausdrücklich eine transmediale Erweiterung befürwortet (vgl. Blank 2021, S. 599), unterscheidet nun zwischen einem „übergeordneten kontinuierlichen Katastrophendiskurs seit dem Aufkommen des Begriffs im Sinne eines verheerenden Ereignisses“ (Blank 2021, S. 35) und „partielle[n] Katastrophendiskurse[n] zu konkreten historischen Katastrophen“ (Blank 2021, S. 35 f.). Zu diesen zählt sie das Erdbeben von Lissabon 1755, die Shoah und die Terroranschläge vom 11. September, die sie als drei exemplarische „Jahrhundertkatastrophen“ (Blank 2021, S. 4) untersucht, ohne dabei den Begriff der *Katastrophe* in Bezug auf seine performativen Qualitäten zu hinterfragen. So lässt sie die überaus wichtige Frage unberücksichtigt, für wen diese Ereignisse eine ‚Jahrhundertkatastrophe‘ darstellen.

Lisette Gebhardt untersucht in *Japanische Literatur nach Fukushima* (2021) literarische Texte zu ‚Fukushima‘, welche sie als „Katastrophenliteratur“ oder „Post-Fukushima-Literatur“ versteht (vgl. Gebhardt 2021, S. 85). Obwohl sie den Begriff des *Katastrophendiskurses* nicht zentral verwendet, fällt ihre Monografie sehr wohl in den Arbeitsbereich der Beschäftigung mit Katastrophendiskursen. Die Arbeit würde sich kaum von den zahlreichen Publikationen ‚nach Fukushima‘ abheben, wenn sie nicht ein Denken der unterschiedlichen Phasen der Diskursivierung eingeführt hätte, die eng mit der Materialität der einzelnen Beiträge gekoppelt werden. Sie sichtet erste Wortmeldungen und Anthologien, Essays, Interviews und Textkonvolute, um sie in einem nächsten Schritt in unterschiedliche Phasen einzuteilen (vgl. Gebhardt 2021, S. 92–125). Gebhardt geht von der Beobachtung aus, dass Fukushima „auf diese Weise, eingespeist in das Diskursdesign und den Diskurskreislauf der globalen Forschungsgemeinde, ein reiches Betätigungsfeld für die Japanologie“ (Gebhardt 2021, S. 77) darstelle, womit sie die Diskursivierung anspricht. Wie schon der Titel *Japanische Literatur* andeutet, beschränkt sie ihre Analyse aber ausschließlich auf die Literatur Japans, ohne das globale Ausmaß der ‚Katastrophe‘ zu berücksichtigen.

In den genannten Beispielen fehlt eine intensive Auseinandersetzung mit der Frage, was unter welchen Voraussetzungen zur ‚Katastrophe‘ erhoben wird und wer das Konzept für sich beanspruchen darf und wer nicht. Das sind Fragen, die traditionellerweise in das Feld der Diskursanalyse fallen, sie bleiben in den Arbeiten aber weitgehend unberücksichtigt. Wenden wir uns daher neueren Beiträgen der Diskursanalyse zu, um den Begriff des *Katastrophendiskurses* für die Analyse im Hauptteil der Arbeit vorzubereiten.

3 Seismografie von Diskursen: Erweiterung des Diskursbegriffs

Der neuere Diskursbegriff ist durch die Arbeiten von Michel Foucault geprägt. Seit seiner Einführung in *Les mots et les choses* (vgl. Foucault 1966) folgte eine ständige Weiterentwicklung in den Werken *L'archéologie du savoir* (1969), *L'ordre du discours* (1979) oder den Schriften zur *Histoire de la sexualité* (1990). Unter *Diskurs* („discours") versteht Michel Foucault „eine Menge von Aussagen, die einem gleichen Formationssystem zugehören" (Foucault 1988, S. 156). Seither wurde diese Definition auf vielfältige Art und Weise aufgegriffen, diskutiert, weiterentwickelt oder abgelehnt (vgl. Parr 2014, S. 233). Die vielleicht prominentesten und produktivsten Anknüpfungen gehen auf Edward Said (*Orientalism*, 1979) und Judith Butler (*Gender Trouble*, 1990) zurück. Aber in nahezu jedem Arbeitsbereich lassen sich produktive Auseinandersetzungen beobachten. Eine Weiterentwicklung hinsichtlich der Medialität von Diskursen hat Friedrich Kittler vorgenommen. Seine Beobachtungen können auch für eine transmediale Katastrophenforschung fruchtbar gemacht werden und den Ausgang bilden, Katastrophendiskurse in einer Vielzahl von Medien und Materialitäten zu untersuchen. Deshalb soll Kittlers kritische Auseinandersetzung mit Foucault kurz rekapituliert werden.

In seiner Arbeit *Aufschreibesysteme 1800/1900* (1995) hat Kittler die Arbeit von Foucault kritisiert, indem er auf dessen einseitige Beschäftigung mit dem Medium *Buch* hingewiesen hat. Entsprechend lautet der Titel der englischen Übersetzung von Michael Metteer *Discourse Networks* (1990). Kittler brachte diese Beobachtung folgendermaßen auf den Punkt: „Nun sind zwar alle Bibliotheken Aufschreibesysteme, aber nicht alle Aufschreibesysteme Bücher." (Kittler 1995, S. 519). Kittlers Kritik bezieht sich darauf, dass Foucault seine Quellen ausschließlich aus Archiven bezog und dabei andere Medien als das gedruckte Buch vollständig außer Acht ließ. Kittler sprach sich deshalb für eine mediale Erweiterung innerhalb der Diskursanalyse aus: „Archäologien der Gegenwart müssen auch Datenspeicherung, -übertragung und -berechnung in technischen Medien zur Kenntnis nehmen." (Kittler 1995, S. 519) Die Analyse von Diskursen solle sich nicht den neuen digitalen Medien verschließen: „Jede Bibliothek und jeder Briefwechsel bezeugen, daß Speicherung und Übertragung im uralten Medium Alphabet dieselbe technische Positivität wie bei Computern auch haben." (Kittler 1995, S. 520) Gerade im 21. Jahrhundert ist eine Beschränkung auf das Medium Buch nicht ausreichend. Journalistische Massenmedien wie Zeitungen, Zeitschriften und Magazine sowie Kunst und neue Massenmedien wie Film und Fotografie und insbesondere digitale Medien lassen sich einer Diskursanalyse unterziehen. Kittlers entschei-

https://doi.org/10.1515/9783111709321-003

dender methodischer Schritt war es, den Begriff des Mediums zu verallgemeinern und ihn auf alle Bereiche kultureller Interaktion anzuwenden (vgl. Wellbery 1990, S. xiii). Kittler gilt damit nicht nur als Wegbereiter der heutigen materialistischen Medientheorie (vgl. Parikka 2015, S. 2). Kittlers Ansatz kann auch als Ausgangspunkt für eine Katastrophenforschung dienen, die sich mit der Erfassung transkultureller und transmedialer Aspekte befasst, wie sie in einer kulturseismologischen Untersuchung analysiert werden.

Auf dieser Grundlage soll im Folgenden das Konzept des Katastrophendiskurses erweitert werden, insbesondere im Hinblick auf die seismografische Erfassung von Diskursen. Wichtige Texte zum Diskursbegriff nach Foucault und Kittler werden im Zusammenhang mit Emergenz, Latenz, Medialität und Materialität untersucht. Dabei werden die Ansätze von (1) Wolfgang Iser, (2) Karen Barad, (3) Sybille Krämer und (4) Anselm Haverkamp diskutiert und auf die Fragestellung dieses Abschnitts bezogen.

Emergenz (Wolfgang Iser)

Wolfgang Iser beschäftigte sich zuletzt an einer Theorie des „Erscheinen[s] von Etwas, das es bisher nicht gab“ (Iser 2013, S. 36). Leider konnte er das Projekt zur literarischen Emergenz vor seinem Ableben im Jahr 2007 nicht mehr vollenden. Hinterlassen hat er ein unveröffentlichtes Manuskript, das im Jahr 2013 von Alexander Schmitz zusammen mit weiteren *nachgelassenen und verstreut publizierten Essays* herausgegeben und damit erstmals allgemein zugänglich wurde. In diesem Abschnitt soll auf seine Ansätze eingegangen und ihre Bedeutung für die vorliegende Forschung diskutiert werden.

Unter den *nachgelassenen und verstreut publizierten Essays* finden sich Auszüge seines 2003 veröffentlichten Artikels „Auktorialität. Die Nullstelle des Diskurses“. Bereits in diesem Aufsatz hat sich Iser intensiv mit der Emergenz von Diskursen auseinandergesetzt. Hier geht es Iser darum, „den Diskurs als emergentes Phänomen zu begreifen“ (Iser 2003, S. 241), wofür er sich auch mit Foucaults *Schriften zur Literatur* auseinandersetzt. Er kritisiert Foucaults taxonomische Bestimmungen der Autorfunktionen, da sie über den Bezug Text-Autor nichts aussagen würden (vgl. Iser 2003, S. 240). Als Reaktion darauf entwickelt Iser sein Konzept der „Zweistelligkeit des Diskurses“ (Iser 2003, S. 240). Dabei bezieht er sich auf die doppelte Struktur des auktorialen Diskurses, in der die auktoriale Instanz nicht nur den Diskurs hervorbringt, sondern sich zugleich innerhalb des Diskurses manifestiert. Diese Verdoppelung ermöglicht es, dass die Autorität des Gesagten nicht nur durch die Autorschaft selbst, sondern auch durch ihre Inszenierung innerhalb des Textes legitimiert wird. Es gibt keine vorautoritäre Instanz, die dem Leser vorschreibt, wie der Text zu interpretieren sei. Stattdessen entsteht die Bedeutung des Texts durch die Interaktion der Lesenden mit dem Text. An einer Reihe von literarischen Beispielen – von Daniel Defoe (*Robinson Crusoe*) bis hin zu Samuel Beckett (*Ping*) – zeigt Iser das Wesen dieser „Zweistelligkeit des Diskurses; denn die auktoriale Instanz bringt diesen nicht nur hervor, sondern manifestiert die Intention des Hervorbringens noch einmal im Diskurs selbst, wodurch dessen Parameter abgesteckt werden." (Iser 2003, S. 222)

Für die Analyse von Katastrophendiskursen ist es wichtig, sich auf spezifische Sprech- und Schreibsituationen zu konzentrieren, die nach einem Erdbeben oder einer anderen ‚Katastrophe' alles andere als selbstverständlich sind. Emergenz spielt dabei eine entscheidende Rolle. Wie kommen neue Beiträge in die Welt und wie werden sie generiert? Durch das Nachdenken über diese „Voraussetzungssituation des Diskurses" (Iser 2003, S. 221) konnte Iser aufzeigen, wie „Geltung für das Gesagte [beansprucht wird], die mit der bloßen Nennung des Autors noch nicht gewährleistet war." (Iser 2003, S. 222) Eben diese Frage stellt sich auch für die Analyse von Katastrophendiskursen, wenn sich plötzlich unterschiedliche Stimmen zu Wort melden, um Ereignisse als ‚Katastrophe' einzuschätzen und in eine ihnen bekannte Ordnung zu übertragen. Die Art und Weise, wie das Gesagte allgemein Gültigkeit erlangt, ist dabei entscheidend.

Materialität (Karen Barad)

Die Diskussion um Materialität hat in den letzten Jahren zunehmend an Bedeutung gewonnen, insbesondere im Kontext neomaterialistischer und posthumanistischer Theorien. Dabei geht es nicht nur um die physische Beschaffenheit von Dingen, sondern auch um die Art und Weise, wie Materialität mit diskursiven Praktiken verflochten ist. Ein zentraler Beitrag zu dieser Debatte stammt von der theoretischen Physikerin und Feminismusforscherin Karen Barad.

Materialität umfasst einerseits eine neue „Sehnsucht nach dem Realen" (Lamp/Schadewald 2020, S. 75). Auf der anderen Seite richtet die Untersuchung von *Materialität* die Aufmerksamkeit auf Bedingungen der Produktion und Distribution. Die theoretische Physikerin und Professorin am *Feminist Studies Department* der University of California Santa Cruz Karen Barad verbindet diese beiden Seiten in ihrer Monografie *Meeting the Universe Halfway* (2007), einem Schlüsselwerk der neomaterialistischen und posthumanistischen Forschung, indem sie sich intensiv mit den Schriften des Quantenphysikers Niels Bohr auseinandergesetzt hat.

Für Barad spielt das Verständnis vom Apparat eine herausragende Bedeutung. Sie kritisiert, dass ein Apparat nicht als ein objektiver Beobachter das Feld der Wissensgenese betritt: „Apparatuses are not passive observing instruments; on the contrary, they are productive of (and part of) phenomena.“ (Barad 2007, S. 142) Ihr mit Donna Haraway als „situiert“ (vgl. Haraway 1988) zu bezeichnendes Verständnis des Apparats ermöglicht eine „ontologische Verschiebung von ‚Dingen‘ zu ‚Phänomenen‘“ (Hoppe/Lemke 2021, S. 66), denn „Barad verknüpft dabei Bohrs Begriff des Experimentalapparats mit Foucaults Analyse diskursiver Praktiken. Sie argumentiert, dass Bohrs Konzept des Apparats auf einen Laboraufbau beschränkt und unfähig sei, die ganze Bandbreite der materiell-diskursiven Praktiken zu erfassen, die darin wirksam sind.“ (Hoppe/Lemke 2021, S. 66) In kritischer Auseinandersetzung mit Michel Foucaults Diskursbegriff und Judith Butlers Performativitätskonzept gelangt Barad so zu einem Verständnis von Apparaten als diskursive Praxis: „The basic idea is to understand that it is not merely the case that human concepts are embodied in apparatuses, but rather that apparatuses are discursive practices, where the latter are understood as specific material reconfigurings through which ‚objects‘ and ‚subjects‘ are produced.“ (Barad 2007, S. 148)

Diese Perspektive ist für die vorliegende Analyse von zentraler Bedeutung, insbesondere in Bezug auf die Rolle von ‚Kulturschaffenden‘. Sie sind demnach nicht lediglich passive Beobachtende oder neutral registrierende Seismografen, sondern sie sind aktiv in die von ihnen erzeugten Diskurse involviert. Ihre Praxis ist nicht nur eine reflexive Dokumentation, sondern auch eine performative Konstituierung der Phänomene, die sie bearbeiten.

In dieser Hinsicht stellt sich die Frage, inwieweit ‚Kulturschaffende‘ als Apparaturen verstanden werden können. Ist ihre Praxis nicht nur von Materialität geprägt, sondern auch selbst als materiell-diskursive Praxis zu begreifen? Barads Argumentation legt nahe, dass ‚Kulturschaffende‘ nicht als von ihren Untersuchungsobjekten getrennte Entitäten agieren, sondern integraler Bestandteil der diskursiven Konfigurationen sind, die sie mitgestalten. Die wechselseitige Beziehung zwischen ‚Kulturschaffenden‘ und dem von ihnen aufgezeichneten Phänomen ist somit nicht nur ein methodologisches Detail, sondern eine grundlegende ontologische Verschiebung, die in der Analyse von Katastrophendiskursen unbedingt berücksichtigt werden muss.

Medialität (Sybille Krämer)

In der Medienphilosophie hat sich in den letzten Jahrzehnten eine Vielzahl unterschiedlicher Ansätze herausgebildet, die das Verständnis von Medien und ihrer Funktion grundlegend geprägt haben. Sybille Krämer verfolgt in dieser Debatte einen eigenständigen Zugang, der sich von dominanten Paradigmen bewusst abgrenzt. Ihr medienphilosophischer Ansatz fokussiert auf Medien als Vermittlungsinstanzen, die Relationen herstellen und Übertragungsprozesse ermöglichen.

2008 erschien die Monografie *Medium, Bote, Übertragung*, in der sie „die Reflexion der Medien von der Kommunikation zur Wahrnehmung zu verschieben" (Krämer 2008, S. 19) versuchte. Seither hat sie ihren Ansatz weiter ausgebaut und erweitert. 2021 erschien in der *Deutschen Zeitschrift für Philosophie* Krämers Aufsatz „Epistemologie der Medialität", in dem sie ihre wichtigsten Erkenntnisse zur Medialität knapp zusammengefasst hat. Ihre „Grundidee [ist], dass die Perspektive der Medialität primär nicht Produktion und Hervorbringung *von* etwas akzentuiert, sondern die Verbindung, Übertragung und Vermittlung *zwischen* etwas." (Krämer 2019, S. 839) Die Hervorhebung dieser Zwischenposition der Medien erlaubt es Krämer, „Medien vor ihrer konstruktivistischen und konstitutionstheoretischen Vereinnahmung zu bewahren und ihre Verselbstständigung zum monokausalen Verursacherprinzip zu vermeiden." (Krämer 2019, S. 839) Sie wendet sich, im Geiste Nietzsches und Foucaults, offen gegen Autoren wie Marshall McLuhan oder Friedrich Kittler, die das in der Neuzeit von Gott auf menschliche Subjekte übertragene Potenzial auf die Medien übertragen haben, was fortan in Gestalt einer Ermächtigung und Automatisierung von Medien weiterleben würde (vgl. Krämer 2019, S. 839). Krämer reagiert darauf mit einem spirituell-religiösen Konzept, dem der Transfiguration. Sie geht davon aus, dass der Vermittlungsprozess eine Transformation evoziere, „die sich an etwas vollzieht, das zwar nicht genuin (ex nihilo) durch das Medium geschaffen ist, aber im Prozess der Mediatisierung auf entscheidende Weise verändert wird. Diese Transformation sei mit dem Begriff ‚*Transfiguration*' beschrieben." (Krämer 2019, S. 843) Die Transfiguration ist jener Moment, in dem sich die Transformation von Jesus zu Christus ereignet. Krämer ist an dieser Szene interessiert, weil „Christus' menschliche Körperlichkeit weiterhin gegeben [bleibt], während Gott *keinen* Körper hat." (Krämer 2019, S. 844) Dies stellt eine Parallele zu dem von ihr entworfenen Konzept der Medialität her, demzufolge das Medium im Akt der Vermittlung unsichtbar bleibt, obwohl es die Körperlichkeit beibehält (vgl. Krämer 2008, S. 27). Daraus ergibt sich für Krämer so etwas wie eine eigene Methodologie:

> Das Medium zeigt sich am übermittelten Gehalt in Gestalt einer Spur. Spuren sind Veränderungen am Sichtbaren im Modus einer Latenz: Dieses Latente muss explizit und manifest gemacht werden, also durch diejenigen, die an der Enthüllung von Spuren überhaupt ein Interesse nehmen, identifiziert, gelesen und gedeutet werden. Wir stoßen im Vorgang des Spurenlesen auf eine Umkehrfunktion des Botengangs: Spurenleser verhalten sich so, als wären sie Adressaten von etwas, dessen Absender es allererst zu rekonstruieren gilt. Solche Rekonstruktion der Spur des Mediums am vergegenwärtigten Gehalt ist ein Akt kritischer *Epistemologie des Medialen*. Im Mediengebrauch sehen wir ‚nur' den Gehalt; erst in der Au-

ßerkraftsetzung des Gebrauchs im Zuge einer kritischen Reflexion gibt sich die Eigenlogik und Eigensinnigkeit des Mediums überhaupt zu erkennen. (Krämer 2019, S. 844)

Für die Analyse von Katastrophendiskursen richtet die kritische Medienreflexion einen besonderen Fokus auf die konkreten Vermittlungs- und Transferprozesse nach ‚Katastrophen'. Es geht um die Wahrnehmung eines Ereignisses von einer bestimmten Position aus und weniger um den reinen Kommunikationsaspekt, also den Transfer von Informationen von einem Ort zum anderen. Dabei sind die einzelnen Vermittlungsinstanzen besonders bedeutsam, weil sie den übermittelten Gehalt in mehrfacher Art und Weise verändern. Wie sich der einzelne Seismograf aufgrund seiner Position und Beschaffenheit geradezu in das Seismogramm selbst miteinschreibt, so findet auch eine Einschreibung durch das übertragende Medium statt. Mit Sybille Krämer könnte man sagen, dass sich das Medium „am übermittelten Gehalt in Gestalt einer Spur" (Krämer 2019, S. 844) zeigt. Die Aufgabe wird es sein, diese Spur zu beschreiben.

Latenz (Anselm Haverkamp)

Der Komparatist Anselm Haverkamp hat sich in zahlreichen Publikationen mit Latenz auseinandergesetzt und sie als konstitutives Element literarischer Bedeutung herausgearbeitet. Seine wichtigsten Bücher zum Thema sind die bei Suhrkamp erschienene *Theorie der literarischen Latenz* (2002), das im Kadmos-Verlag erschienene *Latenzzeit* (2004), sowie die zuletzt publizierte *Genese des Ästhetischen als historischer Kategorie* (2021).

Latenz ist, kurz gesagt, das, „was *mit* gesagt sein muss, um das Gesagte in Texten verständlich sein zu lassen" (Haverkamp 2021, S. 8). Dabei orientiert sich Haverkamp weniger am psychoanalytischen Latenzbegriff nach Freud, sondern an Saussure und dessen Dichotomie von Synchronie und Diachronie, wo Latenz „eine erste Definition dessen [biete], was man gemeinhin Historizität nennt: Sie zeigt die Zeitlichkeit der Geschichte als / in der Sprachstruktur: als die Struktur, welche die Sprache ist." (Haverkamp 2021, S. 18) Zwar verwies Haverkamp schon in *Latenzzeit* darauf, dass sich Latenzen besonders gut in der Literatur und besonders gut am singulären Text beobachten lassen (vgl. Haverkamp 2004, S. 11). Latenzaufkommen lassen sich aber auch in visuellen Darstellungsweisen der bildenden Kunst beobachten, wie Haverkamp anhand von Bildern von Bruegel oder Tintoretto in der „Genese des Ästhetischen als historischer Kategorie aufzeigt" (vgl. Haverkamp 2021, S. 36–45). Haverkamp setzt sich in dieser Zusammenstellung unterschiedlicher Texte auch mit der Schrift *L'archéologie du savoir* von Michel Foucault auseinander und verortet die Latenz „*vor* den diskursiven Formationen, in denen sie manifest wird, die sie aber weitertragen und buchstäblich verkörpern.“ (Haverkamp 2021, S. 8) Zwar gehe die Latenz „nicht auf in den Systemen des Funktionierens der Diskurse; eingekapselt liegt sie in ihnen.” (Haverkamp 2021, S. 8) Dennoch schreibt ihr Haverkamp eine zentrale Bedeutung zu: „In Transpositionen wird sie als ungeklärte Hypothek von Umschriften und Umwidmungen mit transportiert, um früher oder später, mehr oder minder auffällig zu werden und nach Aufklärung zu verlangen“ (Haverkamp 2021, S. 8). Die Kritik von Haverkamp an Foucault richtet sich gegen ein Missachten dieses Umstandes: „Foucault nimmt die Latenz im ‚schon Gesagten‘ in Kauf, beschränkt aber die Archäologie auf die Sphäre der diskursiven Ruinen.“ (Haverkamp 2021, S. 21) Anders Haverkamp, der die Latenz der Sprache nutzt, um das Nachwirken der Vergangenheit in der Gegenwart zu fassen. Bezeichnend trug die 2004 erschiene Monografie das *Wissen im Nachkrieg* im Untertitel, dem zufolge Kriegserfahrungen in Nachkriegszeiten nachwirken.

In der Analyse von Katastrophendiskursen schärfen Haverkamps Überlegungen den Blick für jene Latenzen, die im Zuge der diskursiven Verarbeitung eines Ereignisses plötzlich sichtbar werden und dessen Deutung prägen. Die Herkunft, Tradierung und Funktion solcher Latenzen erfordern eine differenzierte Betrachtung, insbesondere im Kontext globaler Sinngebungs- und Einordnungsprozessen von Erdbebenereignissen. Ähnlich wie der Seismograf nicht nur ein einzelnes Beben erfasst, sondern eine fortlaufende Bewegung dokumentiert, lassen sich auch Diskurse als ein dynamisches Weiterschreiben verstehen. Die Arbeit geht daher davon aus, dass Diskursivierungen stets auf schon bestehenden Latenzen basieren, sie aufnehmen und in veränderter Form fortführen.

4 Katastrophendiskurse und Kulturtransfers im 21. Jahrhundert

Mit der theoretischen Erweiterung des Diskursbegriffs um die Konzepte *Emergenz, Latenz, Medialität* und *Materialität* erhält die Diskursivität von ‚Katastrophen' im 21. Jahrhundert eine deutlichere Kontur. Dabei rückt ein Phänomen in den Fokus, das in einzelnen Teilaspekten bereits untersucht wurde, aber noch nicht Gegenstand einer größer angelegten Studie wurde: der Zusammenhang von Katastrophendiskursen und Kulturtransferprozessen. Insbesondere die Frage, wie ‚Katastrophen' im Kontext transnationaler und transregionaler Vermittlungsprozesse diskursiv verhandelt werden, bedarf einer vertieften Analyse.

Die Kulturtransferforschung versteht sich als ein nicht-diffusionistischer Ansatz zur Untersuchung von Rezeptionsphänomenen aus der Perspektive des Aneignungskontexts (vgl. Middell 2016). Wegen seines vermeintlich diffusionistischen Fokus hat das Wort *Transfer* sowohl im Deutschen als auch im Englischen wiederholt zu Missverständnissen geführt (vgl. Middell/Dietze 2019, S. 61). Die Kulturtransferforschung fokussiert auf die Aufnahme und Transformation von Texten, Bildern, Ideen, Wissen oder Diskursen (vgl. Lüsebrink 2016, S. 147), sowie auf die spezifischen Medialitäten (vgl. Lüsebrink 2021, S. 25) und Materialitäten des Transfers (vgl. Duque/Gasimov 2015, S. 11). Somit geht es eben nicht darum, wie ein Gegenstand zwischen zwei Orten bewegt wird, wie das Wort *Transfer* vermuten lässt.

Seit der Entwicklung der Kulturtransferforschung in der Mitte der 1980er-Jahre in Frankreich (Espagne/Werner 1985, 1987) wurde sie von unterschiedlichen Disziplinen weiterentwickelt und auf neue Gegenstände ausgeweitet, insbesondere auf Gegenstände der Geschichts- und Literaturwissenschaften (vgl. etwa Middell 2016; Lüsebrink 2014, 2016). Trotz der Produktivität des Feldes in den letzten Jahrzehnten erfreut sich die Kulturtransferforschung heute keiner großen Beliebtheit mehr, sodass mitunter „Überlegungen in reparierender Absicht" (Zymner 2021, S. 55) angestellt werden. Im Unterschied zu Rüdiger Zymners Vorschlag einer Semiotisierung des Kulturtransferansatzes (vgl. Zymner 2021, S. 55–58) erscheint auch eine medientheoretische Auseinandersetzung mit dem Konzept der Vermittlung naheliegend.

Es überrascht, dass die Kulturtransferforschung nicht oder nur unzureichend auf die Medientheorie zurückgegriffen hat. Antje Dietze hat zwar darauf hingewiesen, als sie feststellte: „Cultural mediator research has, however, been very little connected to insights from media theory." (Dietze 2019, S. 498) Trotzdem zitiert sie im selben Aufsatz lediglich Arbeiten von Raymond Williams oder

https://doi.org/10.1515/9783111709321-004

Georg Simmel, ohne auf aktuellere Beiträge zur medialen Vermittlung Bezug zu nehmen.

Es wäre wünschenswert, den wichtigen Umstand hervorzuheben, *dass* etwas zu einer bestimmten Zeit und an einem bestimmten Ort aufgenommen wird und in diesem Kontext Bedeutung generiert. Mit anderen Worten, es sollte stärker um Aspekte diskursiver Inklusion und Exklusion gehen, wie es schon David E. Wellbery im Vorwort zur Arbeit von Friedrich Kittlers *Discourse Networks* bemerkt hat (vgl. Wellbery 1990, S. xii), weniger um Fragen des Erfolgs bzw. Misserfolgs eines Transfers durch die Intention einzelner Akteur*innen.

Wenn in der vorliegenden Arbeit diskursive Prozesse im Vordergrund stehen, die nach Erdbebenereignissen einsetzen und diese als ‚Katastrophen' registrieren, dann ist die Frage nach den diskursiven Zentren ebenso von Interesse wie die Frage, wie über diese Ereignisse gesprochen wird, wie sie verhandelt werden und wie sie in die lokalen Herausforderungen und Probleme integriert werden.

Gerade mit Kittler als Ausgangspunkt lässt sich das Konzept der Vermittlung weiterdenken. Seine Neuklassifizierung von Literatur als medial konstruiert – also als Mittel zur Verarbeitung, Speicherung und Übertragung von Daten – verändert ihren Charakter historisch entsprechend den ihr zur Verfügung stehenden materiellen und technischen Ressourcen sowie entsprechend den medialen Möglichkeiten, mit denen sie konkurriert (vgl. Wellbery 1990, S. xiii).

Das Konzept der Vermittlung gewinnt so auch vor dem Hintergrund der posthumanistischen Debatte an Bedeutung und erfordert zusätzliche Betrachtung. Wie sieht es mit non-humanen Vermittlungsinstanzen aus, wie sie durch den Einsatz digitaler Medien immer stärker in den Vordergrund rücken? Für die Wahrnehmung von ‚Katastrophen' spielen im 21. Jahrhundert neben den analogen Massenmedien Zeitung, Radio und Fernsehen besonders auch neue Medien des Internets eine zentrale Rolle. In diese Zeit fällt insbesondere die Entwicklung von *Wikipedia* im Jahr 2001, *Facebook* im Jahr 2004 und *YouTube* im Jahr 2005. Im Jahr 2009 zählt Stefan Münker das Videoportal *YouTube* und die Community-Seiten von *Facebook* neben der Online-Enzyklopädie *Wikipedia* zu den populärsten Webseiten dieser Zeit (vgl. Münker 2009, S. 18).

Unter den neuen Medien haben insbesondere soziale Medien nachhaltig Einfluss auf die weltweite Kommunikation ausgeübt. Neben den bereits genannten Medien *Facebook* und *YouTube* wäre global gesehen der 1999 gegründete chinesische Blogging-Dienst *Sina.com* zu ergänzen, aber auch der Kurz-Nachrichten-Dienst *Twitter* (heute *X*), der 2006 entwickelt wurde. Soziale Medien wie die 2010 entwickelte Fotografie-Plattform *Instagram* oder die 2016 eingeführte Videoplattplattform *TikTok* spielen in der vorliegenden Arbeit noch eine verhältnismäßig untergeordnete Rolle und werden daher kaum berücksichtigt. Jedoch wird auf weniger populäre Medien wie etwa eine Crowdfunding-Plattform eingegangen, um den Zusammenhang von Katastrophendiskursen und Kulturtransfers im 21. Jahrhundert adäquat in den Blick zu bekommen.

Es ist wichtig zu betonen, dass digitale Medien analoge Medien nicht ersetzen, sondern sie ergänzen, erweitern und in gewissem Maße transformieren. Diese neuen Medien zeichnen sich dadurch aus, dass sie nicht nur Medien der Rezeption sind (wie das Kino oder das Fernsehen), sondern auch Medien der „Kommunikation, Interaktion und Partizipation" (Münker 2009, S. 18). Der Medienwandel geht somit einher mit einer Veränderung der Kommunikationsstruktur: „Mehr oder weniger von heute auf morgen können alle Teilnehmerinnen und Teilnehmer der Social-Media-Kommunikation nicht nur Nachrichten empfangen, sondern gleichsam Inhalte senden und die Inhalte anderer kommentieren." (Ruf/Winter 2022, S. 13) Lawrence Lessig spricht daher von einer sog. *Read/Write-Kultur* im Gegensatz zu der sog. *Read/Only-Kultur* der elektronischen Massenmedien (vgl. Lessig 2008, S. 28). Fortan kann die eigene Meinung geteilt werden, um an öffentlichen Debatten teilzuhaben. Das Web 2.0 führt so zu einer gesteigerten Diskursivität im 21. Jahrhundert.

Die durch neue Medien gesteigerte Diskursivität scheint sich besonders stark auf die Wahrnehmung von ‚Katastrophen' auszuwirken. Durch die Digitalisierung der Kommunikation im 21. Jahrhundert können sich Informationen über ein Ereignis in Sekundenschnelle weltweit verbreiten. Was früher Tage, Wochen oder Monate dauerte, erfolgt heute innerhalb weniger Minuten oder Sekunden. Für den Grad der Auseinandersetzung und eigenen Betroffenheit scheint aber die räumliche und zeitliche Verbreitung von Information nur wenig ausschlaggebend zu sein. Sie ist mehr Symptom als Ursache. Auch die quantifizierbare Stärke eines Ereignisses sowie andere messbare Faktoren scheinen nicht zwangsläufig mit der Wahrnehmung eines Ereignisses zusammenzuhängen (vgl. Blank 2021, S. 5). Die Überschwemmungen in Pakistan im Sommer 2022 oder die wiederholten Bootsunglücke im Mittelmeer haben einmal mehr gezeigt, dass weder die Zahl der Todesopfer noch die Höhe der materiellen Schäden zwangsläufig mit dem Grad der Auseinandersetzung und eigenen Betroffenheit zusammenhängen.

Juliane Blank, die sich mit Kontingenz als Sinngebungsmodell in der Literatur beschäftigt, betont, dass „immer auch die Umstände des Auftretens bzw. die Art und Weise des Zusammentreffens von Einzelereignissen eine Rolle" (Blank 2021, S. 5) spielen. Sie verweist damit auf die realen Bedingungen, unter denen ‚Katastrophen' auftreten. Diese ‚Umstände des Auftretens' lassen sich jedoch auch auf die Diskursbeiträge beziehen, die eine ‚Katastrophe' überhaupt erst als solche konstituieren. In diesem Sinne, so Blank, könnte „die Wirkmächtigkeit solcher Katastrophen als Diskursereignisse [...] an der Anzahl, Frequenz und intertextuellen Verbindung der Diskursbeiträge abgelesen werden" (Blank 2021, S. 5).

Diese Überlegungen aufgreifend und weiterführend soll hier untersucht werden, inwiefern die ‚Umstände des Auftretens' von Diskursbeiträgen mit der Intensität der Auseinandersetzung zusammenhängen – etwa durch Ästhetisierung, Politisierung, Popularisierung, Situierung, Marginalisierung oder Globalisierung von ‚Katastrophen'.

5 Organisation der Arbeit

Die vorliegende Arbeit analysiert anhand von Erdbebenereignissen des frühen 21. Jahrhunderts, wie diese global als ‚Katastrophen' wahrgenommen und qualifiziert werden. Der Titel *Seismografien* bezieht sich einerseits auf das Untersuchungsobjekt der vorliegenden Arbeit, die Ergebnisse der Aufzeichnungstätigkeit durch ‚Kulturschaffende'. Damit verbunden ist eine erste Forschungsfrage: Wie präfigurieren und strukturieren latente globale Katastrophendiskurse die Wahrnehmung, Aufzeichnung und mediale Vermittlung von Erdbebenereignissen im frühen 21. Jahrhundert? Andererseits stellt der Titel *Seismografien* auch die Frage des Zusammenhangs von Seismografie und Komparatistik in den Vordergrund. Damit ist eine zweite Forschungsfrage verbunden: Inwiefern eignet sich das Modell der seismografischen Aufzeichnungstätigkeit als analytischer Ansatz zur Beschreibung und Untersuchung von Diskursen als transnationale Formationen? Zur Beantwortung dieser Forschungsfragen unternimmt die Studie eine qualitative Analyse literarischer, filmischer und künstlerischer Beiträge zu Katastrophendiskursen im Ausgang von Erdbebenereignissen aus zwei Jahrzehnten. Für die Untersuchung ausgewählt wurden Bearbeitungen jüngerer Erdbebenereignisse im asiatischen Raum (Indonesien 2004, China 2008, Japan 2011), in Europa (Italien 2009), in der Karibik (Haiti 2010) und in Ozeanien (Neuseeland 2011). Mit der Einbeziehung weltweiter Ereignisse lassen sich Kulturtransferprozesse anhand eines spezifischen Ereignistyps unter aktuellen medialen Bedingungen untersuchen. Die Bearbeitungen selbst werden vornehmlich im deutschsprachigen Raum, in Frankreich und in Italien fokussiert, was auf einen transnationalen Ansatz hinweist.

Trotz Einbeziehung weltweiter Ereignisse überwiegt in der vorliegenden Arbeit eine eurozentristische Perspektive. Dieser Eurozentrismus wird aber kontinuierlich reflektiert und ist essenzieller Teil einer Arbeit über die Verbreitung von Katastrophendiskursen. So gibt Juliane Blank hinsichtlich der Vorauswahl der Ereignisse zu bedenken, „dass der westliche Katastrophendiskurs bis heute Katastrophen in der ‚Peripherie' des westlichen Kulturraums weniger fokussiert oder gar ganz ausblendet." (Blank 2021, S. 5) Mit dieser Aussage bestätigt sie eine frühe Beobachtung der Katastrophenforschung, wenn Arno Borst zufolge „es sich für Europa bald von selbst [verstand], daß schwere Erdbeben nur in exotischen Ländern hausten" (Borst 1981, S. 559). Die sechs in dieser Arbeit ausgewählten Erdbebenereignisse sind Ausdruck dieser Prozesse von Inklusion und Exklusion. Die Vorauswahl ist auf die besonders starke Fokussierung in der öffentlichen Wahrnehmung zurückzuführen, weniger auf die messbare Stärke von Erdbeben oder eine andere quantifizierbare Größe. Diese induktive Vorgehensweise ver-

https://doi.org/10.1515/9783111709321-005

sucht, aus den spezifischen Erfahrungen allgemeine Aussagen über die weltweite Wahrnehmung von Erdbeben abzuleiten.

Die einzelnen Beitragenden sind global agierende Akteur*innen, die in ein internationales Produktionssystem eingebunden sind und nicht einem einzigen nationalen Produktionssystem unterliegen. Sie lassen sich als *global players* des Filmbetriebs bzw. des Literatur- und Kunstmarkts bezeichnen.

Der Hauptfokus in der vorliegenden Untersuchung liegt auf Beiträgen zur Literatur. Hier stehen unterschiedliche Gattungen und Schreibweisen im Vordergrund. Sie reichen von Essayistischem bis hin zu Lyrik, Kurzgeschichten und Romanen. Jedoch steht die gesamte Breite kultureller Ausdrucksformen im Vordergrund, sodass auch Kurzvideos, Spielfilme, Kunstprojekte sowohl im analogen als auch im digitalen Raum behandelt werden. Deshalb versteht sich die Arbeit dezidiert als *transmedial* (vgl. Rajewsky 2018, S. 9) und untersucht neben literarischen Arbeiten auch künstlerische und filmische Werkbeiträge, in denen die Phänomene medienübergreifend auftreten oder beobachtbar sind.

Zur Vermeidung einer undifferenzierten Betrachtung unterschiedlicher Textsorten und Medien ergibt sich methodologisch zwangsläufig die Notwendigkeit eines differenzierten Ansatzes. In diesem Zusammenhang wird ein *surface reading* verfolgt, das den spezifischen Erscheinungskontexten besondere Bedeutung zumisst. Erstmals beschrieben wurde diese Praxis des Lesens von Stephen Best und Sharon Marcus in ihrer einflussreichen Einleitung zur Sonderausgabe der Zeitschrift *Representations*, die unter dem Titel „How we read now" (2009) erschien. Dort plädierten sie für eine Lektüre, die sich insbesondere auf „what is evident, perceptible, apprehensible in texts" (Best/Marcus 2009, S. 9) konzentriert. Damit fungiert ihr Ansatz als „a catalyst for a conversation about literary methodology" (Felski 2015, S. 55). Zentral ist hierbei die „Aufmerksamkeit für die Materialität der Textoberfläche" (Ivanovic 2020, S. 80), die auch für die vorliegende Untersuchung leitend ist.

Surface reading verstehen Best und Marcus als ein Sammelsurium verschiedener Ansätze oder Praktiken. Als einen möglichen Ansatz verstehen Best und Marcus „*[s]urface as the location of patterns that exist within and across texts*" (Best/Marcus 2009, S. 11), also eine Methode, die Muster identifiziert, die sowohl innerhalb eines einzelnen Textes als auch über verschiedene Texte hinweg existieren (vgl. Best/Marcus 2009, S. 11). Dies erfordere die Triangulation von „narratology, thematic criticism, genre criticism, and discourse analysis" (Best/Marcus 2009, S. 11). Dabei lassen sich zwei methodische Herangehensweisen unterscheiden: Zu einen die anatomische Vorgehensweise, die Texte in ihre Bestandteile zerlegt, und zum anderen die taxonomisch, die Texte in bestimmte Gruppen einordnet und kategorisiert (vgl. Best/Marcus 2009, S. 11). Beide Herangehensweisen ordnen Texte neu an und achten darauf, was latent präsent ist, anstatt das Abwesende zu bevorzugen („what is present rather than privilege what is absent“) (vgl. Best/Marcus 2009, S. 11).

Die vorliegende Arbeit übernimmt diesen methodischen Zugriff und adaptiert ihn für die Analyse von Katastrophendiskursen im Kontext jüngerer Erdbeben. Dabei wird von einem erweiterten Textverständnis ausgegangen, das vielfältige Formen der kulturellen Produktion und Repräsentation berücksichtigt und Zusammenhänge und Wechselwirkungen erkundet. Während das klassische *surface reading* zwischen anatomischer und taxonomischer Vorgehensweise unterscheidet, will diese Arbeit *seismologisch* vorgehen: Die untersuchten Texte werden als Seismogramme verstanden – als das vorläufige Ergebnis kontinuierlicher Aufzeichnungstätigkeit eines singulären Seismografen. Diese Aufzeichnungen sind nicht isoliert zu betrachten, sondern müssen in Relation zu anderen Seismografien gesetzt werden, um allgemeine Aussagen über die erfassten Phänomene zu ermöglichen. Durch die vergleichende Analyse dieser Seismografien lassen sich strukturelle Muster identifizieren, die sowohl für individuelle Texte als auch für größere Diskurszusammenhänge relevant sind. Dies erlaubt eine präzisere Erfassung der diskursiven Dynamik und der Wechselwirkungen zwischen verschiedenen medialen Ausdrucksformen. Die Pluralbildung in *Seismografien* unterstreicht dabei die dialogische und prozessuale Dimension des Diskurses.

Als Untersuchung über Katastrophendiskurse im 21. Jahrhundert fällt die vorliegende Arbeit zwangsläufig auch in den Bereich der digitalen Geistes- und Literaturwissenschaft. Entweder wurden Quellen herangezogen, die als ‚Hybride‘ (vgl. Kocher 2019, S. 82) sowohl digital als auch analog existieren und zusammen betrachtet werden müssen, da sie das Zusammenspiel beider voraussetzen. Dazu gehören insbesondere Zeitungsartikel, die neben einer Print-Version häufig auch in einer Online-Version erscheinen. Oder aber es wurden Quellen herangezogen, die ausschließlich digital existieren. So werden Internetseiten, wie digitale Archive oder die Webseite eines Crowdfunding-Projekts, ebenso analysiert wie Beiträge aus sozialen Medien, insbesondere von Blogging-Plattformen wie *Facebook*, *Twitter* und dem chinesischen Anbieter *Sina.com*. Die einzelnen medialen Setzungen können ebenso wie Markup in der digitalen Editionswissenschaft „als eine Form (oder Vorstufe) von Kommentierung verstanden werden“ (Kocher 2020, S. 117).

Der Hauptteil der vorliegenden Arbeit gliedert sich in drei längere Kapitel zu Bearbeitungen von Erdbebenereignissen in Sichuan 2008 in der Kunst, in L’Aquila 2009 im Film und in Tohoku 2011 in der Literatur, sowie drei kürzeren Kapiteln zu den Erdbebenereignissen von Sumatra-Andamanen 2004, Haiti 2010 und Christchurch 2011.

Die einzelnen Kapitel sind chronologisch angeordnet. Die Untersuchung setzt mit dem Erdbeben im Indischen Ozean im Jahr 2004 ein und endet mit dem Tohoku-Erdbeben 2011. Der chronologische Aufbau erlaubt es, Entwicklungen in Bezug auf diskursive Veränderungen nachzuzeichnen und Veränderungen in der Wahrnehmungsstruktur sichtbar zu machen. Darüber hinaus werden durch den chronologischen Aufbau Querverbindungen zwischen den einzelnen Kapiteln sichtbar, die abschließend knapp zusammengetragen und resümiert werden.

Die sechs Kapitel des Hauptteils folgen einer einheitlichen Struktur. Jedes Kapitel beginnt mit einem einführenden Abschnitt, der auf naturwissenschaftliche und soziologische Quellen verweist und den Verlauf, die Auswirkungen sowie die Konsequenzen des jeweiligen Erdbebens zusammenfasst. Der Fokus liegt hier weitgehend auf dem Ereignisort, dem Epizentrum des seismischen Ereignisses.

Im zweiten Teil steht hingegen der Raum der Diskursivierung im Vordergrund, der als ein *Erfahrungsraum* beschrieben wird. Der Begriff des *Erfahrungsraums* wurde von Reinhard Koselleck als Gegenbegriff zum Begriff des *Erwartungshorizonts* eingeführt. Damit bezeichnet er die aus „der Vergangenheit herrührende Erfahrung" (Koselleck 1989, S. 356), die „sich zu einer Ganzheit bündelt, in der viele Schichten früherer Zeiten zugleich präsent sind, ohne über deren Vorher oder Nachher Auskunft zu geben." (Koselleck 1989, S. 356) Es geht in diesem Kapitel also darum, auf welche vorgängigen Erfahrungen ein Ereignis trifft, in dessen Rahmen es wahrgenommen wird.

Im anschließenden Teil zur *Diskursentwicklung* wird das Erdbeben als Moment der Öffentlichkeit beschrieben. Wie und vom wem wurde das Ereignis wahrgenommen und sprachlich vermittelt? Wie hat sich die Wahrnehmung kurzfristig verfestigt und langfristig verändert? *Diskursentwicklung* bezeichnet dabei den Prozess der Veränderung und Entwicklung von Diskursen im Laufe der Zeit, wofür verschiedene Faktoren und Akteur*innen eine Rolle spielen können.

Schließlich gibt das letzte Unterkapitel einen Überblick über unterschiedliche *Reaktionen* in Literatur, Film und Kunst. In diesem Teil finden sich Hypothesen, die überblicksartig in die Analysen von Texten, Filmen und Kunstwerken einführen sollen.

Die folgenden Ausarbeitungen weisen verschiedene Schwerpunktsetzungen auf, die sich auch in der Struktur der Kapitel widerspiegeln. *Ästhetisierung*, *Politisierung*, *Popularisierung*, *Situierung*, *Marginalisierung* und *Globalisierung* sind dabei die Leitbegriffe, mit denen die Transnationalität diskursiver Bearbeitung von weltweit wahrgenommenen Erdbebenereignissen und ihre Übertragung in diverse Medien untersucht werden. Alle Kapitel verfolgen das gemeinsame Ziel, detailliert zu analysieren, wie literarische Texte, Filme und Kunstwerke Erdbeben in Katastrophendiskurse übertragen.

2. Teil: **Seismografische Übertragungen von Erdbebenereignissen in Katastrophendiskurse**

1 Ästhetisierung von Katastrophen: Das Sumatra-Andamanen-Erdbeben vom 26. Dezember 2004

Tabelle 1: Eckdaten zum Erdbeben im Indischen Ozean (eigene Darstellung). Daten aus Hayes et al. (2017).

Datum, Uhrzeit	26.12.2004, 00:58:53 UTC (07:58 Ortszeit in West-Indonesien und Thailand)
Epizentrum	Sumatra, Indonesien (3.316°N, 95.854°O)
Magnitude	9.1 M_W
Herdtiefe	30 km

Mit einer Magnitude von 9.1 (vgl. Tabelle 1) gehört das Erdbeben vom Morgen des 26. Dezember 2004 im Indischen Ozean zum weltweit drittstärksten seismischen Ereignis seit 1900 (vgl. Hayes et al. 2017, S. 44). Bis heute waren nur das Alaska-Erdbeben im Jahr 1964 und das Tohoku-Erdbeben in Japan stärker als das Sumatra-Andamanen-Erdbeben. Das Epizentrum des Bebens wurde vor der Küste der indonesischen Insel Sumatra lokalisiert, an der Grenze zwischen der indischen und der burmesischen Platte (vgl. Hayes et al. 2017, S. 44). Das Seebeben löste eine Serie von Wellen aus, die eine Höhe von bis zu 20 Metern erreichten. Als die Wellen auf die Küsten einschlugen, drangen die Wassermassen mit enormer Kraft bis weit ins Landesinnere der Küstengebiete vor, wo sie auf Fahrzeuge, Häuser, Menschen und Tiere trafen und die betroffenen Gebiete stark verwüsteten. Für dieses Phänomen kennt die japanische Sprache das Wort *Tsunami.* Nach dem Erdbeben am 26. Dezember diente das Fremdwort weltweit dazu, das Ereignis signifikant zu benennen. Dabei ermöglichte der japanische Terminus eine gewisse Distanzierung und verdeutlichte die Besonderheit dieses Ereignisses.

Was den Tsunami am 26. Dezember auszeichnete, war einerseits die enorme Reichweite der Wellen. Sie breiteten sich rasch im Indischen Ozean aus und trafen zahlreiche Ortschaften von Indonesien und Thailand über Sri Lanka bis hin zum afrikanischen Kontinent. Diese weiträumige physische Ausbreitung ist aber nur ein Grund, warum das Ereignis als ein Großereignis globalen Ausmaßes wahrgenommen wurde. Für die weltweite Wahrnehmung des Erdbebens war auch der Zeitpunkt des Bebens von Bedeutung. Die Weihnachtszeit stellt für viele Menschen aus christlich geprägten Ländern eine wichtige Reisezeit dar. So bieten die Weihnachtsferien eine Gelegenheit, den kalten und dunklen Wintermonaten

https://doi.org/10.1515/9783111709321-006

in Europa für kurze Zeit zu entgehen. Von dieser Entwicklung konnten in den letzten Jahrzehnten auch Ortschaften am Indischen Ozean profitieren. Seit der zweiten Hälfte des 20. Jahrhunderts werden die Küstenorte Indonesiens, Thailands oder Sri Lankas für den modernen Tourismus erschlossen. Gerade während der Weihnachtsferien hielten sich deshalb unzählige internationale Reisende in den touristischen Gebieten des Indischen Ozeans auf und wurden Betroffene der Geschehnisse. Nach dem Erdbeben konzentrierte sich die mediale Berichterstattung häufig auf europäische Reisende, die in den betroffenen Gebieten Urlaub machten. Die Schicksale und Bedürfnisse der einheimischen Bevölkerung und anderer nicht-europäischer Tourist*innen wurden vorwiegend in den Hintergrund gedrängt. Das Erdbeben vom 26. Dezember 2004 verschränkt somit auch Fragen des Zusammenhangs von Eurozentrismus und Katastrophenwahrnehmung.

Erfahrungsraum

Von Intellektuellen wurde das Erdbeben gern in einen Zusammenhang mit dem großen Erdbeben von Lissabon gebracht, das 1755 die Hauptstadt Portugals zerstörte.[4] Der französische Philosoph Jean-Pierre Dupuy schreibt in dem auf Französisch bereits 2005 erschienenem Buch *Petite métaphysique des tsunamis*, das hier in der englischen Übersetzung *A Short Treatise on the Metaphysics of Tsunamis* wiedergegeben wird: „The tsunami that struck in the twenty-first century revived arguments that had preoccupied philosophers during the eighteenth century, both before and after Lisbon, in connection with the nature of evil." (Dupuy 2015, S. 19)

Einen ähnlichen Vergleich stellt auch Werner Kraus in seinem 2006 erschienen wissenschaftlichen Artikel „Die Zeichen lesend" an: „Der Tsunami vom 26.12.2004, der sich am tödlichsten im nordsumatranischen Aceh, das sich gerne

4 Insgesamt scheint es, ein gesteigertes Forschungsinteresse an der Auseinandersetzung mit dem Erdbeben von Lissabon seit 2005 zu geben. Gerade innerhalb der germanistischen Literaturwissenschaft hat dies teilweise zu einer Neuausrichtung jener Forschungsgegenstände geführt, die in einem Zusammenhang mit dem Erdbeben von Lissabon stehen. So wurde zum Beispiel Heinrich von Kleists Novelle *Das Erdbeben von Chili*, einer der weniger bekannten Texte der deutschsprachigen Literatur mit einem Erdbebenmotiv, einer neuen Lektüre unterzogen. Zwar gilt Kleists Novelle als ein Klassiker der deutschsprachigen Literatur und wurde schon in dem von David Wellbery herausgegebenen Sammelband *Positionen der Literaturwissenschaft* (1985) acht Modellanalysen unterschiedlicher Lesarten unterzogen. Alle Lesarten scheinen sich aber wenig für das Erdbeben zu interessieren. Das literaturwissenschaftliche Interesse am Erdbeben als ‚Katastrophe' scheint erst mit der nach 2004 möglich gewordenen Überführung der Novelle als ein „Klassiker unter den Texten über Naturkatastrophen" (Rinderknecht 2008, S. 19) in den Kanon der Katastrophenliteratur möglich zu werden.

auch Serambi Mekka, Balkon Mekkas nennt, austobte, löste ähnliche Fragen wie nach der Zerstörung Lissabons aus." (Kraus 2006, S. 240–241)

Noch deutlicher bringen es Gerhard Lauer und Thorsten Unger in ihrem bekannten Sammelband *Das Erdbeben von Lissabon und der Katastrophendiskurs im 18. Jahrhundert* (2008a) auf den Punkt. Das Erdbeben von Lissabon wird in der Einleitung mit jenem im Indischen Ozean verglichen, da beide Ereignisse „bei aller Verschiedenheit historisch zusammenhängen" (Lauer/Unger 2008b, S. 13).[5]

Wie beim Erdbeben von Lissabon vom 1. November, Allerheiligen, wurde auch nach dem Erdbeben im Indischen Ozean wiederholt der Zeitpunkt betont, wenn es als das „Weihnachtsbeben" (Schnibben 2005, S. 9) apostrophiert wurde. Der christlich indizierte Zeitpunkt bringt die beiden Beben von 1755 und 2004 tatsächlich in eine gewisse Nähe zueinander. Darüber hinaus ist in beiden Fällen das Ausmaß der Zerstörung nicht nur auf die primären Auswirkungen des Erdbebens zurückzuführen, sondern auch auf dessen sekundären und tertiären Auswirkungen. Bald nach dem Erdbeben im Jahr 1755 brachen meterhohe Wellen über die Küstenstadt herein, die insbesondere den unteren Teil der Stadt weitgehend verwüsteten; hinzu kam der Ausbruch eines Stadtbrandes in den dicht verbauten Stadtvierteln. Auch dadurch hat sich eine gewisse Parallele im Ablauf der beiden Ereignisse eingestellt. Die Kombination von Erdbeben und Flutwellen nach dem 26. Dezember 2004 ließ viele Intellektuelle an das Erdbeben von Lissabon 1755 denken.

Allgemein scheint die Wahrnehmung des Erdbebens im Indischen Ozean jedoch viel eher mit den Terroranschlägen vom 11. September in Verbindung zu stehen. Dafür spielten die medialen Veränderungen eine maßgebliche Rolle. Die Tatsache, dass vor allem internationale Urlaubsreisende von den Wellen überrascht wurden, zeigt sich auch an der speziellen Ästhetik, mit der sich die Bilder verbreiteten. Im Jahr 2004 hatte sich die digitale Fotografie schon so weit entwickelt, dass viele Reisende im Besitz einer Digitalkamera waren, um Erlebnisse während des Urlaubs visuell festzuhalten. Viele waren auch dann mit einer Digitalkamera ausgerüstet, als sie von den Wellen überrascht wurden. Sie haben das

5 Die Einleitung im Wortlaut: „Die seismographische Messkurve des Erdbebens im Indischen Ozean, das am zweiten Weihnachtstag 2004 die große Tsunami-Katastrophe an den Küsten Südostasiens ausgelöst hat, und der bald nach 1755 angefertigte Kupferstich der Auswirkungen von Erdbeben, Feuer und Flutwelle auf die Stadt Lissabon, in dessen Vordergrund ein Schiffer, durch die aufbrausenden Elemente bedroht, die gefalteten Hände flehentlich zum Himmel reckt, – das sind zwei Bilder von Katastrophen, die bei aller Verschiedenheit historisch zusammenhängen und die diesem Band als Sinnbild seines Themas dienen: das Ereignis des Erdbebens von Lissabon, bei dem mehr als 30.000 Menschen umkamen, und die Versuche der Menschen bis heute, mit Katastrophen wie dieser umzugehen." (Lauer/Unger 2008b, S. 13)

Ausmaß der Zerstörung der touristischen Gebiete fotografisch oder in einem kurzen Video festgehalten.[6] Diese Amateuraufnahmen weisen insofern Ähnlichkeiten auf, als sie immer wieder denselben Aspekt hervorheben. Die Amateuraufnahmen fangen unterschiedliche Perspektiven ein, aber immer dieselbe Situation. Es ist das, was schon Judith Butler in Bezug auf 9/11 „a first-person narrative point of view" (Butler 2004, S. 5) genannt hat, womit sie jene Erzählungen meint, die sich ausschließlich mit dem individuellen Erleben auseinandersetzen und komplexere Zusammenhänge außer Acht lassen. In den folgenden Tagen, Wochen und Monaten zirkulierten diese Amateuraufnahmen im Internet und wurden bald auch in die elektronischen und analogen Massenmedien überspielt. Mit den Terroranschlägen auf die beiden *World Trade Center* in New York am 11. September 2001 hatte diese Entwicklung einen vorläufigen Höhepunkt erreicht. So schrieb Jörg Trempler: „Die Verbreitung dieses Anschlags durch die Live-Bildberichterstattung ist als Medienereignis beispiellos" (Trempler 2013, S. 53). Mit dem Erdbeben im Indischen Ozean und dem Tsunami erreicht sie einen weiteren Höhepunkt, der zunehmend vom Einsatz des Internets beeinflusst wurde. War 2001 noch das Fernsehen das leitende Medium, das die Menschen zu Hause an die Bildschirme fesselte, so stellen dies 2004 erstmals Medien des Internets dar. Soziale Medien spielen eine noch weitgehend untergeordnete Rolle. So ging die Videoplattform *YouTube* erst Anfang 2005 online. Aber auf Blogs und Webseiten zirkulieren die ersten Amateuraufnahmen, die kommentiert werden. So wird das Erdbeben von Anfang an als Zäsur im 21. Jahrhundert wahrgenommen, wodurch die Ereignisse vom 11. September 2001 und dem 26. Dezember 2004 diskursiv miteinander verknüpft werden.

Diskursentwicklung

Das individuelle Erleben des Erdbebens und des Tsunamis war im Rahmen der journalistischen Berichterstattung zentral: Die journalistische Berichterstattung holte die betroffenen Menschen zunächst als Opfer vor die Kamera. Damit standen Erzählungen über das individuelle Überleben im Vordergrund der zahlreichen Medienberichte.

Geradezu bezeichnend ist ein Artikel, der unter dem Titel „Das Leben nach dem Tod" am 13. März 2005 im *Spiegel* veröffentlicht wurde (Blasberg et al. 2005).

6 Neben den Digitalkameras kamen natürlich auch Handykameras zum Einsatz. Das iPhone der 1. Generation kam zwar erst 2007 auf den Markt. Davor existierten aber bereits Fotohandys, die das mobile Fotografieren möglich machten. Die ersten Handykameras waren bereits 2000 auf dem Markt.

Siebzehn Journalist*innen haben mehr als 400 Überlebende an unterschiedlichen Orten in Deutschland, Österreich, Schweden und am Indischen Ozean zu ihrer Erfahrung interviewt. In der Printausgabe des Nachrichtenmagazins wurden Fotografien der Überlebenden abgedruckt und Seite an Seite mit Aufnahmen der Zerstörung an unterschiedlichen Orten positioniert. Viele der Erzählungen handeln davon, wie die Betroffenen der ‚Katastrophe' knapp entkommen waren. Diese Erfahrung hinterließ bei ihnen ein Gefühl, das mit Juliane Blank eine „Erklärungslücke" (Blank 2021, S. 2) genannt werden kann. Mit anderen Worten, diese Erzählungen behandeln und evozieren Kontingenzerfahrungen.

Die Berichterstattung über den Tsunami steht in Verbindung mit den Erfahrungen der Terroranschläge. Im Gegensatz zur medialen Berichterstattung über den 11. September zeigen Aufnahmen vom 26. Dezember 2004 zwar verschiedene Orte, anstatt einen einzigen Ort aus unterschiedlichen Perspektiven zu zeigen, wie dies nach 9/11 der Fall war. Wie bei den Aufnahmen vom 11. September wiederholten sich jedoch bestimmte Strukturen in den Bildern und Videos. Die visuellen Darstellungen des Tsunamis zeigten das Näherkommen einer großen Welle, den Aufprall des Wassers und das anschließende Zurückweichen ins Meer. Diese Bilder wurden immer wieder gezeigt, sowohl im Fernsehen als auch in Zeitungen. Dadurch entstand eine Verbindung zwischen der Erfahrung des Tsunamis und der Anschläge vom 11. September, bei denen der Flugzeugangriff aus verschiedenen Perspektiven wiederholt gezeigt wurde. Diese Verbindung entstand ausschließlich durch die mediale Darstellung.

Die enge Verbindung der beiden Ereignisse wird auch durch ihre weitere mediale Verwertung deutlich. Die im *Spiegel* veröffentlichten Fotografien und Texte wurden in das von Cordt Schnibben herausgegebene Buch *Tsunami. Geschichte eines Weltbebens* (2005) aufgenommen. Der Band orientiert sich dabei an einer früheren Publikation des Herausgebers. Cordt Schnibben hatte mit Stefan Aust bereits das Buch *11. September. Geschichte eines Terrorangriffs* (2002) herausgegeben. Beide Bücher behandeln Ereignisse mit großer Auswirkung auf die Welt, indem Berichte von Augenzeug*innen gesammelt und neu zusammengestellt wurden und so die Wahrnehmung aus unterschiedlichen Orten und Perspektiven akzentuiert wurde. Bei aller Verschiedenheit der Ereignisse – einem politisch motivierten terroristischen Anschlag und einer Naturkatastrophe an touristischen Gebieten – lassen sich Ähnlichkeiten in Bezug auf die Art und Weise feststellen, wie bestimmte Themen oder Fragen in einer Gesellschaft diskutiert werden.

Reaktionen

Mit Josef Haslinger, Christine Rinderknecht und Emmanuel Carrère sind drei Literaturschaffende benannt, die vom Erdbeben und dem Tsunami während eines Urlaubs überrascht wurden und Augenzeug*innen einer der größten Naturkatastrophen nicht nur des 21. Jahrhunderts wurden. Der österreichische Schriftsteller Josef Haslinger verbrachte den Urlaub gemeinsam mit seiner Familie auf der thailändischen Inselgruppe Ko Phi Phi.[7] Ebenfalls in Thailand, allerdings in einem Dorf auf der etwas weiter nordwestlich gelegenen Insel Phuket, befand sich die Schweizer Schriftstellerin Christine Rinderknecht gemeinsam mit ihrem Freund. Der französische Schriftsteller und Filmemacher Emmanuel Carrère verbrachte einen Urlaub mit seiner Familie auf Sri Lanka, wo er von der Flutwelle überrascht wurde.

Drei Einzelschicksale, die sich nicht nur darin ähneln, dass sie zusammen mit ihren Angehörigen den Tsunami erlebt und überlebt haben. Sie haben ihre Erfahrung auch literarisch verarbeitet, was als *Ästhetisierung der Katastrophe* bezeichnet werden kann.[8] Diese Ästhetisierung findet bezeichnenderweise erst in einem zeitlichen Abstand zum 26. Dezember 2004 statt. 2007 erschien Haslingers Buch unter dem Titel *phi phi island* im S. Fischer Verlag, ein autobiografischer Text über die Erfahrung seines Überlebens. Christine Rinderknecht versuchte sich in der literarischen Verarbeitung ihrer Erfahrung und arbeitete an einem Roman, scheiterte allerdings an der Fertigstellung ihres Buchprojekts, worüber sie anlässlich ihrer Poetikvorlesung am *Institute for German Cultural Studies* an der US-amerikanischen Cornell University sprach. 2009 erschien im französischen Verlagshaus *P.O.L.* Emmanuel Carrères Buch *D'autres vies que la mienne*. Durch Einnahme einer Zeugenperspektive erzählt Carrère in seinem autofiktiven Roman von den Erlebnissen des Weihnachtsurlaubs 2004/05 in Sri Lanka und verknüpft sie mit dem Tod seiner Schwägerin durch eine Krebserkrankung. Drei Typen also – der Überlebende, die Scheiternde und der Zeuge –, die auch die ästhetische Frage nach der Darstellbarkeit von ‚Katastrophen' unterschiedlich aufgreifen und verschiedene Ästhetisierungsstrategien entwickeln.

7 Es handelt sich um jene Inselgruppe, die insbesondere durch den aus dem Jahr 2000 stammenden Film *The Beach* mit Leonardo DiCaprio in der Hauptrolle weitreichend bekannt wurde.

8 Eine Definition von ‚Ästhetisierung' liefert u. a. Andreas Reckwitz: „Entscheidend für ästhetische Wahrnehmungen ist nicht, ob ihr Gegenstand schön oder hässlich erscheint, ob die Erfahrung harmonisch oder dissonant oder die Haltung introvertiert-reflexiv oder lustvoll-mitgerissen ist, sondern dass sie sich nicht im Sinne einer bloßen Informationsverarbeitung dem zweckrationalen Handeln unterordnen, vielmehr diesem gegenüber eine relative Eigendynamik besitzen." (Reckwitz 2021, S. 23)

Die Texte nehmen insoweit eine Sonderstellung in der Literatur über ‚Katastrophen' ein, als Haslinger, Rinderknecht und Carrère von der ‚Katastrophe' betroffen wurden und die Flutwelle überlebt hatten, wenn auch zum Teil nur sehr knapp. Wie schreibt man über eine ‚Katastrophe', die man zufällig erlebt? An einem Ort, an dem man sich nur temporär befindet und zu dem man sonst keine Verbindung hat? Auffallend ist, dass alle drei eine autobiografische Perspektive wählen und aus der ersten Person berichten, wenn sie die Ereignisse wiedergeben. Bei Josef Haslinger ist es der scheinbar objektive Bericht einer Einzelperson und die Überführung der Erfahrung in den Abenteuerbericht. Rinderknecht erzählt das Scheitern ihres Romanprojekts und überführt ihre Erfahrung in einen literarischen Diskurs, wenn sie an einem amerikanischen Germanistikinstitut einen Vortrag über die Ästhetik von Naturkatastrophen hält. Carrère spricht zwar über die Leben anderer, reflektiert sie aber immer vom eigenen Schreiben her und tritt dabei in der Rolle eines Zeugen auf.

Im Folgenden soll der Fokus auf der speziellen Ästhetik dieser drei Texte liegen, um einige Merkmale dieser Texte herauszuarbeiten. Ästhetisierung wird dabei verstanden als „Ausstattung der Wirklichkeit mit ästhetischen Elementen" (Welsch 1993, S. 8) bzw. als „ein kulturelles Phänomen, das in enger Anbindung an Literatur Konkretisierung erfährt." (Dziudzia 2015, S. 24) Analog zu der ästhetisch-diskursiven Frage, was der Tod, das Handyvideo und der Syrienkonflikt im Medium Handy-Todesvideo bedeuten (vgl. Meis 2021, S. 244), steht im Folgenden die Frage im Vordergrund, was die ‚Katastrophe', der Roman und das Sumatra-Andamanen-Erdbeben im Medium Literatur bedeuten. Dabei werden drei Ästhetisierungsstrategien beschrieben, die sich als Darstellung des Überlebens, des Scheiterns und des Bezeugens klassifizieren lassen.

Insgesamt stellt dieses Kapitel eine Erweiterung des Forschungsstandes zur Literatur über das Sumatra-Andamanen-Erdbeben in transnationaler Perspektive dar. Behandelte die Germanistin Katharina Gerstenberger nur Haslingers und Rinderknechts Beiträge in Bezug auf das Erdbeben im Indischen Ozean (vgl. Gerstenberger 2012, S. 31), so erweitert dieses Kapitel den kleinen Kanon um eine literarische Arbeit des französischen Schriftstellers Emmanuel Carrère.

1.1 Überleben: Josef Haslingers fiktionaler Bericht *phi phi island* (2007)

Josef Haslinger hat 2007 mit *phi phi island* eines der ersten Bücher vorgelegt, die die Ereignisse rund um die Weihnachtsferien 2004/05 literarisch behandeln. Das Buch gibt retrospektiv die Erlebnisse des Erzählers während seines Urlaubs auf der thailändischen Insel in der Ich-Form wieder, als seine Familie und er von der gewaltigen Flutwelle überrascht wurden und nur knapp auf dem Dach ihres Hotels überleben konnten. Diese Erfahrung wird mit den im Nachhinein angestellten Reflexionen über diese Begebenheit ergänzt, als er ein Jahr später wieder an denselben Ort zurückgekehrt war, um „den ablauf der katastrophe zu rekonstruieren" (Haslinger 2010, S. 6). Katharina Gerstenberger ist zuzustimmen, wenn sie den Text mehr als nur das persönliche Dokument eines individuellen Überlebenden auffasst (vgl. Gerstenberger 2012, S. 31). Der Text sollte aber nicht wie von Gerstenberger unternommen auf eine ausschließlich therapeutische Funktion im Zusammenhang mit Haslingers eigener Traumabewältigung reduziert werden. Die Buchveröffentlichung eines zeitgenössischen Schriftstellers in einem renommierten Verlag der deutschsprachigen Gegenwartsliteratur stellt weit mehr als bloß selbstbezogene Selbsttherapie dar. Die vorliegende Analyse interessiert sich deshalb für die literarische Ordnung, in die Haslinger seine persönliche Geschichte zwei Jahre nach dem Erdbeben im Indischen Ozean überführt hat. Haslinger hebt in seinem Text das eigene Überleben hervor und wechselt damit von der ihm in einer ersten Phase medial zugeschriebenen Opferrolle in die Rolle eines Überlebenden. Als Referenzpunkt dient ihm dabei die Abenteuergeschichte. In einem ersten Teil wird auf unterschiedliche Interviews aus der ersten Phase eingegangen, wobei die Ordnungen herausgearbeitet werden, in die Haslingers Geschichte seines Überlebens übertragen wurde. Im zweiten Teil wird schließlich auf die Romankonstruktion von *phi phi island* eingegangen, insbesondere auf die Zuweisung zu der Gattung *Bericht*. Sie will als gattungsspezifische Zuweisung im Kontext von Literatur verstanden werden und ist weniger im wortwörtlichen Sinn zu verorten.

Zuweisung der Opfer-Rolle

Nach seiner Rückkehr nach Wien hat sich Josef Haslinger wiederholt öffentlich zu seiner Erfahrung in Thailand geäußert. Bereits am 30. Dezember 2004, kurz nach seiner Rückkehr nach Österreich, veröffentlichte die österreichische Tageszeitung *Der Standard* Auszüge eines Interviews, das Haslinger mit Georg Leyrer von der österreichischen Presseagentur (APA) geführt hatte (Der Standard 2004). Wie andere Persönlichkeiten aus Österreich wie der deutsche Kabarettist Dirk Stermann hatte Josef Haslinger die österreichischen Behörden kritisiert, die nicht sofort und vor allem nicht in angemessener Weise auf das Unglück reagiert hätten. Die von Haslinger zum Ausdruck gebrachte Kritik brachte ihm zunächst aber selbst viel Kritik ein, wenn man ihm vor allem im Netz darauf hinwies, dass er als Opfer nicht laut Kritik an der österreichischen Katastrophenhilfe üben solle (vgl. Redaktion Der Standard 2005).

Ungeachtet der Erfahrung, selbst kritisiert zu werden, trat Haslinger auch weiterhin öffentlich in Erscheinung. In seinen Beiträgen erzählte er über die Erfahrung in Thailand, änderte aber den Fokus von einer kritischen Haltung hin zur Schilderung der Erlebnisse. Als Haslinger später im Zuge der Buchveröffentlichung von *phi phi island* gefragt wurde, warum die Kritik am österreichischen Katastrophenmanagement in seinem Buch nur eine untergeordnete Rolle spielt, antwortete Haslinger:

> Im Nachhinein betrachtet, sah ich keinen Grund mehr, mich nochmals zu beschweren. Schließlich haben sie uns letztlich doch ohne Ticket und ohne Geld mitgenommen. Aber das bedurfte erst einer gewissen Überzeugungsarbeit. Wir hätten mit der Lufthansa umsonst nach Frankfurt oder München fliegen können. Aber auch von dort wollte die AUA unseren Rücktransport nach Wien nicht übernehmen. Mein Sitznachbar im Flugzeug kam aus Phuket. Er war von der AUA zwei Tage lang zurückgewiesen worden. Und er hatte sich Geld leihen müssen, um beim österreichischen Konsulat die Gebühren für provisorische Identitätspapiere bezahlen zu können. Die Österreicher, das hat mich milder gestimmt, haben durch Sondermaschinen und Hilfskräfte später versucht nachzuholen, was sie am Anfang versäumt haben. (Welt Online 2007)

Haslinger geht in seinen Beiträgen der Erfahrung nach, was es bedeutet, eine Flutwelle überlebt zu haben und bleibt offen für Gespräche und Interviews, die in wichtigen deutschsprachigen Tages- und Wochenzeitungen erscheinen. So werden u. a. in der *Berliner Morgenpost* vom 8. Januar 2005 die Erlebnisse Haslingers vom Germanisten und Biografen Ulrich Weinzierl in einem längeren Bericht in der Ich-Form wiedergegeben (Weinzierl 2005). Dabei war Haslinger kontinuierlich mit Selbstzweifeln hinsichtlich der Angemessenheit seines Sprechens konfrontiert. Gerstenberger hat darauf hingewiesen, dass ihm diese Selbstzweifel in eine Nähe zu Berichten von Überlebenden der Shoah bringen (vgl. Gerstenberger 2012, S. 35). In *phi phi island* wird dies folgendermaßen reflektiert: „du hast überlebt. und du hast keine angehörigen verloren. warum nicht einfach froh sein und schweigen?“ (Haslinger 2010, S. 5) Jedoch war ihm gerade das mündliche Erzählen nach der Rückkehr sehr wichtig, um die Erfahrung zu verarbeiten: „dann kam das gespräch auf den tsunami, und ich merkte, dass ich doch auch das bedürfnis hatte, darüber zu reden.“ (Haslinger 2010, S. 5 f.)

Ein Höhepunkt dieser Interview-Serie stellen die im deutschen Nachrichtenmagazin *Der Spiegel* im Frühjahr 2005 Woche für Woche abgedruckten Berichte von Überlebenden dar. Darin finden sich Erzählungen einer Vielzahl von Überlebenden der Flutkatastrophe aus unterschiedlichen Orten der Welt: aus Deutschland, Indonesien, Österreich, Indien, Thailand oder Schweden. Diese werden aus der Perspektive der Journalist*innen erzählt, die die Betroffenen besuchten und interviewten. Somit erscheint der Bericht über Josef Haslinger als Teil eines insgesamt acht Seiten langen Beitrags zur Flutkatastrophe, der im März 2005 unter dem Titel „Das Leben nach dem Tod“ (Blasberg et al. 2005) veröffentlich wurde:

> Josef Haslinger sitzt in seiner Wiener Wohnung und raucht. Eigentlich wollte er ja weniger rauchen im neuen Jahr, aber das geht im Moment nicht. Es ist Sonntagvormittag und still, auf dem Couchtisch liegen Ausschnitte aus thailändischen Zeitungen. Haslinger ist an der Hand operiert worden, mit der er sich an einer Wellblechplatte zurück ins Leben zog. Das scharfe Blech hat mehrere Sehnen durchtrennt. Damals auf Phi Phi, in all dem Chaos, zwischen den Trümmern und den Toten wirkte die blutende Hand wie eine winzige Verletzung, hier im stillen, gemütlichen Wien sieht das anders aus. Haslinger ist Schreiber, und bei seiner Art zu tippen, bedeutet es, dass er nur noch einen Finger zur Verfügung hat. Einen Finger. Als Schriftsteller ist Josef Haslinger gewissermaßen schwerbehindert.
>
> Haslinger erzählt fünf Stunden lang, fast ohne Pause, sehr detailliert, vom Urlaub seiner Familie auf Phi Phi. Einmal schaut er auf die Uhr und schaltet den Fernseher ein. Eine Kirchensendung bringt einen Beitrag über die Folgen der Katastrophe, in dem er vorkommt. Er sieht grau aus und sagt, dass er nicht an Gott dachte, als es passierte. Dann kommt schon irgendein Psychologe, und Haslinger macht den Fernseher wieder aus.
>
> Er geht jeden Tag zur Physiotherapie, er ist im Moment nicht sehr beweglich. Er sitzt in seiner Wohnung, raucht zu viel und korrigiert eine ältere Erzählung, die ihm nie so richtig gut gefallen hat.
>
> Anfang Februar kam in Wien ein Karton mit dem Inhalt des Tresors an, der in seinem Bungalow des „Princess Resort“ stand, den die Welle zerstörte. 2000 Euro fehlten zunächst, aber sonst ist alles da. Das thailändische Geld, Schlüssel, Flugtickets, Pässe und auch die kleine Marienmedaille, die ihm seine Mutter vor vielen Jahren als Glücksbringer schenkte. Die Dinge in dem kleinen Karton rochen so modrig wie seine Erinnerungen an diesen 26. Dezember. Wie das Hotel, auf dessen Dach sie Zuflucht fanden, wie die Sachen, die sie trugen, wie sie selbst. Es war, als hätte er ein Paket aus dem Jenseits erhalten. Haslinger ahnt, dass dies nicht der letzte Gruß der Katastrophe sein wird. Sie schlafen schon besser, aber die Erinnerungen werden wiederkommen und seine Familie verfolgen. Sie sind davongekommen, er und seine Frau und die Zwillinge. An diesem Sonntagmorgen, als Haslinger stundenlang von jenem Dezembertag berichtet, huschen die Kinder und seine Frau wie Schatten durch die große Wiener Altbauwohnung.
>
> Wenn die Hand in Ordnung ist, will Josef Haslinger noch mal zurück nach Ko Phi Phi. Er will es beschreiben, was er sieht und woran er sich erinnert. Vielleicht wird ein Buch daraus, vielleicht auch nur ein Protokoll, das seiner Familie hilft zu verstehen, was damals passiert ist. (Blasberg et al. 2005, S. 136)

Die Berichte handeln zwar von Überlebenden, die Frage, mit der man sich ihnen aber nähert, ist jene, wie Überlebende mit ihrem Leben nach der Katastrophenerfahrung umgehen. Sie kommen als Opfer zu Wort, nicht als Überlebende. Bei Haslinger beginnt dies schon durch den Verweis auf das starke Rauchen, was auf die angeschlagene psychische Verfassung hindeutet, und den Hinweis auf seine Handverletzung. Damit wird vermittelt, dass die ‚Katastrophe‘ ihre Spuren sowohl psychisch als auch physisch hinterlassen hat.

Dieselbe Darstellung der Betroffenen wird auch in der Überführung in das Medium Buch gewählt. Von denselben neunzehn Journalist*innen wurde der von Cordt Schnibben herausgegebene Band über die Flutkatastrophe im Indischen Ozean verfasst, der unter dem Titel *Tsunami. Geschichte eines Weltbebens* bereits am 21. März 2005 veröffentlicht wurde. In insgesamt zehn Kapiteln werden die Entstehung, der Ablauf und die Folgen der Flutwelle aus der Sicht von über 400 Überlebenden geschildert. Bezeichnend für die Publikation ist die Fülle an individuellen Erzählungen, die sich immer wieder überschneiden und sich so zu einem großen Zusammenhang verflechten. Acht der zehn Kapitel sind einem spezifischen Ort gewidmet: Indonesien, Andamanen und Nikobaren, Phuket, Khao Lak, Phi Phi, Sri Lanka und Indien, Malediven bis Kenia. Innerhalb eines jeden Kapitels werden die Erzählungen chronologisch geordnet. Die Binnenstruktur der Kapitel ist dadurch gekennzeichnet, dass jedes Kapitel aus einer kurzen Sequenz besteht, die in der Zeit und im Raum lokalisiert wird. Dabei steht das Fortlaufen der Zeit im Vordergrund, nicht die erzählenden Personen. Der Fokus liegt auf den Vorgängen und den Ereignissen, nicht auf dem Überleben jedes einzelnen. In jedem Kapitel laufen mehrere Parallelerzählungen, die sich gegenseitig immer wieder ablösen und unterbrechen. Damit bleibt nicht nur die Spannung aufrecht, sondern auch die fortlaufende Zeit das dominierende Paradigma.

Die Geschichte der Familie Haslinger wird im sechsten Kapitel „Phi Phi – Sintflut im Paradies" erzählt (187–218). Die einzelnen Abschnitte sind mit den durch Zeitangaben ergänzten Bezeichnungen der Unterkünfte überschrieben („Gästehaus Orchid", „Viewpoint Resort", „Hotel Cabana" und „Hotel Princess"). Wie in den anderen Kapiteln auch wird nicht einer Figur der Vorrang gegenüber anderen gegeben, sondern die Erzählungen aller Überlebenden laufen nebeneinander ab. Ihre Geschichten verwickeln sich. So steht die Parallelität der Ereignisse im Vordergrund, nicht die Singularität. Damit wird ein Bild der ‚Katastrophe' geprägt, die alle gleichermaßen trifft, vom Familienvater bis hin zum Schriftsteller. Haslinger wird einer von vielen. Diese Erzählperspektive wird von Josef Haslinger in der literarischen Bearbeitung seiner Erlebnisse in *phi phi island* radikal umgearbeitet, wenn er sie ausschließlich aus der Ich-Perspektive wiedergibt.

Das „Paradigma des Odysseus" – erzählen vom eigenen Überleben

In *phi phi island* steht das individuelle Erleben und Überleben der Erzählerfigur im Vordergrund. Damit unterscheidet sich das Buch klar von der Berichterstattung in journalistischen Medien. Darauf hat auch Lars Koch hingewiesen, wenn er *phi phi island* beschreibt als „a text that opposes the media globalisation of the spectacle of catastrophe by offering the limited perspective of the eyewitness who wants to present a sober report on what happened and what it was like to go through it.“ (Koch 2015, S. 140) Im Folgenden soll dieser Aspekt näher untersucht werden, indem auf die Erzählstruktur in *phi phi island* eingegangen wird. Haslinger grenzt sich von der Opferperspektive ab, indem er mit den Mitteln der Autofiktion arbeitet und die Individualität beschreibt.

Josef Haslinger hat bereits vor seinem Buch *phi phi island* mit dem Erzählen in der ersten Person experimentiert. In seinem Roman *Opernball* (1995) erzählt er die Geschichte eines Terroranschlags aus der Sicht des Ich-Erzählers. Es handelte sich dabei aber um einen rein fiktionalen Text (vgl. Strasser 2023, S. 299). *phi phi island* ist dagegen sein erster Roman, der autofiktional arbeitet. Der Erzähler fällt mit dem Autor zusammen. Ähnlich wie in Haslingers späterem Roman *Mein Fall* (2020), in dem er von einer sexuellen Missbrauchserfahrung durch einen Priester in seiner Kindheit schreibt, hat *phi phi island* einen autobiografischen Hintergrund, fällt aber in das literarische Genre der Autofiktion. Dabei handelt es sich um „autobiographische Erzählungen, die sich auf Ereignisse und Erfahrungen aus dem Leben des Autors oder Autorin beziehen, die aber fiktionalisiert (romanhaft) dargestellt werden.“ (Ivanovic 2020, S. 29).

Wie der Erzähler im Buch hat auch der Autor Josef Haslinger die Ereignisse selbst erlebt. Das Buch umfasst insgesamt 37 Kapitel, in denen Haslinger auf drei Ebenen reflektiert: (1) die Weihnachtsferien 2004 in Thailand, (2) der Besuch am selben Ort ein Jahr später im Dezember 2005 und (3) der Zeitpunkt der Niederschrift im Jahr 2006, eineinhalb Jahre danach. Das Romanhafte an *phi phi island* zeigt sich nicht nur an der Erzählkonstruktion, sondern auch in der Orientierung an einer Erzähltradition, wie bereits durch die Kombination des Titels *phi phi island* und des Untertitels *ein bericht* angedeutet wird.

Schon Katharina Gerstenberger hat auf die ungewöhnliche Bezeichnung des Untertitels hingewiesen, da ein Bericht persönliche Betroffenheit und sachliche Beschreibung suggeriere, Haslingers Text aber weit über die chronologische Wiedergabe eines bestimmten Ereignisses hinausgehe und mehrere Erzählstränge verschränke (vgl. Gerstenberger 2012, S. 33). Haslinger löst zwar die poetologische Forderung der Gattung Bericht ein, wenn er einfache Sätze verwendet, er geht aber über die Gattungsgrenzen hinaus, wenn der Handlungsverlauf nicht linear wiedergegeben wird und eine subjektive Perspektive verwendet, wodurch der Text an Authentizität gewinne (vgl. Strasser 2023, S. 303). Außerdem greife er auf literarische Katastrophenerzählungen ebenso zurück wie auf essayistische Konventionen (vgl. Gerstenberger 2012, S. 33). Laut Gerstenberger wird gerade durch die Wahl des Titels und des Untertitels die Schwierigkeit verdeutlicht, sich ästhetisch angemessen mit dem in Thailand Erfahrenen auseinanderzusetzen:

> The descriptive yet rather specific title together with a genre designation that in the end turns out to be not quite accurate captures the aesthetic challenges and opportunities in Haslinger's book, suggesting that there is no one genre readily available for the type of survivor narrative he felt compelled to create. (Gerstenberger 2012, S. 33)

Ist die Zuweisung der Gattung *Bericht* also nur ein Verlegenheitsgriff seitens des Autors? Lässt sich der Titel gar auf seine ökonomische Funktion als Vermarktungsstrategie des Verlags reduzieren? Tatsächlich scheinen Titel und Untertitel eine Orientierung vorzugeben, auf die der Erzähler selbst immer wieder hinweist, wenn er gleich im ersten Kapitel äußert, er „habe die zufallsbekanntschaft mit einer abenteuergeschichte gemacht." (Haslinger 2010, S. 7) Die im Titel angesprochene Verbindung von *Insel* und *Bericht* bringt den Roman in die Nähe von Abenteuergeschichten.

Die thailändische Inselgruppe Ko Phi Phi wird lediglich umgangssprachlich *phi phi island* genannt. Diese in erster Linie touristische Bezeichnung im Englischen steht im Titel, womit das Motiv der Insel schon hier hervorgehoben wird. Inseln spielen aber in der westlichen Erzähltradition allgemein eine große Rolle. Mit Inseln werden Geschichten wie etwa Robert Louis Stevensons *Treasure Island* oder Daniel Defoes *Robinson Crusoe* verbunden. Das Buch von Haslinger greift somit auf eine literarische Tradition zurück und knüpft an die Tradition von Abenteuergeschichten an, die bis zurück zu Odysseus reicht, der auch in die Ferne gereist war, Zeuge des Krieges wurde und als Überlebender von Insel zu Insel zurückreiste. Haslinger orientiert sich in *phi phi island* am literarischen Abenteuerroman und stellt das eigene Überleben in den Vordergrund, macht es zum Erzählgegenstand. Der Erzähler verkörpert das, was Christine Ivanovic das „Paradigma des Odysseus" (Ivanovic 2020, S. 41) genannt hat.

Der Erzähler stellt gleich im ersten Kapitel fest: „erzählungen, die davon handeln, wie jemand in die ferne reist, es dort mit unerwarteten vorgängen zu tun bekommt, die es ungewiss machen, ob er überleben wird, heißen abenteuergeschichten." (Haslinger 2010, S. 7) Dabei hat der Erzähler eine spezifische Abenteuergeschichte vor Augen: „häufig sind sie in der ich-form geschrieben. wer so wie kara ben nemsi seine eigene geschichte erzählt, versichert damit von vornherein, dass sie letztlich gut ausgehen wird." (Haslinger 2010, S. 7) Es sind die von Karl May geschriebenen sog. *Orient-Romane*, in denen der Ich-Erzähler Kara Ben Nemsi in ‚den Orient' reist und eine Reihe von Abenteuern erlebt. Dass diese Erzählungen in der Ich-Form geschrieben werden, sind laut Haslinger ein Hinweis auf das Überleben des Helden – und damit auf den glücklichen Ausgang der Abenteuergeschichte.

Die Schwierigkeit des Schreibens wird in der spezifischen Materialität des Textes *phi phi island* angelegt. Sie wird grafisch manifestiert, indem das gesamte

Buch in Kleinbuchstaben geschrieben wird. Nicht nur der gesamte Fließtext wird kleingeschrieben, sondern auch Titel und Untertitel. Die Kleinschreibung wird im Bericht selbst motiviert, wenn der Erzähler an einer Stelle eine Handverletzung bemerkt, die ihm die Benützung der Umschalttaste am Computer unmöglich gemacht hat:

> ich starte das notebook, das mir helmut, ein befreundeter journalist, als ersatz für das vom tsunami verschlungene geliehen hat, und tippe mit dem zeigefinger der rechten hand die gerade erlebte szene in die tasten. in kleinschreibung. noch habe ich die illusion, der für den gebrauch der umschalttaste zuständige kleine finger der linken hand würde, wenn er erst einmal von der schiene befreit ist, auch wieder beweglich werden. zu dieser zeit weiß ich noch nicht, dass der unbefriedigende heilungsverlauf mich zu einem bescheidenen persönlichen beitrag zur deutschen rechtschreibreform ermuntern wird. (Haslinger 2010, S. 165 f.)

Die durchgehende Kleinschreibung kann auch als ein Authentifizierungsmerkmal verstanden werden. Sie unterstreicht die Tatsache, dass Haslinger den Bericht selbst geschrieben hat. Mit Wolfgang Iser handelt es sich um eine „Verbürgung der Faktizität des Berichteten" (Iser 2003, S. 222).

Zusammenfassend lässt sich festhalten, dass Haslinger in *phi phi island* die Ereignisse mittels Autofiktion in eine narrative Struktur bringt, in der das eigene Überleben des Erzählers eine zentrale Rolle spielt. Haslinger kann dabei teilweise auf eine Erzählkonstruktion zurückgreifen, mit der er bereits in der Vergangenheit experimentiert hat, nämlich die Erzählung in der ersten Person. Erstmals lässt er aber den Erzähler mit dem Autor zusammenfallen. Durch die Autofiktion gelingt es Haslinger, seine vermeintliche Opferrolle in der Anfangsphase zu verarbeiten und sich selbst als Überlebender darzustellen, was er insbesondere durch Verweise auf Abenteuergeschichten realisiert. Haslingers ästhetische Strategie besteht darin, die Erfahrung der ‚Katastrophe' unter dem Einfluss der Abenteuergeschichte wahrzunehmen. Eine etwas andere ästhetische Strategie findet sich im Text von Christine Rinderknecht.

1.2 Scheitern: Christine Rinderknechts Romanfragment in der *Corneller Vorlesung zur Ästhetik der Gegenwart* (2008)

Am *Institute for German Cultural Studies* an der Cornell-University in Ithaca in New York gibt es seit 2003 ein Austauschprogramm für Schriftsteller*innen der deutschsprachigen Gegenwartsliteratur, um eine Zeit am Institut zu verbringen und die eigene Arbeit vorzustellen. Dieses Programm wurde in der Vergangenheit von einer Reihe renommierter Autor*innen wahrgenommen, u. a. von Oswald

Egger (Herbst 2003), Yoko Tawada (Frühling 2009), Barbara Köhler (Frühling 2013), Kathrin Röggla (Herbst 2016) und Clemens J. Setz (Frühjahr 2018).[9] Auch die Schweizer Schriftstellerin Christine Rinderknecht wurde eingeladen und verbrachte das Frühjahr 2008 am Institut. Neben Seminaren zu ihrem Werk hielt sie die *Corneller Vorlesung zur Ästhetik der Gegenwart,* die seit dem Jahr 2008 abgehalten wird. Rinderknecht, die drei Jahre zuvor den Tsunami während eines Urlaubs mit ihrem Freund in Thailand „selber am Rande“ (Rinderknecht 2008, S. 16) miterlebt hatte, machte Naturkatastrophen in der Literatur zum Thema ihres Vortrags und sprach über ein geplantes und später wieder verworfenes Romanprojekt über das Erdbeben im Indischen Ozean und den Tsunami. Dass Rinderknecht das Scheitern ihres Romanprojekts zum Ausgangspunkt ihres Vortrags macht, ist bezeichnend. So drückt sich in der Darstellung des Scheiterns weniger die mangelnde Kompetenz der Schriftstellerin aus als vielmehr die Bezugnahme auf ein ästhetisches Problem.

Christine Rinderknecht reflektiert in ihrem Vortrag die Darstellung von ‚Katastrophen‘ in der Literatur und deren möglichen Herausforderungen und weist auf ein ästhetisches Problem hin, das innerhalb der Ästhetik schon lange diskutiert wird. Rinderknecht überträgt ihre persönliche Erfahrung mit ‚Katastrophen‘ in den Diskurs des Erhabenen, indem sie eine persönliche Erfahrung in einen größeren Sinnzusammenhang stellt und sie zu einem ästhetischen Problem macht. Im Folgenden sollen die von Rinderknecht beschriebenen Schwierigkeiten herausgearbeitet und im Kontext der Diskursivierung von ‚Katastrophen‘ diskutiert werden.

Zur unmöglichen Möglichkeit der Darstellung

Der Vortrag von Rinderknecht beginnt mit den Worten: „Zwei Jahre habe ich an einem Buch geschrieben, das man eigentlich gar nicht schreiben kann.“ (Rinderknecht 2008, S. 16) Mit diesem offenen Eingeständnis stellt sie fest, dass ihr Projekt von Anfang an zum Scheitern verurteilt war. Als Grund dafür verweist sie auf ein ästhetisches Problem. Rinderknecht bezieht sich auf das Konzept des Erhabenen, das in der philosophischen Ästhetik behandelt wird und besagt, dass Ereignisse wie Erdbeben, Flutwellen oder Wirbelstürme jenseits der sprachlichen oder visuellen Darstellbarkeit liegen: „Naturkatastrophen eignen sich naturgemäss nicht als literarische Objekte. Sie sind zu gross, zu mächtig, zu wirklich, sie ersticken jeden fiktionalen Versuch.“ (Rinderknecht 2008, S. 16)

9 Die vollständige Liste aller Teilnehmenden findet sich unter folgendem Link: https://igcs.cornell.edu/artists-residence (19.08.2025).

Die von Rinderknecht erwähnte Größe verweist auf Immanuel Kants Definition des Erhabenen in der *Kritik der Urteilskraft*: „*Erhaben* nennen wir das, was *schlechthin groß* ist." (Kant 1922, S. 91) Doch das Ästhetische erschöpft sich hier nicht allein im Erhabenen als unüberwindbarer Grenze der Darstellbarkeit. Vielmehr eröffnet die ästhetische Reflexion eine doppelte Perspektive: Einerseits wird das Erhabene als ein Moment der Überwältigung verstanden, andererseits stellt sich die Frage, welche literarischen Mittel dennoch zur Annäherung an solche Ereignisse zur Verfügung stehen. Gerade die Spannung zwischen dem Unaussprechlichen und den Versuchen seiner ästhetischen Vermittlung ist zentral für das Verständnis der literarischen Auseinandersetzung mit dem Tsunami. Die Frage ist also nicht nur, warum das Erhabene sprachlich schwer zu fassen ist, sondern auch, welche ästhetischen Strategien möglicherweise dennoch greifen.

Fragen der Darstellbarkeit dieser Ereignisse bis hin zum Eingeständnis der eigenen Grenzen werden immer wieder zum Gegenstand ästhetischer Debatten von Schriftsteller*innen. In ihrem 2023 mit dem Wortmeldungen-Preis ausgezeichneten Text *Schwankende Kanarien* beschreibt die Schriftstellerin Judith Schalansky ihre literarische Arbeit als „nichts anderes als ein Scheitern" (Schalansky 2023) angesichts der Vielzahl gegenwärtiger und bevorstehender Krisen- und Katastrophenerfahrungen. Sie vergleicht sich mit einem Kanarienvogel, also mit jenem Tier, das von Minenarbeitern in unterirdische Bergwerke weit unter die Erde mitgenommen wurde, um als eine Art Frühwarnsystem vorzeitig den Sauerstoffmangel anzuzeigen. So heißt es an entsprechender Stelle: „Der Kanarienvogel, das war ich" (Schalansky 2023).

Auch der indische Schriftsteller Amitav Ghosh hat unlängst die Unmöglichkeit und das eigene Scheitern an der Darstellung thematisiert. In seinem Essay *The Great Derangement* (2016) beschreibt Ghosh, wie er am 17. März 1978 von einem Tornado überrascht wurde. Jahre später stellt er sich die Frage, warum es ihm immer noch nicht gelinge, eine Romanfigur zu entwerfen, die wie er selbst entlang einer Straße geht und von einem Tornado überrascht wird (vgl. Ghosh 2016, S. 15 f.). Obwohl Stürme, Überschwemmungen und ungewöhnliche Wetterbedingungen aufgrund seiner eigenen Erfahrungen wiederholt in seinen Romanen auftauchen, hat bisher noch kein einziger Tornado den Weg in seine Bücher gefunden. Ghosh schließt daraus, dass ihm vermutlich Unplausibilität vorgeworfen werden würde, wenn er eine Romanfigur auf einen Tornado treffen lassen würde:

> In reflecting on this, I find myself asking, What would I make of such a scene were I to come across it in a novel written by someone else? I suspect that my response would be one

> of incredulity; I would be inclined to think that the scene was a contrivance of last resort. Surely, only a writer whose imaginative resources were utterly depleted would fall back on a situation of such extreme improbability? (Ghosh 2016, S. 16)

Ghosh führt sein eigenes Scheitern beim Entwerfen einer Romanfigur auf die Konstitution des Romans selbst sowie auf die Erwartungshaltung der Lesenden zurück. Er betont dabei den Unterschied zwischen einem Roman und der Realität. Ghosh hebt hervor, dass der Roman die Darstellung unwahrscheinlicher Ereignisse, wie zum Beispiel die zufällige Begegnung mit einem alten Jugendfreund oder einem Tornado, vorbereiten muss, was oft auf Schwierigkeiten stoßen kann (vgl. Ghosh 2016, S. 16 f.). Ghosh sieht die einzige Möglichkeit, um solche unwahrscheinlichen Ereignisse in die Literatur einzubeziehen, darin, sich ernsthaft mit literarischen Gattungen auseinanderzusetzen, die lange Zeit als unseriös galten, wie zum Beispiel Fantasy, Horror und Science-Fiction (vgl. Ghosh 2016, S. 24).

Rinderknecht hingegen fordert keine Zuwendung zu marginalisierten Gattungen, sondern lediglich Geduld. Sie sieht die einzige Möglichkeit, reale Ereignisse angemessen in die Literatur zu übertragen und ästhetisch zu gestalten, darin, eine Phase der Latenz abzuwarten. Sie betont die zeitliche Distanz, die ein Ereignis benötigt, bevor es als Grundlage für künstlerische Ausarbeitung dienen kann: Erst mit „einem gebührenden zeitlichen Abstand“ (Rinderknecht 2008, S. 16) kann über ein bestimmtes Ereignis geschrieben werden.

Als Beispiel einer gelungenen Fiktionalisierung erwähnt Rinderknecht das 2005 erschienene Buch *De verdronkene* (dt. Sturmflut) der niederländischen Autorin Margriet de Moor, das einen Sturm aus dem Jahr 1953 behandelt. Rinderknecht hebt hervor, dass die Autorin in der historischen Distanz die Verwandlung des realen Ereignisses in ein mythologisches Geschehen schafft, das sich in den Seelen ihrer Figuren widerspiegelt (vgl. Rinderknecht 2008, S. 16) Ein weiteres Beispiel, das Rinderknecht als gelungene Überführung eines realen Ereignisses in die Literatur erwähnt, ist Heinrich von Kleists bekannte Novelle *Das Erdbeben in Chili*. Auch hier betont Rinderknecht den zeitlichen Abstand zwischen dem Erdbeben und Kleists Niederschrift der Novelle zu Beginn des 19. Jahrhunderts: „Das historische Ereignis fand ca. 150 Jahre vor Kleists Niederschrift seines Textes statt. Inspiriert hatte ihn vermutlich ein Text über das Erdbeben in Lissabon, das 1755 grosse Teile der Stadt zerstörte.“ (Rinderknecht 2008, S. 19) Obwohl Kleists Novelle unter dem Eindruck der Französischen Revolution entstanden sein dürfte und somit eine Reaktion auf ein gegenwärtiges Ereignis darstellt (vgl. Gamper 2008, S. 527), führt Rinderknecht diese beiden literarischen Beispiele an, um ihre These der Latenz zu untermauern.

Anschließend führt sie ihr eigenes Scheitern an einem Romanprojekt über das Erdbeben und den Tsunami vor, um auf die fehlende zeitliche Distanz zum

Ereignis hinzuweisen. Eloquent schildert sie, wie ihr Freund und sie in Thailand von etwas überrascht wurden, das sich erst allmählich und eben nicht sofort als die von einem Erdbeben ausgelöste Flutwelle herausgestellt hat (vgl. Rinderknecht 2008, S. 17). Rinderknecht weist auf den Umstand hin, dass sie nach ihrer Rückkehr in die Schweiz um Einschätzungen gefragt wurde: „Als ich wieder in Zürich war, wollten viele von mir wissen, wie es war. Und? Wie war es?“ (Rinderknecht 2008, S. 17) Mit den beiden nachgestellten Fragen hebt sie die Eindringlichkeit der Fragen hervor. Sie weist dabei deutlich auf den Umstand hin, dass sie als Schriftstellerin wahrgenommen wurde und um eine Stellungnahme gebeten wurde, nicht nur als eine Privatperson, die zufällig von dem Ereignis überrascht wurde: „Andere sagten, schreibst du jetzt etwas darüber? Oder, du schreibst doch hoffentlich nichts darüber, oder du schreibst jetzt bestimmt darüber.“ (Rinderknecht 2008, S. 17) Sie bemerkt, dass ihre Erfahrung als Schriftstellerin mit einer bestimmten Erwartungshaltung verbunden war: „Sie machten sich Gedanken, was jetzt von mir zu erwarten sei.“ (Rinderknecht 2008, S. 17)

Was Rinderknecht hier beschreibt, ist ihr erstarkendes Bewusstsein des Ablaufs, wie ein Ereignis zu einem Diskursgegenstand wird, wie aus dem „Phänomen“ (Rinderknecht 2008, S. 17) die „Naturkatastrophe“ (Rinderknecht 2008, S. 19) wird, von der auch ihr Romanfragment handeln wird. Rinderknecht reagiert zunächst mit einer Diskursverweigerung: „Ich weigerte mich zuerst. Ich wollte nichts schreiben.“ (Rinderknecht 2008, S. 17) Sie erwähnt in diesem Zusammenhang eine mediale Sättigung des Themas: „In den Zeitungen war genug geschrieben worden. Was sollte ich noch schreiben?“ (Rinderknecht 2008, S. 17) Von dieser Frage lenkt sie wieder auf das ästhetische Problem: „Wie sollte ich, wenn ich das überhaupt wollte, darüber schreiben, was für Wörter, was für eine Sprache benützen.“ (Rinderknecht 2008, S. 17 f.)

Da sie nicht schreibt, sondern das Schreiben aufschiebt, erwähnt sie unterschiedliche Tätigkeiten, die sie ausführt. Es sind Praktiken, die von ihr als Schriftstellerin erwartet werden können. Einerseits bemerkt sie, dass sie „alles, was darüber geschrieben wurde, las.“ (Rinderknecht 2008, S. 18) Sie eignet sich ein diskursives Wissen an, indem sie sich Zeitungen kauft und die tagesaktuelle Berichterstattung studiert. Neben dem extensiven Lesen tagesaktueller Berichte bedient sie sich auch der Praktik des Sammelns und des Aufhebens: „Die Artikel bewahrte ich auf, ohne zu wissen wozu. Ich bin keine Sammlerin und habe auch kein Archiv, wie andere Leute, die schreiben. Ich stopfte die Artikel in eine Schublade, die ich extra dafür geleert hatte.“ (Rinderknecht 2008, S. 18)

Diese beiden Praktiken stellen Ersatzhandlungen zum Schreiben dar. Dazu zählt auch die Einbeziehung einer Metaebene, wenn sich Rinderknecht Gedanken darüber macht, was sie schreiben würde, wenn sie schreiben würde: „Wenn ich etwas hätte beschreiben wollen, wäre es dieser Müll gewesen. Ich hätte vielleicht einen weissen Plastikstuhl beschrieben, der mir auf einem dieser Fotos auffiel.“ (Rinderknecht 2008, S. 18) Sie schreibt aber nichts, sondern wiederholt ihre prinzipielle Ablehnung: „Doch wozu hätte ich davon schreiben sollen?“ (Rinderknecht 2008, S. 18)

Obwohl sich Rinderknecht als Schriftstellerin sehr wohl zu Wort hätte melden können, leidet sie unter einem Gefühl der Blockade. Schon direkt nach ihrer Rückkehr hatte sie „das Gefühl, nicht berechtigt zu sein, darüber zu sprechen.“ (Rinderknecht 2008, S. 17) Im Gegensatz zu den zahlreichen Todesopfern fühlte sie sich zu wenig betroffen. Dies hängt mit ihrer Selbstwahrnehmung zusammen, da sie sich als Überlebende nicht zur Gänze als Opfer wahrnimmt, wie folgende Passage unterstreicht: „War das nicht eine Verhöhnung der wirklichen Opfer? Lass es bleiben, sagte ich mir, vergiss das Ganze. Schreib etwas anderes.“ (Rinderknecht 2008, S. 19)

Jedoch weist Rinderknecht auf die Unmöglichkeit des Aufgebens hin: „Aufgeben konnte ich nicht.“ (Rinderknecht 2008, S. 19) Anstelle zu schreiben beschäftigte sie sich also weiter mit Ersatzhandlungen: Sie „las weiterhin die Berichte, suchte im Internet nach Artikeln“ (Rinderknecht 2008, S. 19) und „begann über Figuren nachzudenken, die genau wie [sie] von der Katastrophe nur gestreift worden waren.“ (Rinderknecht 2008, S. 19) Rinderknecht schildert hier sehr eindrücklich einen Widerspruch. Schreiben zu wollen aber nicht schreiben zu können wird mit einer Reihe von Ersatzhandlungen kompensiert, bis sie nach Ablauf einer Latenzphase beschließt: „Nach einigen Monaten nahm ich mir vor, nun gegen alle Bedenken und Einwände doch einen Roman zu schreiben.“ (Rinderknecht 2008, S. 19)

Zeit ist ein zentrales Motiv im Vortrag von Rinderknecht. Immer wieder verweist sie auf konkrete Daten und Zeitpunkte – am deutlichsten bereits im Titel ihres Vortrags, „Der sechsundzwanzigste Dezember zweitausendundvier“. Unter diesem Titel wurde der Vortrag auch in der Zeitschrift des Instituts abgedruckt. Die ungewöhnliche Ausschreibung des Datums lenkt den Blick auf die historische Einmaligkeit des Ereignisses. Auch im weiteren Verlauf bleibt die zeitliche Dimension für Rinderknecht bestimmend.

So erzählt Rinderknecht unter anderem davon, wie sie während ihrer Zeit in Thailand Zeugin eines kleineren Vorfalls wurde (vgl. Rinderknecht 2008, S. 20). Sie weist darauf hin, dass der Dorfvorsteher exakt 12 Stunden vor dem Erdbeben starb, ausgerechnet zu dem Zeitpunkt, als er sich essend in einem Restaurant befand und wegen eines Herzversagens vom Stuhl gerissen wurde. Rinderknecht, der diese Geschichte im selben Restaurant erzählt wurde, wollte daraufhin wissen, auf welchem Stuhl der Dorfvorsteher gesessen habe. Der Kellner konnte es aber nicht mehr rekonstruieren, da die Ordnung der Stühle bereits umgestellt worden war, mit Absicht: „Die umgestellten Tische und Stühle halfen gleichzeitig dem Geist des Toten, den Rückweg zu versperren.“ (Rinderknecht 2008, S. 20)

Parallel zu dieser Anekdote versuchte also auch Rinderknecht mit ihrem Roman die Ereignisse so umzustellen, damit den Toten der Rückweg versperrt bleibt. Anders als Josef Haslinger will sie ihre Ereignisse aber nicht aus ihrer eigenen Perspektive erzählen und greift zunächst nicht auf eine autobiografische Textgattung zurück, sondern konstruiert fiktive Romanfiguren, mit denen sie die Erfahrung noch einmal durchspielen möchte. Im Vortrag zeugt davon die Passivität von Sätzen wie dem Folgenden: „In meinem Text über die Familie im Paradies liess ich es Sonntag werden." (Rinderknecht 2008, S. 20)

Den Zeitpunkt des Eintreffens des Tsunamis beschreibt Rinderknecht sehr deutlich. Erzählt wird von einer extradiegetischen Erzählinstanz mit Fokalisierung auf der Protagonistin Chiara, ein „Mädchen, das in Rom lebt, eine Schweizer Mutter hat und einen römischen Vater." (Rinderknecht 2008, S. 19) Mit der internen Fokalisierung geht die Perspektive einer Jugendlichen einher, aus deren Sicht der Tsunami erzählt wird: „*Niemand ist ertrunken, sagt Mutter. Sie zieht Chiara auf die Strasse. Was hat das Meer? Was ist los? Das Meer ist krank. Noch vor fünf Minuten hat sie gedacht, dass hier nichts los sei, nichts los, und jetzt stehen alle auf der Strasse.*" (Rinderknecht 2008, S. 21) Das Unbegreifliche wird schließlich durch einen erwachsenen Mann mitgeteilt, der vom Tsunami überrascht worden war, aber überlebt hatte und nun als Zeuge auftritt:

> *Hinten in der Bucht, sagt der Mann, habe er gelegen, da liege er immer, neben einem Boot, das nie jemand benützt, als plötzlich das Wasser mit grosser Wucht auf dem Strand aufgeprallt sei. Wie soll das gehen? Mit grosser Wucht. Chiara kennt dieses Wasser, das kann nicht einfach so plötzlich mit grosser Wucht aufprallen. Das Wasser, sagt der Mann, habe das Boot hoch gehoben, ihn mitgerissen und fast unter das herabstürzende Boot geschleudert.* (Rinderknecht 2008, S. 21)

In ihrem Vortrag betont Rinderknecht, dass sie mithilfe einer deutsch-italienischen Figur verschiedene kulturelle Reaktionen auf das Ereignis veranschaulichen konnte (vgl. Rinderknecht 2008, S. 19). Davon ist im Romanfragment aber keine Spur. Dahingegen verortet der deutsch-italienische Hintergrund die Geschichte ziemlich genau in der gelebten Realität in der Schweiz, ein Land, das amtlich mehrsprachig ist. Mit der mehrsprachigen Protagonistin weckt Rinderknecht die Betroffenheit gerade bei Leser*innen in der Schweiz. Diese identitätsbildende Wirkung durch die Protagonistin dürfte im Vortrag in einem amerikanischen Kontext im Hintergrund gestanden haben.

Rinderknecht erzählt, wie sie für eine Lesung eine Geschichte mit der Protagonistin schrieb. Doch bald erschöpfte sich das Material und sie stellte fest: „Ich wusste nicht, wie ich weiter schreiben sollte." (Rinderknecht 2008, S. 20) Sie erwähnt einen zweiten Erzählstrang, den sie als „Spiegelgeschichte" (Rinderknecht 2008, S. 24) in die Geschichte von Chiara einfügen wollte: „Zwei Mädchen im selben Alter erleben diese Naturkatastrophe total unterschiedlich. Sie sollen sich nicht begegnen. Zwei Reisen mit unterschiedlichem Ausgang.“ (Rinderknecht 2008, S. 24) Als sie aber die Geschichte weiterschreibt und darin ein weißer Geländewagen vorkommt, erinnert sie plötzlich ein anderes Ereignis aus ihrem Leben: „Der weisse Pick-up erinnerte mich vermutlich an den weissen VW Bus, der meinen Bruder überfahren hatte, was ich in dem Buch *ein Löffel in der Luft* beschrieben habe. Vielleicht beschreibt man ja immer dieselben Dinge, die Urszenen.“ (Rinderknecht 2008, S. 25) Dies ist der Zeitpunkt, wo sie das Scheitern ihres Romanprojekts realisiert: „So hat das Schreiben an einem Text über den Tsunami mich wieder ins Zentrum meiner eigenen Geschichte zurückkatapultiert. Den Roman gibt es nicht. Am ersten Juni 2007 um halb acht Uhr abends beschloss ich, das Projekt aufzugeben. 98 Seiten. Viel Zeit und Geld steckten darin.“ (Rinderknecht 2008, S. 26) Rinderknecht entwirft ein Bild, das als konservativ zu bezeichnen ist, wenn alles von der Vergangenheit determiniert wird.

Im Gegensatz zu Josef Haslinger kann Rinderknecht ihr Buchprojekt nicht abschließen. Dennoch überträgt sie ihre individuelle Erfahrung des Scheiterns in eine breitere Debatte über die Ästhetik von ‚Katastrophen‘. Einerseits argumentiert sie, dass sich ‚Katastrophen‘ der Darstellung entziehen. Andererseits zeigt sich jedoch gerade an ihrer detaillierten und gelungenen Beschreibung der ‚Katastrophe‘, dass eine Darstellung sehr wohl möglich ist.

Das Schreiben über das Scheitern stellt eine Strategie des Schreibens über die Erfahrung von Krisen und ‚Katastrophen‘ im Allgemeinen und insbesondere das Erleben von Erdbeben und Tsunami dar. Somit ist die poetologische Darstellung des Scheiterns eine weitere Möglichkeit der Ästhetisierung von ‚Katastrophen‘. Nachdem im ersten Teil das Überleben und im zweiten Teil das Scheitern dargestellt wurde, lässt sich schließlich ein weiteres, drittes Modell beobachten, das als Darstellung des Bezeugens bezeichnet werden kann.

1.3 Bezeugen: Emmanuel Carrères autofiktiver Roman *D’autres vies que la mienne* (2009)

Im Jahr 2009 brachte der französische Verlag *P.O.L.* ein neues Buch des Schriftstellers Emmanuel Carrère auf den Buchmarkt, *D’autres vies que la mienne*. Darin spielt das Erdbeben im Indischen Ozean eine Rolle. Carrère war mehr als vier Jahre zuvor Augenzeuge des Erdbebens geworden, als er mit seiner Familie während der Weihnachtsferien auf Urlaub auf dem Inselstaat Sri Lanka war und vom Tsunami überrascht wurde. Trotzdem war er bis zum Zeitpunkt der Buchveröffentlichung im Jahr 2009 nicht als Betroffener in Erscheinung getreten. In seinem Roman *Un roman russe*, der 2007 erschien, beschäftigte sich Carrère zum Beispiel ausschließlich mit seiner eigenen Familiengeschichte bis kurz vor dem ‚Weihnachtsbeben' und erwähnte kein Wort über den Tsunami. Auch in Interviews aus dieser Zeit wurde das Thema nicht angesprochen. Carrère, der 2005 bereits als ein Meister der Autofiktion in Erscheinung getreten war, reagierte auffallend zurückhaltend, wenn es um die literarische Bearbeitung des Tsunamis ging. Erst nach Ablauf einer „Latenzzeit" (Haverkamp 2004) setzte er sich literarisch mit dem Ereignis auseinander und integrierte es in eine von zwei Haupterzählungen seines Buches *D'autres vies que la mienne*.

In dem Buch nimmt Carrère Bezug auf seine eigene Erfahrung als Zeuge und verknüpft sie in einem zweiten Teil mit dem Tod seiner Schwägerin im selben Jahr durch eine schwere Krankheit. Dabei porträtiert er verschiedene Menschen, die betroffen wurden, darunter Überlebende, Helfende und Opfer. Er beschreibt ihre individuellen Geschichten und ihren Umgang mit Trauma und Verlust, ohne dabei auf sich selbst zu fokussieren. Der französische Titel *D'autres vies que la mienne* (dt. Von anderen Leben als meinem) deutet bereits darauf hin, dass sich das Buch um andere Menschen dreht und wie sie mit Verlust umgehen.

Im Gegensatz zu einem Autor wie Josef Haslinger, der in *phi phi island* sein eigenes Überleben nach dem Tsunami in den Vordergrund stellt, wählt Carrère einen Ich-Erzähler, der retrospektiv den Umgang von anderen mit dem Ereignis erzählt. Carrère positioniert sich bewusst als objektiver Zeuge, aus dessen Perspektive er die Eindrücke schildert. Diese Entscheidung, sich selbst lediglich als Zeuge zu positionieren, kann als eine ästhetische Strategie betrachtet werden, um mit der Schwierigkeit der Darstellung von ‚Katastrophen' umzugehen.

Latenz der Zeugenschaft

D'autres vies que la mienne besteht aus drei Teilen. Im ersten Teil des Buches werden die Weihnachtsferien auf Sri Lanka retrospektiv erzählt. Der Erzähler stellt hier bewusst sein eigenes Erleben der ‚Katastrophe' in den Hintergrund und konzentriert sich auf ein befreundetes Ehepaar, das seine neunjährige Tochter Juliette durch den Tsunami verloren hat. Der Schwerpunkt liegt auf dem Erzählen des Umgangs dieser Personen mit dem Verlust.

Im zweiten Teil des Buches, der mit ca. 70 % den Großteil des Romans einnimmt, geht es um die Erkrankung und den späteren Tod der Schwägerin des Erzählers, Juliette. Auch hier liegt der Fokus auf dem Umgang anderer Personen mit dem Verlust, insbesondere eines Arbeitskollegen der Sterbenden. Der Erzähler rückt seinen eigenen Umgang mit dem Verlust einer ihm nahestehenden Person in den Hintergrund.

Die Konstruktion aus ‚Katastrophe' und Krankheit erinnert lose an Christa Wolfs *Störfall* (1987), das in der Zeit des Reaktorunglück von Tschernobyl im Jahr

1986 spielt und dieses Ereignis mit einer Gehirnoperation im Zuge einer Tumorerkrankung des Bruders der Erzählerin verbindet. Im Gegensatz zu *Störfall* werden die beiden Erzählstränge aber weitgehend unabhängig voneinander entwickelt und kaum ineinander verwoben. *Störfall* verläuft synchron, während *D'autres vies que la mienne* diachron verläuft.

Auf den ersten Blick scheinen die beiden Erzählstränge von *D'autres vies que la mienne* also wenig miteinander gemein zu haben. Im ersten Teil steht die Erfahrung einer Naturkatastrophe im Fokus, während der zweite Teil von der Erkrankung einer nahestehenden Person handelt. Dennoch bestehen zwischen den beiden Erzählsträngen enge Verbindungen, die weit über die räumliche Anordnung im Buch hinausgehen. Diese Verbindung wird insbesondere im dritten Teil des Buches aktiv reflektiert, der mit vier Seiten gleichzeitig der kürzeste Teil ist und nur etwa 4 % des Buches umfasst. Hier wird die Position des Zeugen motiviert.

Der dritte Teil bietet den Rahmen der beiden Binnenerzählungen und ist in der Erzählgegenwart angesiedelt. Er stellt ein abschließendes Resümee des Erzählers dar. In diesem Teil figuriert der Erzähler stärker als Schriftsteller und blickt auf den nicht einfachen Entstehungsprozess des Buches zurück. An dieser Stelle kommen zentrale Merkmale der Autofiktion zum Vorschein, wenn der Autor selbst als Figur auftritt und in die Fiktion als Autor übertragen wird. Dabei rückt die Intention des Erzählers in den Vordergrund: „La vie m'a fait témoin de ces deux malheurs, coup sur coup, et chargé, c'est du moins ainsi que je l'ai compris, d'en rendre compte." (Carrère 2009, S. 308) Als Schriftsteller begreift der Erzähler seine Aufgabe darin, von den Ereignissen Zeugnis abzulegen.

Die Erzählgegenwart lässt sich auf das Jahr 2008 oder 2009 datieren, wenn der Erzähler behauptet: „J'ai repris ce livre trois ans après en avoir formé le projet, je l'achève trois ans après l'avoir abandonné" (Carrère 2009, S. 299). Gemeint ist hier das literarische Projekt zum Umgang mit dem Tod der Schwägerin, das Carrère kurz nach deren Tod aufgenommen, später aber wieder verworfen hatte. Im Buch wird der Augenblick der Ideenfindung ausdrücklich beschrieben:

> La nuit suivante, la première après la mort de Juliette, j'ai repensé à ce qu'Étienne nous avait raconté et l'idée m'est venue de le raconter à mon tour. J'ai eu par la suite beaucoup de doutes sur ce projet, je l'ai abandonné pendant trois ans en croyant n'y revenir jamais, mais cette nuit-là il m'est apparu comme une évidence. On m'avait passé une commande, il suffisait de répondre oui. (Carrère 2009, S. 107)

In der Nacht nach dem Tod der Schwägerin wird dem Erzähler erstmals bewusst, dass es seine persönliche Aufgabe ist, diese Erfahrung zu verarbeiten. Er konfrontierte Hélène mit dem Wunsch, über den Tod ihrer Schwester zu schreiben: „C'est après avoir vu ces photos que j'ai parlé à Hélène de mon projet. Je craignais qu'elle soit choquée: sa sœur, que je n'avais pas connue, venait de mourir, et hop, je décidais d'en faire un livre. Elle a eu un moment d'tonnement, puis elle a trouvé que c'était juste." (Carrère 2009, S. 110) Es folgt eine Aussage, die bezeichnend ist: „La vie m'avait mis à cette place [gemeint ist hier die Zeugenschaft], Étienne me l'avait désignée, je l'occupais." (Carrère 2009, S. 110) Der Erzähler sieht seine Aufgabe darin, Zeugnis abzulegen.

Über den Tsunami wollte Carrère ursprünglich nicht schreiben. So wurde Carrère kurz vor der Rückkehr nach Frankreich von seinem Freund Philippe gefragt, ob er die Erlebnisse literarisch verarbeiten wolle: „À un moment de ce voyage, tandis que nous fumions au bord de la route, Philippe m'a entraîné un peu à l'écart et demandé: toi qui es écrivain, tu vas écrire un livre sur tout ça?" (Carrère 2009, S. 63) Carrère lässt seinen Erzähler aber verneinen: „Sa question m'a pris au dépourvu, je n'y avais pas pensé. J'ai dit qu'a priori, non." (Carrère 2009, S. 63)

Erst als das Projekt über den Umgang mit dem Tod der Schwägerin gescheitert war und er die Notizen später wiederfindet, sieht er plötzlich diese beiden Ereignisse verbunden: „Un peu au hasard, sans savoir où j'allais, j'ai commencé au printemps dernier à rassembler mes souvenirs du Sri Lanka, de là j'ai remis le nez dans mes notes sur Étienne, Patrice, Juliette et le droit de la consommation." (Carrère 2009, S. 299)

Diese Passage erfordert Vorsicht, um sie nicht vorschnell einer psychoanalytischen Deutung zu unterziehen. Aus psychoanalytischer Sicht könnte man diese Passage so verstehen, dass der Erzähler die Verarbeitung der großen ‚Katastrophe' (Tsunami) aufschiebt, sie aber in der kleinen ‚Katastrophe' (Erkrankung) wiedererkennt, wo sie zum Vorschein kommt und so ihre Wirkung entfaltet. Dies würde dem psychoanalytischen Konzept der Latenz entsprechen, wie es Freud in *Der Mann Moses und die monotheistische Religion* (1939) beschrieben hat, als er die Latenz analog zur traumatischen Neurose definiert als etwas, das erst nach einer gewissen zeitlichen Distanz seine Wirkung entfaltet und langsam zum Vorschein kommt (vgl. Freud 1939, S. 119).

Jedoch kann Latenz auch jenseits des psychoanalytischen Latenzbegriffs im Zusammenhang mit dem materiellen Aufzeichnungssystem des Schriftstellers betrachtet werden und das „Verhältnis von Sprache und Bild" (Haverkamp 2021, S. 13) berücksichtigen. Es geht also darum, das Konzept der Latenz zu erweitern und auch die materiellen Aspekte des Aufzeichnungssystems zu berücksichtigen. Basaler als Haverkamps an der Linguistik Saussures entwickelten Theorie der Latenz (vgl. Haverkamp 2021, S. 13–16) kann Latenz mit Hans Ulrich Gumbrecht als ‚blinder Passagier' verstanden werden, als etwas, das *da* ist und Raum in Anspruch nimmt, sich verändert, sich zeigen kann, aber sich nicht notwendigerweise zeigen muss (vgl. Gumbrecht 2013, S. 23). Die Notizen stellen ein konkretes Beispiel für diese ‚unbedingte Anwesenheit' des blinden Passagiers dar.

Wenn sich Carrères Erzähler nach einigen Jahren erneut seinen Notizbüchern zuwendet und darin neue Zusammenhänge entdeckt, liegt dies weniger an einer Retraumatisierung, sondern vielmehr an der besonderen Materialität seiner Aufzeichnungen. Die physische Gestalt der Notizbücher spielt eine entscheidende Rolle und ermöglicht es dem Erzähler, in zeitlicher Distanz neue Verbindungen zu erkennen, die ursprünglich nicht offensichtlich waren. Die spezifische Materialität der Aufzeichnungen schafft eine Art Archiv seines Denkens und Erlebens, das die Entwicklung seiner Gedanken festhält. Wenn der Erzähler zurückblickt, kann er diese Vergangenheit mit einer neuen Perspektive betrachten und bisher unbemerkt gebliebene Verknüpfungen zwischen verschiedenen Notizen und Erfahrungen entdecken. Es ist, als ob die physische Struktur der Notizbücher die Erinnerungen in eine neue Ordnung bringt und verborgene Muster und Zusammenhänge freilegt.

Ein Zusammenhang besteht neben dem zeitlichen Aspekt wohl im Vornamen *Juliette*. Auch wenn der Erzähler nicht explizit auf diesen Zusammenhang hinweist, so fällt er trotzdem ins Auge (vgl. Estelmann 2017, S. 153). Sowohl die neunjährige Tochter der Bekannten als auch die an Krebs erkrankte Schwägerin tragen den gleichen Vornamen: Juliette. Die Homonymie der beiden Juliettes verbindet ihre individuellen Geschichten.

Mit dieser Konstruktion betont Carrère, dass es für Angehörige im Grunde keine Rolle spielt, ob es sich um eine große ‚Katastrophe' wie ein Erdbeben oder eine kleine ‚Katastrophe' wie eine schwere Erkrankung handelt – Betroffene reagieren auf ähnliche Weise auf den Verlust einer nahestehenden Person, unabhängig von der Art des Ereignisses. Diese Erkenntnis ist es, von der der Erzähler Zeuge wurde und die er nun bezeugen möchte, indem er einen Schritt zurücktritt und den Fokus auf die Hinterbliebenen der beiden Verstorbenen richtet.

Programmatisch ist in diesem Sinne der das Buch abschließende Satz „j'aimerais panser ce qui peut être pansé" (Carrère 2009, S. 310). Das Verb *panser* kann einerseits übersetzt werden mit dem Verb *verbinden*. Es bedeutet aber auch, etwas medizinisch zu *verbinden* und die entsprechende Körperstelle zu *heilen*. In seiner Rolle als Schriftsteller sieht der Erzähler seine Aufgabe darin, Zeugnis abzulegen und die durch den Verlust entstandenen Wunden zu heilen. Er erreicht dies, indem er die einzelnen ‚Katastrophen' nicht in ihrer Singularität darstellt, sondern in ihrer Vergleichbarkeit. Dabei geht es nicht um die Größe oder Stärke einer ‚Katastrophe', sondern um die individuelle Betroffenheit. Daher kann die Annahme einer Position als Zeuge als ästhetische Strategie betrachtet werden, um mit dem Problem der Darstellbarkeit der ‚Katastrophe' umzugehen.

2 Politisierung von Katastrophen: Das Erdbeben in Sichuan vom 12. Mai 2008

Tabelle 2: Eckdaten zum Sichuan-Erdbeben (eigene Darstellung). Daten aus Hayes et al. (2017).

Datum, Uhrzeit	12.05.2008, 06:28:01 UTC (14:28 Ortszeit)
Epizentrum	Tianpeng, Sichuan, China (30.986°N, 103.364°O)
Magnitude	7.9 M_W
Herdtiefe	19 km

Die chinesische Provinz Sichuan liegt im Südwesten des Landes, etwa 80 Kilometer nordwestlich der Provinzhauptstadt Chengdu. Am 12. Mai 2008 ereignete sich um 14:28 Uhr ein Erdbeben mit einer Stärke von 7.9 M_W (vgl. Tabelle 2). Dieses seismische Ereignis zählte zu den stärkeren Erschütterungen in einer seismisch hochaktiven Region (vgl. Hayes et al. 2017). Die hohe Seismizität in der Region ist auf die Tektonik zurückzuführen. Der östliche Teil der Provinz ist Teil eines relativ kleinen Krustenblocks, der durch den gebirgigen westlichen Teil Sichuans komprimiert wird und der sich aufgrund der ständigen Nordwärtsbewegung Indiens nach Osten verschiebt (vgl. Hu/Suettinger/Hu 2021).

Nach dem Erdbeben vom 12. Mai 2008 hat die chinesische Regierung rasch reagiert. Viele der abgelegenen Dörfer konnten von den insgesamt 130.000 Soldaten und Hilfskräften aber nur schwer erreicht werden, wodurch sich die Hilfsmaßnahmen verzögerten (vgl. Pletcher/Rafferty 2021). Anders als nach dem großen Erdbeben von Tangshan im Jahr 1976 akzeptierte China Hilfsangebote aus dem Ausland. Länder wie Japan, Korea, Russland und Singapur, aber auch Kuba, Frankreich, Italien und das Vereinigte Königreich erklärten sich zur aktiven Hilfe bereit und entsandten Rettungskräfte in das Katastrophengebiet; auch die USA, eine der globalen Supermächte im Wettstreit mit China, unterstützten die Bergungsarbeiten, indem sie Satellitenaufnahmen teilten (vgl. Wu/Ma 2012, S. 304).

Trotz des raschen Eingreifens ist die Zahl der bei dem Erdbeben umgekommenen Menschen hoch. Laut dem Bericht des *Kinderhilfswerks der Vereinten Nationen* wurden bei dem Erdbeben 400.000 Menschen verletzt und 88.000 Menschen getötet oder galten ein Jahr nach dem Beben noch immer als vermisst (vgl. UNICEF 2009). Die Zahl der Opfer und der Vermissten wird in einem Enzyklopädie-Eintrag aus dem Jahr 2021 sogar noch höher mit 90.000 angegeben (vgl. Pletcher/Rafferty 2021).

Das Erdbeben forderte besonders viele Todesopfer unter Schulkindern. Überdurchschnittlich viele Schulen hatten dem Erdbeben nicht standgehalten und wurden beschädigt oder waren eingestürzt. Laut dem UNICEF-Bericht wurden

https://doi.org/10.1515/9783111709321-007

mehr als 12.000 Schulen allein in Sichuan und 6.500 Schulen in Gansu beschädigt (vgl. UNICEF 2009, S. 3). Der frühe Nachmittag als Zeitpunkt des Erdbebens spielte somit eine entscheidende Rolle bei der hohen Zahl verletzter oder getöteter Schulkinder. Zu dieser Zeit hielten sich die Kinder in ihren Klassenzimmern auf (vgl. UNICEF 2009, S. 3). UNICEF beteiligte sich in der Folge stark an der Katastrophenhilfe und verpflichtete sich dazu, die geleistete Hilfsarbeit in den drei Jahresberichten zu dokumentieren (vgl. UNICEF 2009, 2010, 2011).

Erfahrungsraum

Das Jahr 2008 war für China von großer Bedeutung. Es war das erste Mal, dass China Gastgeber der Olympischen Spiele war, die vom 8. bis zum 24. August in Beijing ausgetragen wurden. Die weltweite Aufmerksamkeit richtete sich auf dieses bedeutsame Ereignis. Dadurch wurde die Wahrnehmung des Erdbebens sowohl innerhalb als auch außerhalb Chinas von Anfang an von den Olympischen Sommerspielen geprägt.

Die Sommerspiele wurden als ein geopolitisch wichtiges Ereignis inszeniert, mit dem China der Welt seine Entwicklung von einem ehemaligen Entwicklungsland hin zu einem Industrieland zeigen und sich als Akteur auf der internationalen Bühne präsentieren wollte: „For Beijing, the honor of hosting the Olympic Games promised to fulfill the new China's collective dream of being on equal footing with the rest of the world." (Ambrozy 2011a, S. xxii). Ähnliche Worte findet auch der chinesische Konzeptkünstler und Aktivist Ai Weiwei, der selbst an der Planung des als ‚Vogelnest' bekannten Stadions beteiligt war: „Die Olympischen Spiele sollten den Höhepunkt von dreißig Jahren Wachstum und Reform darstellen – ein nationales Debüt, mit dem der restlichen Welt gezeigt wurde, wie sehr sich China verändert hatte." (Ai 2021, S. 276) Die Sommerspiele werden zur politischen Propaganda und das Jahr 2008 wird als eine Zäsur in der Nationalgeschichte Chinas inszeniert, als ein Meilenstein, der den Aufbruch in eine neue Zeit markieren soll.

Mit der weltweiten Aufmerksamkeit, die China im Zeichen des Fortschritts zufällt, steigt auch das Bewusstsein für die politische Geschichte des Landes. In diesem Zusammenhang drängt sich ein Satz von Walter Benjamin auf, der schrieb: „Der Begriff des Fortschritts ist in der Idee der Katastrophe zu fundieren." (Benjamin 1991, S. 592) Benjamin bezeichnet die ‚Katastrophe' nicht als „das jeweils Bevorstehende[,] sondern das jeweils Gegebene." (Benjamin 1991, S. 592) Anders gedeutet: Der Fortschritt baut auf den ‚Katastrophen' der Vergangenheit auf, von denen er sich absetzen möchte. Dafür ist das Jahr 2008 mit Chinas Selbstinszenierung als eine Nation im Aufbruch ein gutes Beispiel. Das Jahr 2008 wird sowohl im In- als auch im Ausland oft als ein bedeutsames Jahr angesehen und mit politischen Wendepunkten in der Geschichte Chinas wie dem Tod Maos und dem Ende der Kulturrevolution im Jahr 1976 oder der brutalen Niederschlagung der Proteste auf dem Tian'anmen-Platz in Beijing im Jahr 1989 verglichen. Das Erdbeben im Jahr 2008 wurde dabei eher als eines von mehreren Unglücken auf dem Weg zu den Olympischen Sommerspielen wahrgenommen und nicht als eine einzigartige ‚Katastrophe':

> As the giant clock in Tiananmen Square ticked down the days, hours, and seconds to the opening of the Olympics, the triumphant year began with hundreds of thousands of holiday travelers snowed in at train stations on their way home for the Spring Festival (Chinese New Year); then ethnic tensions in Lhasa, the Wenchuan earthquake, and Yang Jia's murderous rampage in a Shanghai police station shocked the nation. (Ambrozy 2011a, S. xxii)

Interessanterweise wurde das Erdbeben von Sichuan im östlichen Diskurs kaum in Verbindung mit dem Erdbeben von Tangshan gebracht, das sich am Mittwoch, den 28. Juli 1976 in Tangshan ereignete und eines der verheerendsten Ereignisse in der Geschichte Chinas darstellt. Das verheerende Ausmaß des Erdbebens lässt sich an den Worten eines rasch herausgegebenen Propagandabuchs aus dem Pekinger Verlagshaus *Foreign Languages Press* im Jahr 1976 nur erahnen: „There was a great loss of lives and property in the area around the epicentre, and especially serious in the city of Tangshan." (Foreign Languages Press 1976, S. 2) Tatsächlich beläuft sich die Zahl der Erdbebenopfer auf 650.000 bis 800.000, eine Zahl, die in den Monaten nach dem Erdbeben niemals offiziell bestätigt worden war (vgl. Robinson 2016, S. 147). Mit dem Jahr 1976 fiel das Erdbeben zufällig in das Todesjahr von Mao Zedong, mit dessen Tod im September das Ende der Kulturrevolution eingeleitet wurde (vgl. Robinson 2016, S. 157). Das Ende seiner politischen Ära habe das schlechte Katastrophenmanagement eingeleitet (vgl. Robinson 2016, S. 156). Mao hatte zuvor nach sowjetischem Vorbild eine Politik der Unterwerfung der Natur betrieben (vgl. Dabringhaus 2012, S. 126) und die Menschen zum Kampf gegen die Natur aufgefordert (vgl. Shapiro 2001, S. 3). Davon zeugt etwa das Buch *After the Tangshan Earthquake* (Foreign Languages Press 1976). Das Erdbeben am Ende seiner Herrschaft wird als Sieg der ‚Natur' gegenüber Maos Politik gewertet. Der unterschiedliche Erfahrungsraum könnte auch der Grund dafür sein, dass nach dem Erdbeben von Sichuan im Jahr 2008 kein Zusammenhang zu dem früheren Erdbeben hergestellt wurde.

Diskursentwicklung

Mit der Zensur von Informationen und dem Start staatlicher Kampagnen wie der Anbringung öffentlich-sichtbarer Slogans im Erdbebengebiet ist von der chinesischen Regierung, wie bereits erwähnt, großer Wert darauf gelegt worden, das seismische Ereignis als ein rein von der ‚Natur' verursachtes Ereignis darzustellen und eine menschliche Mitschuld am Ausmaß der Zerstörung zu negieren (vgl. Sorace 2017, S. 2 f.). In neuen digitalen Medien des Internets wie der chinesischen Blogging-Plattform *Sina.com* wurde diese Darstellung aber schon bald hinterfragt und nach den wahren Schuldigen gefragt. So wurde das Fehlen moderner Rettungsgeräte als Grund für Verzögerungen bei der Hilfeleistung angeführt, was wiederum zu der überdurchschnittlich hohen Zahl der Todesopfer beigetragen haben könnte (vgl. Pletcher/Rafferty 2021). Eine Mitschuld schrieb die chinesische Öffentlichkeit auch der Wissenschaft wegen ungenügender Erdbebenvorhersage zu (vgl. Wu/Ma 2012, S. 305). Außerdem wurde der These Beachtung geschenkt, ob nicht das Wasser in einem in der Nähe gelegenen Stausee das Beben ausgelöst haben könnte (vgl. Watts 2010, S. 96).

Dies sind lediglich drei von vielen verschiedenen Erklärungsansätzen. Als sich abzeichnete, dass überdurchschnittlich viele Schulgebäude dem Erdbeben nicht standgehalten hatten, geriet die chinesische Regierung zunehmend in Kritik. Wiederholt war die Rede von sog. ‚Okara-Häusern', was als Metapher für die schlechte Bauweise von Gebäuden und anderen Bauwerken verwendet wurde. Unter *Okara* wird allgemein ein besonders weiches Nebenprodukt der Tofu-Herstellung verstanden. Der ehemalige Ministerpräsident der Volksrepublik China, Zhu Rongji, prägte diese Metapher, als er bei seinem Besuch in der Stadt Jiujiang in der Provinz Jiangxi im Jahr 1998 über einen schlecht gebauten Wasserdamm im Yangtze Fluss abwertend von einem ‚Okara-Projekt' gesprochen hatte (vgl. Cary 2012).

Insbesondere der Schullehrer und Aktivist Tan Zuoren wurde zu einer treibenden Kraft in dieser Debatte (vgl. Sorace 2017, S. 5). Tan Zuoren brachte das Erdbeben von Sichuan mit der seit der gewaltsamen Niederschlagung der Protestbewegung auf dem Tian'anmen-Platz am 4. Juni 1989 erstarkten antiliberalen und antidemokratischen Politik in Verbindung. Zudem initiierte er eine unabhängige Untersuchung zu den Ursachen der zahlreichen eingestürzten Schulgebäude. Dies führte schließlich zu seiner Inhaftierung am 28. März 2009 und strafrechtlichen Verantwortung. Durch sein Engagement als Aktivist und insbesondere nach seiner Verhaftung wurde Tan Zuoren zu einem Symbol für Demokratie und Menschenrechte – sowohl innerhalb Chinas als auch international. So erhielt er Unterstützung von der internationalen Organisation *Amnesty International*, die ihn als gewaltlosen politischen Gefangenen anerkannte und seine sofortige Freilassung forderte (vgl. Amnesty International 2009). Ein weiterer wichtiger Unterstützer von Tan Zuoren war der in China lebende und international bekannte Aktivist und Konzeptkünstler Ai Weiwei.

Reaktionen

Das Erdbeben von Sichuan markiert einen Wendepunkt im künstlerischen Leben von Ai Weiwei, wobei der Einsatz digitaler Medien eine entscheidende Rolle spielt. Als der chinesische Blogging-Anbieter *Sina.com* Ende 2005 nach bekannten Persönlichkeiten suchte, um die neu gegründete Webseite besser zu vermarkten, wurde Ai Weiwei angefragt, der anfangs noch scherzhaft bemerkte, keine Erfahrung mit dem Internet zu haben, ja nicht einmal das Tippen mit dem Computer zu beherrschen (vgl. Ambrozy 2011a, S. xxi). Der Blog erwies sich aber schon bald als eine Möglichkeit, sich – ähnlich wie sein Vater, der bekannte chinesische Dichter Ai Qing – auch literarisch auszudrücken (vgl. Ambrozy 2011a, S. xxi). Zudem nutzte er die vielfältigen Möglichkeiten des Internets zunehmend für künstlerische Projekte.

Ein erstes Projekt, das Ai Weiwei mit Hilfe seines Blogs realisierte, war *Fairytale* (2007). Über seinen Blog mobilisierte Ai 1.001 chinesische Bürger*innen, um sie als Teil eines Kunstprojekts zur *documenta 12* nach Kassel zu schicken, wo sie während der Zeit der Ausstellung die Stadt und das Land kennenlernen sollten (vgl. Ambrozy 2011a, S. xxii). Auch wenn es heute zu den teuersten Kunstprojekten der *documenta* zählt, gilt es als „a manifestation of the power of the Internet." (Ambrozy 2011a, S. xxii)

Das Erdbeben von Sichuan markiert hinsichtlich Ais digitaler Schreibtätigkeit einen Wendepunkt. Mit „Grief" (2011a, S. 149 f.), Ai Weiweis erstem Blogpost über das Erdbeben, distanziert er sich von den Darstellungen durch die chinesische Regierung. Er ruft zu Anteilnahme und Trauer auf und widerspricht der Regierung, die aus dem Ereignis politisches Kleingeld zu schlagen trachtet. Besonders interessant sind in diesem Zusammenhang mediale Zusammenhänge. So setzte sich Ai Weiwei aktiv für eine Übersetzung seines Blogposts ins Englische ein, die nur wenige Tage später auf seinem Blog erscheint. Im Erdbeben von Sichuan entdeckt Ai Weiwei also ein geeignetes Objekt, um die chinesische Regierung außerhalb von China zu kritisieren. Seit der Verhaftung und Inhaftierung von Tan Zuoren im Jahr 2009 setzte sich Ai Weiwei noch stärker für die Anliegen des Aktivisten ein. Ai distanziert sich öffentlich von der Politik der chinesischen Regierung und tritt für demokratische Werte und Meinungsfreiheit ein. Ai nutzte dabei auch die weltweite Aufmerksamkeit, die er als künstlerischer Berater für das Design des

Nationalstadions der Olympischen Sommerspiele erhielt, um sich von der chinesischen Regierung zu distanzieren.

Das Erdbeben wäre außerhalb Chinas vermutlich rasch in Vergessenheit geraten, hätte es nicht Ai Weiwei wiederholt thematisiert und zum Gegenstand seiner künstlerischen Arbeit gemacht. Im Folgenden wird genauer herausgearbeitet, wie Ai Weiwei das Erdbeben fernab Chinas behandelt und in lokale Diskurse einbettet. Als internationaler Künstler thematisiert Ai Weiwei in Deutschland das Erdbeben mit seiner Installation *Remembering* (2009a), die der bei dem Erdbeben umgekommenen Schulkinder gedenken soll. In Österreich behandelte er das Erdbeben in dem kontrovers aufgenommenen Projekt *Hoher Dachstein* (2010a). Dabei arbeitete er mit der Verknüpfung von Politik und Erdbeben, wodurch aus dem Erdbeben nach und nach ein paradigmatisches Ereignis wurde, ein Modell, das die komplexe Verbindung von Politik und Ausmaß der ‚Katastrophe' zum Ausdruck bringt. So war es möglich, dass nach dem Erdbeben im Grenzbereich zwischen der Türkei und Syrien im Februar 2023 immer wieder auch auf das Erdbeben von Sichuan 2008 verwiesen wurde, um die Fehler der türkischen Regierung unter dem amtierenden Ministerpräsidenten Recep Tayyip Erdoğan zum Ausdruck zu bringen, so zum Beispiel in einem Zeitungsartikel von Raimund Löw in der Wiener Wochenzeitung *Falter* (vgl. u. a. Löw 2023, S. 7). Anhand der künstlerischen Arbeiten von Ai Weiwei soll diese Modellbildung im Kontext eines länderübergreifenden Kulturtransfers genauer in den Blick genommen werden.

2.1 Dissidenz: Ai Weiweis Blogpost „Grief" (2008–2018)

„Silence please. No clamor. Let the dust settle, let the dead rest." (Ai 2011a, S. 149) Mit diesen Worten beginnt Ai Weiwei seinen Blogpost „Grief". Von der ersten Zeile an wendet sich Ai Weiwei gegen die Art der Darstellung des Erdbebens durch die chinesische Regierung. Ai Weiwei äußert in seiner ersten digitalen Reaktion auf das Erdbeben auf der chinesischen Blogging-Plattform *Sina.com* eine eindringliche Bitte um Ruhe („Silence please") und Beruhigung („No clamor"). Zudem formuliert er klare Handlungsanweisungen im Imperativ: „Let the dust settle, let the dead rest". Dadurch widersetzt er sich der nationalistischen und patriotischen Vereinnahmung des Katastrophengeschehens durch die chinesische Regierung.

Besonders deutlich wird diese Haltung von Ai Weiwei, wenn er sich auf das Erdbeben von 1976 in Tangshan in der Provinz Hebei beruft und fragt: „Who exactly died in that even bigger earthquake of thirty years ago?" (Ai

2011a, S. 149)[10] Die Frage ‚Who are they?' kann dabei als Grundfrage von Ai Weiwei bezeichnet werden. Ai Weiwei positioniert sich damit gegen die chinesische Regierung, die er als korrupt und gewinnorientiert darstellt.

Aufgrund seiner kritischen Haltung wird ihm außerhalb Chinas, insbesondere in Deutschland, die Rolle eines „oberste[n] Dolmetscher[s] seines Landes" (Siemons 2009, S. 34) zugeschrieben. Sein Blogpost „Grief" dient dabei als Ausgangspunkt, um Ai Weiweis Rolle als Dissident zu betrachten. Der Beitrag wurde nach der Erstveröffentlichung im Blog in den folgenden Jahren mehrmals in anderen Medien veröffentlicht und in verschiedene Kontexte übertragen. Mit „Grief", seinem ersten Blogpost zum Erdbeben, können einige Strategien zur Politisierung des Bebens durch Ai Weiwei untersuchet werden, die als Translation, Integration, Medienwechsel und Throwback klassifiziert werden können und im Folgenden erläutert werden.

Translation

Nach dem Erdbeben von Sichuan 2008 beauftragte Ai einen seiner frühesten Übersetzer, Philip Tinari, mit der englischen Übersetzung von „Grief". Damit verstärkte er sofort die internationale Wahrnehmung des Erdbebens und seiner eigenen Aktionen. Der ursprüngliche Blogpost wurde am 18. Mai auf Chinesisch unter dem Titel *āisī* 哀思 veröffentlicht; vier Tage später, am 22. Mai, erschien die englische Übersetzung unter dem Titel „Grief" auf Ai Weiweis Blog.[11]

Tinari hatte bereits zuvor einzelne Blogeinträge für Ai Weiwei übersetzt. Nach dem Erdbeben bat Ai ihn gezielt um eine englische Übersetzung, was zeigt, dass seine Blogposts nie ausschließlich für ein sinophones Publikum gedacht waren – eine Annahme, die Giorgio Strafella und Daria Berg aufgrund der primär chinesischsprachigen Einträge auf der Blogging-Plattform *Twitter* ver-

10 Diese Frage lässt sich als ein Kommentar zu einem Projekt nationaler Erinnerungskultur lesen. Ein Jahr zuvor wurde von der *Architectural Society of China* die internationale Ausschreibung für den *Tangshan Earthquake Memorial Park* veröffentlicht. Gegenüber 276 Projektvorschläge aus 17 verschiedenen Ländern setzte sich das Projekt *Memorial Road* des in Peking basierten Architektenteams *Yuan Ye Architects* aufgrund eines simplen Designs durch, eine 400 Meter lange schwarze Granitwand, auf der die Namen von 240.000 Opfern in homogenisierter Weise eingraviert wurden. Inwiefern Ai Weiwei mit dem Projekt vertraut war, ob er sogar selbst einen Projektvorschlag eingereicht hatte, ist nicht bekannt. Dennoch könnte die für Ai Weiwei vordergründige Frage nach der Identität der Opfer als Reaktion auf die Homogenisierung zu lesen sein. Vgl. die Webseite von Yuan et al. (2018).

11 Vgl. die voneinander abweichenden Datumsangaben auf der im Jahr 2018 veröffentlichten Erinnerungswebseite *5122018.com*.

treten (vgl. Strafella/Berg 2015, S. 146). Die englische Übersetzung und ihre Veröffentlichung verdeutlichen, dass Ai Weiwei von Anfang an eine internationale Diskursivierung anstrebte.

In „Grief" übernimmt Ai Weiwei bis zu einem gewissen Grad die offizielle Darstellung des Erdbebens durch die chinesische Regierung, während die englische Übersetzung hiervon abweicht und eine subtilere politische Deutung zulässt. Ein zentraler Aspekt dieser Differenz liegt in der Wortwahl. Zur Bezeichnung des Erdbebens setzt Ai Weiwei die chinesischen Schriftzeichen *wēinàn* 危难, ein Begriff, der allgemein ‚Unglück' oder ‚Krise' bedeutet. Dieser Wortwahl kommt besondere Bedeutung zu, da im Chinesischen zwischen einer menschengemachten Katastrophe (rénhuò 人祸) und einer von der Natur verursachten Katastrophe (tiānzāi 天灾) unterschieden wird. Durch die Verwendung von wēinàn 危难 vermeidet Ai Weiwei diese klare Unterscheidung und folgt damit der offiziellen Sprachregelung der chinesischen Regierung, die das Erdbeben als rein natürliche Katastrophe dargestellt hat (vgl. Sorace 2017, S. 2).

In der englischen Übersetzung wird diese Zuschreibung jedoch verschoben und politisiert. 危 ist das Zeichen für *wēi* und bedeutet *Gefahr* oder *Bedrohung*; 难 steht für *nán* und bedeutet *Notlage* oder *Unglück*. Von Tinari wird es mit dem allgemeinen Wort „disaster" (Ai 2011a, S. 149) übersetzt. Etymologisch bezeichnet *Desaster* zwar den Unstern, eine ungünstige Planetenkonstellation, was das Desaster als ein astrologisches Unglück kennzeichnet (vgl. Rigby 2015, S. 16). Tinari kombiniert den Begriff aber nicht mit dem Wort *Natur*. Er wählt den allgemeineren Begriff *disaster* allein, was auch in der Gegenwart in der Regel mit Unglück konnotiert ist (vgl. Rigby 2015, S. 16). Durch diese offene Wortwahl legt die englische Version nahe, dass die Auswirkungen des Erdbebens nicht ausschließlich der Natur zuzuschreiben ist und lässt somit Raum für eine politische Mitverantwortung – etwas, das in der chinesischen Version nicht explizit angelegt ist.

Integration

Ein Blogeintrag weist im Gegensatz zu einem Buch eine wesentlich kürzere Lebensdauer auf. Meist sind es nur wenige Tage oder Stunden, in denen Blogposts gelesen werden, bevor sie ihre Wirkung verlieren und vergessen werden. Die Fristigkeit ähnelt mehr jener von Zeitungen als jener von Büchern. Während ein Buch noch nach Monaten und Jahren zirkulieren und seine Wirkung ausüben kann, ist dies mit Blogs unwahrscheinlich. Zwar bleibt ein digitaler Beitrag lange abrufbar und damit erinnerbar, seine Wirkung erzielt er aber gewöhnlich in den ersten Tagen nach der Veröffentlichung; auf Mikroblogging-Diensten wie *Twitter* sogar nur während weniger Stunden oder Minuten.[12]

Wenn der Blogpost von einem Medium in ein anderes Medium transferiert wird, so handelt es sich um ein *transmediales Phänomen*. Irina Rajewsky versteht darunter „fenomeni che (sincronicamente o diacronicamente) sono riscontrabili in modo simile in vari media o, per meglio dire, che l'osservatore percepisce o costruisce per astrazione come simili e paragonabili." (Rajewsky 2018, S. 9). Bei der Diskursivierung von ‚Katastrophen' treten transmediale Phänomene besonders deutlich hervor.

Ein Jahr nach seiner digitalen Erstveröffentlichung wurde „Grief" in den Katalog der Ausstellung *So Sorry* aufgenommen, die vom 12.10.2009 bis zum 17.01.2010 im *Haus der Kunst* in München gezeigt wurde. Ai Weiweis Reaktion nach dem Erdbeben wurde zunächst für ein scheinbar flüchtiges chinesisches Onlinemedium geschrieben und später in das Medium Buch übertragen. Diese nachträgliche Integration in ein langfristiges Medium ist als neue Aussage zu werten und modifiziert nicht einfach die ursprüngliche Aussage (vgl. Foucault 1969, S. 135 f.).

Ai Weiweis Text wurde auf Seite 17 des Ausstellungskatalogs abgedruckt und fällt somit in den Bereich „Remembering the Sichuan Earthquake". Der auf drei Spalten aufgeteilte Blogpost wird durch den fett hervorgehobenen Titel „Grief" eingeführt. Darunter steht der kurze Hinweis, dass der Text am 22. Mai 2008 auf dem Blog gepostet wurde („AI WEIWEI posted on blog May 22, 2008"). Im typographisch hervorgehobenen Vorspann wird der erste Absatz des Blogposts angeführt, darunter steht der restliche Blogpost.

Mit Ausnahme der Zusammenführung einiger Absätze fallen keine typographischen Änderungen im Unterschied zum Blogpost auf. Jedoch folgt die Anordnung von Überschrift und Vorspann sowie die Aufteilung des Blogposts in Spalten wohl bewusst dem Aufbau und der Ästhetik eines Zeitungsartikels. Der Blogpost wird als Zeitungsartikel in den Katalog integriert und vermittelt optisch Aktualität. Aber auch die anderen in den Katalog aufgenommenen Texte folgen dem Zeitungsformat. Alle hier versammelten Texte wurden auf drei Spalten aufgeteilt und weisen einen Titel und einen Vorspann auf.

Anhand der einheitlichen Formatierung werden der Blogpost „Grief", der eigentlich als spontane Reaktion entstanden ist, sowie weitere Reaktionen auf das Erdbeben nachträglich in den Wirkungsbereich des Projekts *5.12 Citizens' Investi-*

12 Zum Erinnern und Vergessen im Internet vgl. Aleida Assmanns Abschlusskapitel „Das Recht auf Vergessen werden – eine schleichende Kulturrevolution im Internet?" in ihrem Buch *Formen des Vergessens* (2016).

gation überführt. Mit einem Team hatte Ai Weiwei bald nach dem Erdbeben angefangen, die Namen der bei dem Erdbeben umgekommenen Schulkinder zu ermitteln. Er führte damit die Arbeit des Lehrers und Aktivisten Tan Zuoren fort, der aufgrund seines Aktivismus inhaftiert wurde. Mithilfe des Internets konnten Ai und sein Team zahlreiche Menschen mobilisieren, die ihnen bei der Recherche halfen. Entstanden ist so die bekannte *Namelist* (2008) mit Daten wie den Namen und den Geburtstagen der Erdbebenopfer aus der Bürger*innenbefragung *5.12 Citizen's Investigation,* die auch in der Ausstellung gezeigt wurde. Für die aktivistische Arbeit griffen Ai Weiwei und sein Team also auf die unter dem Begriff *Citizen Science* bekannte wissenschaftliche Methode zurück, bei der Forschungsdaten mithilfe von Laien erhoben werden. Von der chinesischen Regierung war dieser Einsatz aber nicht erwünscht, was wiederholt zu Zusammenstößen zwischen der Polizei und Ai Weiweis Team führte. Ein erster Höhepunkt der Auseinandersetzung war eine handgreifliche Konfrontation mit der Polizei im Erdbebengebiet, bei dem sich Ai Weiwei eine Gehirnblutung zuzog, die in Deutschland behandelt wurde. *5.12 Citizens' Investigation* dokumentiert also vielmehr als nur die Recherchearbeit zum Erdbeben. In Deutschland wurde das Projekt zum Symbol für den Einsatz von Ai Weiwei für Demokratie und Menschenrechte in seinem Land. Im Katalog wird die dem Blogpost *Grief* gegenüberliegende Seite durch fünf Fotografien ergänzt, die die Projektarbeit von *5.12 Citizens' Investigation* dokumentieren. Auf einer Fotografie sieht man beispielsweise einen Schreibtisch mit einem Desktop, in dessen Hintergrund an der Wand mehrere Listen hängen. Diese Nähe spricht für die nachträgliche Überführung von „Grief" in den Wirkungsbereich des Projekts *5.12 Citizens' Investigation.*

In München arbeitet Ai Weiwei aber auch an seinem Image als Netzkünstler. Anlässlich der Ausstellung hatte das *Haus der Kunst* einen Blog eingerichtet, wo zwischen August 2009 und April 2011 regelmäßig Einträge veröffentlicht wurden (Haus der Kunst 2009a). Der *aiweiwei.blog.hausderkunst.de* nutzte die durch das Web 2.0 entstandene Möglichkeit der User-Interaktion und ließ es zu, Kommentare zu den einzelnen Beiträgen zu hinterlassen. Mit dem Blog, aber auch mit der Aufnahme von Blogposts in das Ausstellungskonzept, inszeniert sich Ai Weiwei als Netzkünstler, der das Internet für die Verbreitung demokratischer Werte verwendet. Auf diese Strategie soll im Folgenden näher eingegangen werden.

Ai Weiweis Arbeit zeichnet sich durch die Arbeit mit der eigenen Identität als chinesischer Staatsbürger aus. Ai war bereits vor der Schließung seines Benutzerkontos durch die chinesische Regierung auf andere Plattformen des Internets umgestiegen. Seit Oktober 2008 nutzt Ai Weiwei einen eigenen Twitter-Account (*@aiweiwei*), den er mit 30. Juni 2009 verließ. Bis zur Umstrukturierung von Twitter im Jahr 2023 nach der Übernahme von Elon Musk betreibt er einen neuen Account unter *@aiww*. Twitter wird fortan Ais favorisiertes Medium. Sein erster

Tweet auf *@aiww* erschien am 31. Mai 2009 und war eine auf Chinesisch verfasste Nachricht.[13] Die Tatsache allein, dass Ai seine Tweets auf Chinesisch verfasst, bedeutet aber nicht, dass er sie ausschließlich für ein chinesisches Publikum verfasst. Man kann daran viel mehr ein Spiel mit der eigenen chinesischen Identität beobachten.

Yanhua Zhou hat sich im Artikel „Ai Weiwei's Fairytale: a unique social engagement" (2017) mit der Darstellung Chinas im künstlerischen Werk von Ai Weiwei beschäftigt, insbesondere mit jenen Werken, die durch den Einsatz von Massenmedien zur Erstellung von Kunstwerken entstanden sind, sowie mit den Arbeiten in großem Maßstab oder in großer Menge wie *Sunflower Seeds* oder *Remembering*. In diesen Arbeiten würde Ai Weiwei den Verlust der Öffentlichkeit im zeitgenössischen China demonstrieren und damit eine gewisse ‚Chineseness' bespielen (vgl. Zhou 2017, S. 88). Der Begriff wird von Zhou definiert als „a term coined by the west [sic!] to describe a particular quality of art that acts as catalyst for a re-definement and review of the essential characteristics of China" (Zhou 2017, S. 88).

Diese Überlegungen weiterführend lässt sich beobachten, dass Ai Weiwei auch in der Nutzung von Massenmedien mit der kulturellen Identität Chinas spielt, nicht nur künstlerisch. Dies lässt sich schon mit dem ersten von Ai veröffentlichten Tweet in nichtchinesischer Sprache vom 22. Juni 2009 beobachten:

> „转:@牦牛袜子 @aiweiwei Ai called for the low key protests to mark a day that is also the anniversary of the founding of China's Communist Party." (@aiww 2009)

Es handelt sich hierbei um einen sog. *Retweet*. Es gibt zwei Arten von Retweets. Entweder wird der ursprüngliche Text ohne Kommentar erneut veröffentlicht oder er wird kommentiert und damit interpretiert. Ai Weiwei macht hauptsächlich von der Möglichkeit Gebrauch, den Ausgangstext kommentarlos zu retweeten, insbesondere wenn Beiträge über seinen Aktivismus in China im Fokus stehen.

Sein erster Retweet war ein englischsprachiger Tweet eines chinesischen Accounts (@牦牛袜子). Auch in weiterer Folge dominieren englischsprachige Retweets chinesischer Accounts. Ai Weiwei nutzt diese kulturelle Zuordnung, um sich an ein internationales Publikum zu wenden. Diese Tweets sind für ein internationales Lesepublikum verständlich und verleihen Ai Weiwei die Rolle eines Kulturvermittlers. Er tritt als Sprachrohr seines Landes auf und bringt Meinungen jenseits der staatlichen Zensur nach außen.

---

13 Gemäß einer Suchanfrage vom 08.01.2022.

Medienwechsel

Der Medienwechsel von einem elektronischen Medium in ein analoges Medium lässt sich bei Ai Weiwei in den Kontext seiner Dissidenz eingliedern. Dies soll im Folgenden zunächst anhand der Überführung des Blogeintrags „Grief" in ein Buch und dann hinsichtlich des Medienwechsels allgemein gezeigt werden.

2011 erschien der von der Kunsthistorikerin Lee Ambrozy im Verlag des *Massachusetts Institute of Technology* herausgegebene und übersetzte Band *Ai Weiwei's Blog. Writings, Interviews, and Digital Rants, 2006–2009* (2011b). Es handelt sich um eine zum Großteil von ihr selbst angefertigte Übersetzung einer Auswahl von Ai Weiweis zwischen 2006 und 2009 auf *Sina.com* erschienenen Blogbeiträgen. Die Auswahl der Texte wurden zwischen 2006 und 2009 dem am 28. Mai 2009 geschlossenen Onlineblog entnommen und seit Ende 2008 übersetzt (vgl. Ambrozy 2011c, S. xiii). In diese Buchpublikation wurde auch der Blogeintrag „Grief" (vgl. Ambrozy 2011b, S. 149–151) aufgenommen. Zwar wird in der Einleitung zum Buch nicht explizit auf „Grief" eingegangen, jedoch zeigt sich an der Tatsache, dass der Eintrag um drei Bilder seines Aufenthalts im Erdbebengebiet ergänzt wurde, eine gewisse Besonderheit, da die meisten Beiträge im Buch maximal um zwei Bilder ergänzt wurden.

In der deutschsprachigen Ausgabe spielt das Erdbeben im Vergleich zu anderen Ereignissen im Leben von Ai Weiwei eine größere Rolle. Bei der deutschen Übersetzung handelt es sich nämlich um ein ‚Buch der Stunde', im Gegensatz zur englischen Übersetzung, die aus einer über mehrere Jahre hinweg kontinuierliche Übersetzungsarbeit aus einer geplanten aber niemals fertiggestellten chinesischen Buchausgabe des Blogs hervorgegangen ist (vgl. Ambrozy 2011c, S. xiii). An der deutschen Übersetzung beteiligte sich eine große Anzahl an Übersetzern, was sich durch das im Jahr 2011 plötzlich gestiegene Interesse an Ai Weiwei erklären lässt, das mit seiner Verhaftung am 3. April schlagartig zugenommen hatte. Seine weltweit zur Kenntnis genommene Verhaftung führte zu zahlreichen internationalen Solidaritätsbekundungen, auch in Deutschland, wo sich sogar die deutsche Kanzlerin Angela Merkel für die Freilassung des Künstlers einsetzte (vgl. Ai 2011b, S. 461). Die Buchpublikation reflektiert diesen Kontext und nimmt das Erdbeben als Zäsur im Leben von Ai Weiwei auf.

In der biografischen Notiz zu Ai Weiwei spielt das Erdbeben von Sichuan eine zentrale Rolle. Man könnte sagen, dass das Erdbeben als ‚Katastrophe' in einem dramaturgischen Sinne verwendet wird, als ein zentraler Wendepunkt im

Leben von Ai Weiwei.[14] Dies macht der Text auf der Rückseite der deutschen Buchausgabe besonders deutlich, der wohl unter dem unmittelbaren Eindruck von Ai Weiweis Verhaftung entstanden ist:

> Diesen Mann kann man nicht mundtot machen ...
> ... denn er hat alles schon aufgeschrieben: In seinem inzwischen verbotenen und gelöschten Blog legte er Zeugnis ab – über sein Leben, seine Sicht auf Kunst und Gesellschaft, die wilde Kunstszene Pekings, seine moralischen Grundansichten, seinen Einsatz für die Mitmenschen. Und über seinen Kampf mit der chinesischen Obrigkeit, der nach dem Erdbeben in Sichuan 2008 immer schärfer und dramatischer wird. (Ai 2011b Buchrücken)

Für gewöhnlich verbindet der Konnektor *und* zwei gleichwertige Hauptsätze. Durch die in der deutschen Grammatik unüblichen Erststellung von *und* wird dem nachstehenden Satz Nachdruck verliehen. Das Erdbeben, nun als Addendum, steht nicht in einer Reihe mit der Aufzählung der Ereignisse, über die Ai in seinem Blog Zeugnis abzulegen gedenkt. Das Erdbeben wird als das zentrale Ereignis im Leben von Ai Weiwei hervorgehoben und als Anfang einer bis 2011, dem Jahr der Veröffentlichung, andauernden Auseinandersetzung um eine scheinbare Gerechtigkeit aufgefasst; das Erdbeben wird als ‚Katastrophe' behandelt.

Trauer, wie die deutschsprachige Übersetzung des unmittelbar nach dem Erdbeben verfassten Blogposts „Grief" heißt, wurde um eine Fußnote ergänzt, die Informationen zum Erdbeben bereitstellt. Hier wird das Erdbeben als ‚Katastrophe' bzw. als „die größte Erdbebenkatastrophe in China seit dem Erdbeben von Tangshan 1976" (Ai 2011b, S. 293) beschrieben. Der Wechsel von einem Medium in ein anderes verändert immer auch die Aussage selbst, auch der Wechsel von einem sozialen Medium in ein anderes. Dies soll noch weiter ausgeführt werden unter dem von Ai Weiwei vollzogenen Medienwechsel von *Sina.com* zu *Twitter*.

Allgemein lassen sich Unterschiede bereits in der Art der Nachricht beschreiben. Auf Blogging-Plattformen wie *Sina.com* ist die Länge eines einzelnen Blogbeitrags unlimitiert. Blogs bieten sich deshalb für längere Texte an, weil auch mehrere komplexe Ideen zum Ausdruck gebracht werden können. Im Unterschied dazu ist die Größe einer Nachricht auf Mikroblogging-Plattformen wie *Facebook* oder *Twitter* stark begrenzt und bietet meistens nicht mehr Platz als für eine einzige Idee. Bis die Mikroblogging-Plattform *Twitter* im Jahr 2017 eine Textlänge von maximal 280 Zeichen zuließ, war sie weitreichend bekannt für die extreme Limitierung auf 140 Zeichen. Diese starke Begrenzung geht mit einer geänderten

---

14 Zum Gebrauch von ‚Katastrophe' als technischer Begriff im Sinnstiftungsprozess vgl. zum Beispiel Eliassen (vgl. 2012, S. 39).

Fristigkeit des Mediums einher. So reagiert *Twitter* oft schneller als andere Blogging-Plattformen auf reale Ereignisse.

Weitere Unterschiede zwischen Blogging-Plattformen und Mikroblogging-Plattformen sind paratextuelle Angaben wie das Wegfallen der obligatorischen Titelgebung. Auch lässt sich eine medienspezifische Sprache beobachten, die oft auf andere Medien übertragen wird. Federführend ist die Einführung von Hashtags durch *Twitter*, also eine Funktion zur Indexikalisierung von Schlagwörtern oder Themen, die per Mausklick gesammelt aufgerufen werden können. Gerade in den letzten Jahren hat sich der durch das Raute-Zeichen (#) eingeführte Hashtag als ein wichtiges Diskursmittel erwiesen, mit dem man sich zu einem beliebigen Thema austauschen kann, weshalb die Hashtag-Funktion auch von zahlreichen anderen sozialen Medien übernommen wurde.[15] Ai Weiwei setzt sich mit diesen neuen Medien im Kontext der Diskursivierung des Erdbebens und seiner eigenen Dissidenz intensiv auseinander, wie im Folgenden dargestellt werden soll.

Trotz mehrfacher Unterlassungsaufforderung seitens der chinesischen Behörden hatten Ai Weiwei und sein Team nicht aufgehört, Recherchen in den vom Erdbeben besonders stark betroffenen Gebieten zu betreiben und ihre Ergebnisse im Internet zu veröffentlichen. Die als Kritik an der chinesischen Regierung dargestellten Ergebnisse ihrer Arbeit wurden erstmals auf Ai Weiweis Blog auf *Sina.com* veröffentlicht. Der Blog geriet aber immer stärker unter Beobachtung und führte schließlich zur (endgültigen) Einstellung am 28. Mai 2009. Nach der Zensur seines Blogs wandte sich Ai Weiwei einer Vielzahl anderer Plattformen zu. Keine von ihnen etablierte sich jedoch langfristig so erfolgreich wie die amerikanische Mikroblogging-Plattform *Twitter*.[16] Wie bereits erwähnt, verfasst Ai Weiwei seine Tweets vorwiegend auf Chinesisch. Auffällig ist dabei, dass er seine chinesischsprachigen Beiträge oft mit einem Hashtag in englischer Sprache versieht. Ein besonders prägnantes Beispiel für diese Praxis sind seine zwischen dem 29.01.2010 und dem 28.01.2017 veröffentlichten *Geburtstags-Tweets*, mit denen er auf die bei dem Erdbeben verstorbenen Schulkinder aufmerksam machte. Im Folgenden wird der Hintergrund dieses Projekts näher beleuchtet und analysiert, welche Bedeutung es in Ai Weiweis digitalem Aktivismus einnimmt.

Im Rahmen seines Projekts *5.12 Citizens' Investigation* hatte Ai Weiwei die Daten von über 5.000 bei dem Erdbeben verstorbener Schulkinder gesammelt.

---

15 Zum Beispiel der Hashtag *#jesuischarlie* nach den Anschlägen in Paris 2015 oder der Hashtag *#metoo* seit 2017.

16 Mit Stand 15.03.2022 hat der Account @aiww 376.516 Follower.

Zwischen dem 29.01.2010 und dem 28.01.2017 machte Ai Weiwei von diesen Daten Gebrauch und übertrug sie in die Mikroblogging-Plattform *Twitter*. An ihrem Geburtstag twitterte er unter dem Hashtag *#512Birthday* die Namen der bei dem Erdbeben verstorbenen Schulkinder, die im Rahmen der Bürgeruntersuchung erfasst wurden. Mit der Zahl 512 ist das Datum benannt, an dem sich das Erdbeben von Sichuan ereignet hat, der 12. Mai. Gleichzeitig ist es der Todestag der Schüler*innen. Jeder Tweet folgt einem strengen Aufbau: (1) Datumsangabe, (2) Angabe, wie viele der Kinder an diesem Tag ihren Geburtstag feiern würden, (3) durch Komma getrennte Angabe der Namen und (4) der Hashtag *#512Birthday*.[17] Während die Punkte eins bis drei die Informationen auf Chinesisch wiedergeben, verortet der in Punkt vier angegebene Hashtag den Diskursbeitrag im anglophonen Sprachraum. Die Verwendung des englischsprachigen Hashtags *#512Birthday* drückt die Orientierung an ein englischsprachiges Publikum aus. Als globaler Künstler zielt Ai Weiwei auf internationale Wahrnehmung.

Ai Weiweis Verwendung von Hashtags zielt auf die Wahrnehmung eines internationalen Publikums, das Ai Weiwei mit seinen Tweets adressiert, auch dann, wenn er den Tweet auf Chinesisch verfasst hat. Damit zielt er aktiv auf eine Wahrnehmung im englischsprachigen respektive westlichen Sprach- und Kulturraum ab.

Throwback

Im Mai 2018 machte der chinesische Künstler und (Netz-)Aktivist Ai Weiwei erneut mit einer Aktion auf der Mikroblogging-Plattform *Twitter* auf sich aufmerksam. In insgesamt 53 Tweets, die in den Tagen um den zehnten Jahrestag des Erdbebens zwischen dem 10. und dem 13. Mai veröffentlicht wurden, befasst sich Ai Weiwei in jedem einzelnen Tweet mit einer seiner zahlreichen Arbeiten mit Bezug auf das Erdbeben.[18] Jeder Tweet setzte sich aus einem Bild und einer kurzen Projektbeschreibung zusammen. Der in der Zwischenzeit nach Deutschland

17 Aufgrund der maximal zulässigen Länge eines Tweets von 140 bzw. 280 Zeichen mussten einige Geburtstags-Tweets in einem sog. *Thread* auf mehrere Einträge aufgeteilt werden.

18 Auch in den Folgejahren erinnerten Ai Weiwei und sein Team auf *Twitter* an das Erdbeben und den Jahrestag. 2019 twitterte Ai Weiwei unter dem Hashtag *#WenchuanEarthquake11yearanniversary*. Allerdings setzte er in diesem Jahr nur insgesamt acht Tweets ab, die am 11. Mai erschienen. 2020, inmitten der ersten Welle der Covid19-Pandemie, nahm Ai Weiwei die Erinnerungsarbeit erneut auf und twitterte zwischen dem 10. und dem 24. Mai unter dem Hashtag *#WenchuanEarthquake12yearanniversary*. Wie in den Jahren zuvor machen die insgesamt 52 Tweets auf die zahlreichen Arbeiten Ai Weiweis zum Erdbeben aufmerksam und verweisen auf die 2018 veröffentlichte Erinnerungswebseite.

ausgewanderte Künstler adressierte mit dieser Aktion gezielt ein nationales *und* ein internationales Publikum, denn die Tweets wurden bilingual verfasst. Ai Weiwei setzte Titel und Hashtags sowohl auf Chinesisch als auch auf Englisch auf, was technisch möglich wurde, weil *Twitter* seit Ende 2017 die Zahl zulässiger Zeichen von 140 auf 280 Zeichen erweitert hatte. Diese Form digitaler Erinnerungsarbeit wird im Netzjargon oft als *Throwback* bezeichnet, eine Art Rückblende, in der Nutzer*innen von digitalen Medien auf vergangene Posts aufmerksam machen, meist unter dem Hashtag *#throwback* oder kurz *#tbt*. Ai Weiwei nutzte zwar keinen dieser beiden Hashtags, jedoch zielt seine Twitter-Aktion auf eine Aktualisierung vergangener Beiträge ab, wenn jeder Tweet durch einen Link ergänzt wurde, der zu der externen Webseite https://www.5122018.com führt. Der Domainnamen *5122018* wurde als Datum im MDY-Format angegeben und steht für den zehnjährigen Gedenktag am 12. Mai 2018. Diese Webseite bildet zehn Jahre nach dem Erdbeben eine Art digitale Sammlung aller erdbebenbezogenen Arbeiten von Ai Weiwei seit dem 12. Mai 2008. Auch der Blogpost „Grief" wurde aufgenommen, anhand dem Throwbacks als eine Form von auf Langfristigkeit abzielende transnationale und digitale Erinnerungsarbeit betrachtet werden soll.

Die Einstiegsseite (bzw. die *frontpage*) bildet ein Zitat von Ai Weiwei:

> A name is the first and final marker of individual rights, one fixed part of the everchanging human world. A name is the most basic characteristic of our human rights: no matter how poor or how rich, all living people have a name, and it is endowed with good wishes, the expectant blessings of kindness and virtue. (Ai 2018a)

Auffallend ist die dreimalige Wiederholung des englischen Wortes für Name („name"), zweimal am Satzanfang und einmal innerhalb eines Satzes. Mit dem Motto, das Ai Weiwei seiner Webseite voranstellt, stellt er schon zu Beginn einen Zusammenhang zu seiner Grundfrage – Who are they? – her. Der Name identifiziert einen einzelnen Menschen und gibt ihm eine Identität. Der konkrete Name, so könnte man auch sagen, bildet die Antwort auf Ai Weiweis Grundfrage.

Mit Klick auf den Button *Enter* gelangt man zu der minimalistisch gehaltenen Startseite, der Homepage der Webseite. Links oben steht das Datum: 5.12.2018. Es ist nicht das Datum des Erdbebens, sondern das des Jahrestags zehn Jahre nach dem Erdbeben. Ai Weiwei wählt die angloamerikanische Schreibweise des Datums, wo zuerst der Monat und dann der Tag angegeben wird. Anhand dieser Beobachtung lässt sich behaupten, dass Ai Weiwei mit seiner Webseite auf eine internationale Wahrnehmung insbesondere in den USA abzielt, weniger auf eine nationale oder regionale Wahrnehmung z. B. in Deutschland oder Europa.

Unterhalb der Datumsangabe gibt es ein Inhaltsverzeichnis mit fünf erweiterbaren Unterpunkten, die alle Projekte, Interviews und Presseartikel im Rahmen von Ai Weiweis Beschäftigung mit dem Erdbeben zeigen. Zentral ist das

Bild, das etwa 75 % der Hauptseite ausmacht. Die in schwarz-weiß gehaltene Fotografie zeigt zahlreiche auf dem Boden liegende Rucksäcke, aus denen lose Blätter herausragen und überall verstreut herumliegen – es ist eine Aufnahme aus den Trümmern des Erdbebens, ein Bild, das bereits in den Ausstellungskatalog der Münchner Ausstellung *So Sorry* an die Seite des Blogposts „Grief" gestellt wurde (vgl. Haus der Kunst 2009b, S. 16). Mit diesem Bild verweist Ai Weiwei auf sein Hauptprojekt im Rahmen seiner Beschäftigung mit dem Erdbeben, seiner Bürger*innenbefragung.

Dieses Projekt bildet auch den zentralen Schwerpunkt der Webseite. Im Bereich „5.12 Citizens' Investigation" findet sich eine Zusammenstellung von Blogeinträgen, die Ai Weiwei ursprünglich auf *Sina.com* veröffentlicht hatte. Diese Einträge wurden durch die chinesische Regierung zensiert und der Öffentlichkeit entzogen. Die Webseite übernimmt somit eine archivarische Funktion, indem sie zahlreiche Informationen bewahrt, die anderswo teilweise nicht mehr zugänglich sind.

Die Seite fungiert nicht nur als digitales Archiv, sondern auch als Plattform für den grenzüberschreitenden Transfer von Informationen. Der Blog kann sowohl im chinesischen Original als auch in der englischsprachigen Übersetzung gelesen werden, wobei die chinesischen Blogeinträge überwiegen. Jeder dieser Einträge ist mit einem Link zu einem externen Dokument verbunden, das auf *Google Drive,* einem amerikanischen Cloud-Dienst, gespeichert wurde. Hier zeigt sich auch die materielle Dimension des digitalen Transfers: Die ursprünglich auf chinesischen Servern gespeicherten Inhalte wurden auf amerikanische Server übertragen, um sie langfristig verfügbar zu machen. Dieser Prozess verdeutlicht die Bedeutung digitaler Infrastruktur für Ai Weiweis Aktivismus – insbesondere in einem repressiven Umfeld, in dem staatliche Kontrolle den Zugriff auf kritische Informationen massiv einschränkt.

2.2 Reminiszenz: Ai Weiweis Installation *Remembering* (2009)

Im Jahr 2009 war das *Haus der Kunst* in München Schauplatz von Ai Weiweis ersten Einzelausstellung in Deutschland, die unter dem Titel *So Sorry* vom 12.10.2009 bis zum 17.1.2010 gezeigt wurde. Die Ausstellung präsentierte erstmals Ai Weiweis künstlerische Auseinandersetzung mit dem Erdbeben von Sichuan einem europäischen Publikum. Das wohl eindrucksvollste Exponat war eine großflächige Installation an der Außenfassade des Gebäudes, wo Ai Weiwei insgesamt 9.000 Kinderrucksäcke anbringen ließ. Die Rucksäcke wurden dabei so angeordnet, dass sie einen Schriftzug in chinesischer Sprache ergaben, der allerdings für die meisten Besucher*innen der Ausstellung nicht lesbar gewesen sein dürfte:

她在这个世界上开心地生活过七年.

Es handelt sich um den Auszug eines Briefes, den die Mutter eines bei dem Erdbeben umgekommenen Kindes an Ai Weiwei geschrieben hatte. Übersetzt bedeutet der Satz: „Sie lebte sieben Jahre lang glücklich in dieser Welt". Das *Sie* bezieht sich auf die verstorbene Tochter. Der vollständige Brief wurde zunächst auf Ais Blog auf *Sina.com* veröffentlicht, bevor er in die Kunstinstallation integriert wurde.

Mit dieser Installation, die den Titel *Remembering* trägt, lässt sich Ai Weiweis Arbeit im Kontext von Reminiszenz reflektieren. Heute eine renommierte Münchner Institution für zeitgenössische Kunst, wurde das *Haus der Kunst* 1937 unter Adolf Hitler erbaut und diente bis zum Ende der nationalsozialistischen Herrschaft im Jahr 1945 als wichtiges Propagandainstrument, bevor es zum international anerkannten Ausstellungsort von heute wurde, der regelmäßig mit wichtigen Ausstellungen auf sich aufmerksam macht.[19] Das auf der Außenfassade angebrachte Werk steht damit in einem dialogischen Verhältnis zum historischen Kontext des Ausstellungsortes: Das Haus der Kunst, das einst als Instrument nationalsozialistischer Propaganda diente, wurde durch *Remembering* in einen Diskurs über Erinnerung, gesellschaftliche Verantwortung und die Aufarbeitung von Diktaturen eingebettet. Dabei entsteht auch eine Verbindung zu China, wo staatliche Repression und Geschichtsverdrängung zentrale Themen von Ai Weiweis Werk sind.

Bevor die Installation selbst analysiert wird, folgt ein kurzer Rückblick auf Ai Weiweis erste Berührungspunkte mit Deutschland.

Fairytale und Template: Anfänge in Deutschland

Ai Weiwei erlangte in Deutschland erstmals größere Aufmerksamkeit durch seine Teilnahme an der *documenta 12*, die vom 16. Juni 2007 bis zum 23. September 2007 in Kassel stattfand. Als digitaler Netzkünstler und Kulturvermittler, der sich intensiv mit dem Spannungsverhältnis zwischen Mensch und Natur auseinandersetzt, setzte er hier einen wichtigen Meilenstein seiner internationalen Karriere. Seine Projekte auf der documenta legten den Grundstein für seine erste große Einzelausstellung in Deutschland, die zwei Jahre später folgen sollte.

Im Rahmen seines Projekts *Fairytale* (2007) holte Ai Weiwei insgesamt 1.001 Menschen aus China in die Stadt, die er zuvor auf seinem chinesischen Blog *Sina.com* mobilisiert hatte. *Fairytale* wurde damit eines der ersten Projekte, das

19 Zur Geschichte vgl. https://www.hausderkunst.de/geschichte/chronik (Haus der Kunst 2023).

der Künstler mithilfe des Internets realisierte (vgl. Ambrozy 2011a, S. xxii). Ai Weiwei trat in Deutschland auch erstmals in der Rolle eines Kulturvermittlers auf. Mit der Zahl 1001 wird auf die persische Erzählsammlung rund um Scheherazade und Sindbad angespielt, die jeden Abend eine Geschichte erzählt und den König vom Töten abhält. Wie kein anderes Werk der Weltliteratur steht die Erzählsammlung für Exotismus, ist das Buch in Europa doch erstmals in Frankreich in der Übersetzung des Orientalisten Antoine Galland veröffentlicht worden (vgl. Said 1979, S. 64). Mit den 1001 chinesischstämmigen Menschen in der Grimm-Stadt Kassel exponiert *Fairytale* Fremdheitserfahrungen, ohne dabei selbst kulturvermittelnd einzugreifen oder auf Verständigung zu setzen; auf die nach Deutschland gereisten Chines*innen warteten Erfahrungen eines fremden Wahrnehmungsverhältnisses zur Welt (vgl. Buergel 2016, S. 202 f.).

Ai Weiwei hatte sich auf der *documenta 12* aber auch erstmals als Künstler mit einem besonderen Gespür für das prekäre Verhältnis zwischen Mensch und Natur inszeniert. Als seine Installation *Template* einem Gewitter nicht standhielt und einstürzte, ließ er es nicht wieder aufbauen, sondern akzeptierte das Kunstwerk, wie es war, nämlich „Katastrophenarchitektur, verpackt in eine asiatische Formensprache, die vage an jene Medienbilder erinnerte, wie sie nach Erdbeben oder Tsunamis um die Welt gehen" (Buergel 2016, S. 199). Das neue Kunstwerk zog auch ein neues Publikum an, darunter sog. „Katastrophentouristen" (vgl. Buergel 2016, S. 199). Dadurch machte sich Ai Weiwei in Deutschland erstmals als Künstler bekannt, der sich mit prekären gesellschaftlichen Zuständen auseinandersetzt – ein Thema, das er zwei Jahre später in seiner ersten Einzelausstellung in Deutschland weiterführt.

Der Brief

Im März 2009 veröffentlichte und kommentierte Ai Weiwei einen Brief auf seinem Blog, den ihm eine Mutter aus Peking in Gedenken an ihre 7-jährige Tochter schickte, die sie bei dem Erdbeben verloren hatte. Die Briefschreiberin erzählt ihre Erfahrungen während eines Treffens, an dem sie teilgenommen hatte. Diskursiv entfaltet die Briefschreiberin zwei einander gegenüberstehende Seiten, die mit den Pronomen „they" und „I" markiert werden. Es wird nicht klar gesagt, wer mit der 3. Person Plural gemeint ist, es ist aber anzunehmen, dass es sich um eine (staatliche) Organisation der Trauerhilfe handelt, die nach dem Erdbeben Hilfe geleistet hat und mit den Hinterbliebenen in einen Dialog getreten ist. Dafür spricht ihr Auftreten als Sprechende und Vortragende: „they talked about maintaining stability. They say there are more than fifteen hundred deceased children. They say that stabilizing our families will stabilize Beichuan." (Ambrozy 2011b,

S. 210) Die Wiederholung des Pronomens *they* am Satzanfang liest sich wie eine aus Trauer, Zorn und Wut verfasste Anklage, womit die als Mutter auftretende Briefschreiberin den Inhalt des Treffens resümiert. Die anaphorische Satzstruktur ist Ausdruck eines Nichtverstandenwerdens, was in der Differenz zwischen der 1. Person Singular und der 3. Person Plural hervortritt. Gegenüber der 3. Person Plural steht nämlich die Briefschreiberin in der 1. Person Singular. Verstärkt wird diese Haltung mit dem Aber, mit dem der abschließende und titelgebende Satz eingeleitet wird: "But I just want more people to know about my darling daughter ... who once lived happily in this world for seven years." (Ambrozy 2011b, S. 210) Der Brief schließt mit dem einprägsamen Satz, auf den sich Ai Weiwei in weiterer Folge immer wieder bezieht, wenn er den Satz zum Titel des Blogeintrags macht oder ihn auf der Außenfassade eines Münchner Museums installiert.

Der Blog

Mit der Veröffentlichung des Briefs auf seinem Blog *Sina.com* thematisiert Ai Weiwei die Anonymität durch die staatliche Regierung. Ai tritt in der Funktion eines Herausgebers auf, wenn er mit der Veröffentlichung des Briefes an die digitale Öffentlichkeit tritt und den Brief dabei leicht abändert und kommentiert. Der Herausgeber Ai Weiwei hat den Brief mindestens an einer Stelle bearbeitet, wie er in einem Kommentar anmerkt: „I hesitate to omit the name of this ‚darling daughter' here, in deference to the ‚stability' that the Beichuan government craves." (Ambrozy 2011b, S. 210) Anstelle des Namens der Tochter stehen also lediglich drei Punkte, die die Offenlegung des Namens verdecken.

Ai Weiwei veröffentlichte den Brief zunächst auf Englisch, bevor er ihn rund eine Woche später auch auf Chinesisch veröffentlichte. Auf der Webseite *5122018.com* wird der englischsprachige Brief „Letter from a Beichuan Mother" mit dem Datum 20. März 2009 angegeben, während der chinesische Blogpost mit dem 26. März 2009 angegeben wird. Damit zielt der Brief zunächst auf die Wahrnehmung eines englischsprachigen Publikums außerhalb Chinas ab und erst in einem zweiten Schritt auf die Wahrnehmung innerhalb der eigenen Bevölkerung.

Auch in der chinesischen Fassung des Blogeintrags lässt Ai Weiwei den Namen aus und setzt die drei Punkte. Dieser Hinweis ist vor dem Hintergrund Ai Weiweis öffentlichem Bestreben zu sehen, die Namen aller Opfer im Rahmen seines investigativen Projekts zu sammeln und zu veröffentlichen. Auch die Briefschreiberin nennt Ai Weiwei nicht beim Namen, sondern bezeichnet sie auf seinem Blog lediglich als „Beichuan Mutter". Die Anonymität des Erdbebenopfers ergänzt Ai Weiwei mit der Anonymität der trauernden Mutter.

Die Installation *Remembering*

Der Brief als privates Medium kennzeichnet die Beschränkung auf in der Regel zwei Kommunikationsteilnehmende: wer schreibt und wer liest. Mit der Überführung des Briefs in ein digitales Massenmedium und der Veröffentlichung des Briefes auf dem Blog wird auch die Aussage aktualisiert. Ai Weiwei macht den Brief der chinesischen Öffentlichkeit zugänglich und zielt darüber hinaus auch auf eine transnationale Wahrnehmung ab, indem er ihn ins Englische übersetzt. Mit der Anbringung eines Auszugs aus dem Brief im Rahmen seiner Installation *Remembering* (2009a) an der Fassade des Museums wird die Bedeutung erneut aktualisiert und ist auch als Objekt eines deutsch-chinesischen Kulturtransfers von Interesse. Durch mediale Aktualisierungen gelingt es Ai Weiwei, das Erdbeben an neue Erfahrungsräume und Kontexte anzubinden. Wie verschränkt sich diese Strategie aber mit dem Ausstellungsort, um den sich die historische Vergangenheit wie ein dunkler Schleier legt?

Tabelle 3: Nachbildung von Remembering (eigene Darstellung).

她	在	这	个	世	界	上	开	心	地	生	活	过	七	年

Die Installation arbeitet topologisch mit der Anordnung der einzelnen Elemente auf der Fläche und topografisch mit der spezifischen Farbauswahl der einzelnen Zeichen (vgl. Tabelle 3). Der Satz besteht insgesamt aus fünfzehn chinesischen Schriftzeichen. Zentral für die äußere Form ist die digitale Arbeitsweise von Ai Weiwei und seinem Team, die jeden der 9.000 Rucksäcke dreigeteilt und auf ein zweidimensionales Feld platziert haben.[20] So ergeben sich insgesamt 27.000 Punkte, die wie einzelne Pixel eingefärbt wurden, damit sich aus einer angemessenen Distanz das erwünschte Bild einstellt. Diese Technik der medialen Störung hat Ai Weiwei viel später in zahlreichen Porträts bekannter Exilanten angewandt, die er mit Lego-Steinen nachbauen ließ.[21] Ai Weiwei greift bereits für die Installation an der Außenfassade in München auf die Materialität von Kinderspielzeug zurück, wenn die Farben blau, rot, gelb, grün und weiß an das US-amerikanische Spielzeugunternehmen *Toys 'R' Us* denken lassen (vgl. Arnett 2017, S. 15) Der

20 Vgl. etwa die gerenderten Bilder und Details im Ausstellungskatalog *So Sorry* (Haus der Kunst 2009b, S. 15).

21 Vgl. auch den Artikel *From the Earth to the World*, wo diese Technik anhand von *Dante Alighieri in LEGO* untersucht wird (vgl. Brandlechner 2020, S. 333).

Schriftzug von *Remembering* auf blauem Hintergrund wurde sowohl links als auch rechts in der Farbe Rot eingefärbt; es folgen die Farben Gelb und Grün, um dann wieder mit Rot und Gelb zu beginnen. In der Mitte des Schriftzugs befindet sich das achte Schriftzeichen 开. Das Zeichen in weißer Farbe und auf blauem Hintergrund steht für das Verb *sich öffnen.*[22] Dieses Schriftzeichen befindet sich genau dort, wo der Eingang in das Museum zu finden ist. Um die Ausstellung zu besuchen, mussten die Besucher*innen also durch die Öffnung, durch die den meisten von ihnen fremde Schrift, um in die dahinter liegende Ausstellung einzutreten.

Die von Ai Weiwei begonnene Bearbeitung des Zitats führt er mit *Remembering* fort. Er nähert das Zitat aber nicht dem deutschsprachigen Erwartungshorizont an, sondern macht es hinsichtlich des Schriftbildes für einen deutschsprachigen Ausstellungsbesuch fremder. Damit exponiert er die Unterschiede zwischen China und Deutschland und versucht nicht, auf die Gemeinsamkeiten hinzuweisen. Interessanterweise beinhaltet der an die Außenfassade des Museums angebrachte Satz einige Änderungen im Vergleich zu dem auf dem chinesischen Blog veröffentlichten Satz (vgl. Tabelle 4).

Tabelle 4: Unterschiede des Zitats zwischen Brief (oben) und Installation (unten) fett markiert (eigene Darstellung).

Brief	…	曾	经	在	这	个	世	界	快	乐	的		生	活	了	7	年
Remembering			她	在	这	个	世	界	上	开	心	地	生	活	过	七	年

Es wurde nicht nur die numerische Zahl 7 durch das chinesische Schriftzeichen 七 ersetzt. Eine Änderung wurde auch in der Mitte des Wortes vorgenommen, was nunmehr den Eingang zum Museum darstellt. 开心 bedeutet *sich freuen.*

22 Der Vf. dankt Jiachuan Li für ihre Hilfe an der Übersetzung.

Eine zentrale Änderung besteht in der Ergänzung des Zitatanfangs, den die drei den Namen auslassenden Punkten, durch das Pronomen in der dritten Person Singular feminin (她). Während die drei aufeinanderfolgenden Punkte als Auslassungszeichen sehr wohl auch Teil des deutschen Schriftsystems sind, wählt Ai Weiwei mit einem chinesischen Pronomen ein von den meisten Menschen in Deutschland nicht lesbares Zeichen. Kurzum, Ai Weiwei exponiert das fremde Schriftbild des Chinesischen.

Durch die Installation von 9.000 Rucksäcken an der Fassade des Hauses der Kunst – einem Gebäude mit einer tiefen nationalsozialistischen Vergangenheit – wird die Wahrnehmung des Ortes neu geprägt. Das Werk tritt in einen vielschichtigen Dialog mit dem Antifaschismusdiskurs in Deutschland. Ai Weiwei thematisierte den historischen Hintergrund des Museums jedoch nicht nur indirekt, sondern griff ihn in seiner Ausstellung *So Sorry* auch explizit auf und machte das Gebäude selbst zur Bühne seiner Kunst. Ein besonders eindrucksvolles Beispiel dafür ist die Installation *Soft Ground* (2009b): ein großflächiger Wollteppich, der über den alten und abgenutzten Boden gelegt wurde und die 969 darunterliegenden von Adolf Hitler begangenen Steinfliesen detailgetreu imitiert. Der Härte der Geschichte antwortet Ai Weiwei mit dem weichen Teppich, in den man einsinken kann und abgedämpft die prekäre Vergangenheit des Museums fühlt (vgl. Obermayr 2014, S. 126).

Vor dem Hintergrund des nationalsozialistisch geprägten Vorlebens des Museums geht aber auch die Installation *Remembering* eine eigentümliche Verbindung mit dem historischen Kontext und dem (deutschen) Antifaschismusdiskurs ein. Das erinnernde Element steckt bereits im Titel *Remembering*, der aktiven Form des Erinnerns, die Kehrseite des Vergessens, grammatikalisch ausgedrückt in der englischen ing-Form. Im Kontext des Antifaschismusdiskurses wurde diese Pflicht des lebenslangen Gedenkens und Erinnerns auf die einprägsame Formel *Niemals vergessen!* gebracht.[23]

Was erinnert Ai Weiwei in der Ausstellung *So Sorry* und speziell in der Installation *Remembering* an der Fassade des Museums? Es ist der Tod jener Schulkinder, die bei dem Erdbeben umgekommen sind. Ai Weiwei, der im Westen darum bemüht ist, die Schuld an der hohen Zahl an Erdbebenopfern in einen Zusammenhang mit der chinesischen Politik zu bringen und China als Täter darzustellen, unternimmt dies mit der Formel *China = NS-Deutschland*. Gleichzeitig aber erinnert Ai Weiwei auch an die vergessene, in Vergessenheit geratene Geschichte des Museums. Der Standort des Kunstwerks exponiert die durch Ablauf der Zeit

23 Mit dieser Bedeutungsebene spielt auch der Titel des Dokumentarfilms *Ai Weiwei: Never Sorry* (2012) der amerikanischen Filmemacherin Alison Klayman aus dem Jahr 2011, wenn auf dem englischen Grundsatz *Never Forget* angespielt wird.

verblasste Erinnerung. Zu Ausstellungsbeginn im Herbst 2009 wurde der Schriftzug von Blättern der davorstehenden Bäume weitgehend verdeckt und war kaum zu sehen. Mit dem Jahreszeitenwechsel von Herbst zu Winter und dem Abfallen der Blätter von den Bäumen sollte der Schriftzug lesbarer werden und langsam in das Bewusstsein rücken. Damit verschränken sich die Erinnerungen zu einer eigentümlichen Einheit.

Abschließend lässt sich sagen, dass Ai Weiwei mit seiner Ausstellung und seinen Installationen auf vielfältige Weise den Diskursraum des spezifischen Ausstellungsraums aufgreift und seine Installationen ihm entsprechend anpasst. So stellt er einen Zusammenhang zwischen der NS-Herrschaft in Deutschland und der aktuellen Regierung in China her, womit er auf ein Fremdbild Deutschlands anspielt, das China als ebenso autoritär und unterdrückend darstellt wie das nationalsozialistische Deutschland unter Adolf Hitler. Ausgehend vom deutschsprachigen Antifaschismusdiskurs überträgt er so die Gedenkfunktion auf Opfer anderer politischer Systeme wie dem chinesischen. Seine Arbeit lässt sich damit als hochgradig diskursiv beschreiben, die mit der Überlagerung unterschiedlicher Diskursräume spielt.

Ebenso sensibel auf den entsprechenden Diskursraum reagierte Ai Weiwei auch in weiteren Arbeiten im deutschsprachigen Raum – ein prägnantes Beispiel dafür ist das Projekt *Hoher Dachstein*, das im folgenden Abschnitt näher betrachtet wird.

2.3 Transferenz: Ai Weiweis Projekt *Hoher Dachstein* (2010)

Um sich in die Reihe der höchsten Dreitausender Österreichs – darunter der 3.798 Meter hohen Großglockner, die 3.768 Meter hohe Wildspitze und der 3.657 Meter hohe Großvenediger – einzureihen, fehlen dem Dachstein, dem höchsten Punkt der Steiermark, mit seinen 2.995 Metern lediglich fünf Meter. Um die touristische Attraktivität des Berges zu steigern, wurde auf kommunaler und regionaler Ebene wiederholt darüber diskutiert, die fehlenden Meter entweder durch Aufschüttung oder eine andere Form künstlicher Erhöhung auszugleichen (vgl. Höller 2010). Eine der vorgeschlagenen Ideen war, bei einer Besteigung einen kleinen Stein mit auf die Spitze zu nehmen und ihn dort abzulegen – durch die Beteiligung vieler Menschen sollte der Berg schließlich die symbolische Höhe von 3000 Metern erreichen (Konvolut Seiler).[24]

24 Im Folgenden beziehe ich mich immer wieder auf ein E-Mail von Dietmar Seiler vom 3. Oktober 2021 und die von ihm bereitgestellte Materialsammlung zum Projekt *Hoher Dachstein* von Ai Weiwei. Es wird als *Konvolut Seiler* angegeben.

Als sich Dietmar Seiler als künstlerischer Leiter des regionalen Kulturfestivals *regionale10* mit dem Berg beschäftigen wollte, nahm er diese Gedanken mit. Seine Idee war es, einen Künstler oder eine Künstlerin in das Projekt zu involvieren und dabei jemanden zu beauftragen, der oder die sich durch eine hohe Sensibilität für die Natur auszeichnet. Zunächst wurde der britische Künstler Antony Gormley in Betracht gezogen. Jedoch wurde diese Idee aufgrund seines bereits realisierten Landschaftsprojektes *Horizon Field* mit dem Kunsthaus Bregenz in Österreich verworfen. Stattdessen wurde Ai Weiwei kontaktiert, der im deutschsprachigen Raum wegen seiner intensiven Auseinandersetzung mit dem Erdbeben in Sichuan für seine besondere Aufmerksamkeit der prekären Beziehung zwischen Mensch und Natur bekannt geworden war.

Ai Weiwei reagierte positiv auf die Anfrage und schlug vor, einen vier Tonnen schweren Felsbrocken aus der durch das Erdbeben verwüsteten Provinz Sichuan auf den Gipfel des Dachsteins zu transportieren. Der Stein wurde mit verschiedenen Verkehrsmitteln, vom LKW und dem Schiff bis hin zum Flugzeug, aus der Region Wenchuan in China bis in die österreichische Steiermark transportiert. Am Freitag, den 9. Juli 2010, erreichte er schließlich die Spitze des Dachsteins.

In einem Interview mit der österreichischen Tageszeitung *Die Presse* vom 9. Juli 2010 erklärte Dietmar Seiler, dass der Künstler mit dem Projekt drei Aspekte verdeutlichen wollte: Erstens sollte das Verhältnis zwischen Mensch und Natur thematisiert werden; zweitens sollte der Stein als Mahnmal für die Mängel im Bauwesen in China dienen; drittens sollte das Projekt Anstöße geben, über globale Mobilität nachzudenken (vgl. Die Presse 2010). Interessanterweise wird in dieser Erklärung eine zentrale Bedeutungsebene des Projekts nicht erwähnt. Dabei handelt es sich um die Gedenkfunktion des Steins, die auf die knappe Formel *Stein = Denkmal* reduziert werden könnte. Ursprünglich war dies eine der zentralen Bedeutungen des Kunstprojekts.

Im Folgenden soll gezeigt werden, dass die Bedeutungsverschiebung auf eine anhaltende, insbesondere von Teilen der lokalen Bevölkerung getragenen Kritik gegen das Projekt von Ai Weiwei zurückzuführen ist. Die Debatte kreiste um Fragen der Sinnhaftigkeit bzw. Unsinnigkeit von Kunst wie über die Frage, was Kunst (kosten) darf und warum ausgerechnet Österreich als Gedenkort für ein Erdbeben in China dienen solle. Dadurch wirft das Dachstein-Projekt zentrale Fragen der Kulturtransferforschung auf, wenn Fragen der Integration in einem spezifischen Aneigungskontext im Vordergrund stehen. Hier wird die Rolle von Diskursen über ‚Katastrophen' im Zusammenhang mit Kulturtransfers deutlich. Im Folgenden wird also eine aufmerksame Lektüre des Sinnbildungsprozesses eines zeitgenössischen Kunstprojekts unter Einbeziehung von Konzepten der Kulturtransferforschung vorgenommen. Das Augenmerk liegt dabei auf dem Wechselspiel zwischen Vermittlung und Aneignung, anstatt eine forensische Unterscheidung zwischen diesen beiden Schritten vorzunehmen. Um dieses Wechselspiel genauer zu erfassen, wird das eingereichte Konzept des Projekts *Hoher Dachstein* einer eingehenden Lektüre unterzogen. Anschließend wird das Konzept mit der lokalen Rezeption verglichen, was auch als eine Frage der Übersetzung begriffen werden kann. Dies soll anhand eines *close readings* der entsprechenden Stellen veranschaulicht werden. Zunächst wird das Projekt jedoch regional kontextualisiert.

„Das ist eine schöne Landschaft" – Jelineks Ramsau am Dachstein

Der Dachstein liegt in einem Gebiet, das sich im 20. Jahrhundert innerhalb weniger Jahrzehnte von einer bäuerlich geprägten Landschaft hin zu einer modernen, durch den Massentourismus geprägten Region entwickelt hat. In diesen touristischen Gebieten verschränkt sich das Globale mit dem Lokalen oft in einer eigentümlichen Weise und bildet zahlreiche Reibungsflächen, die Quelle unauflösbarer Widersprüche werden. Der internationale Künstler Ai Weiwei realisierte sein Projekt an einem Ort, wo bereits in der Vergangenheit kontroverse Debatten geführte wurden. In welchem Zusammenhang stehen also Ai Weiwei und Elfriede Jelinek?

Zwischen 1975 und 1977 entstanden für den öffentlich-rechtlichen Fernsehsehender *ORF* eine Reihe filmischer Landschaftsbilder, die in Zusammenarbeit mit Autor*innen und Filmemachenden erstellt wurden und den Tourismus in den einzelnen Regionen fördern sollten. 1976 wurde auch die sehr viel später im Jahr 2004 mit dem Nobelpreis ausgezeichnete Schriftstellerin Elfriede Jelinek eingeladen, einen Beitrag für die Reihe *Vielgeliebtes Österreich* zu liefern.

In ihrem titelgebenden Beitrag über die steierische Gemeinde „Ramsau am Dachstein" (Homschak 1976) setzt sich Jelinek unter Regie von Claus Homschak kritisch mit dem Fremdenverkehr auseinander und dekonstruiert den Mythos der Natürlichkeit, auf dem der österreichische Tourismus beruht (vgl. Schwärzler/Szely 2021). Jelinek erlebte durch die Ausstrahlung „ihren ersten größeren Medienrummel" (Schwärzler/Szely 2021), wozu nicht zuletzt der Ausstrahlungsort „im einzigen Massenmedium seiner Zeit" (Koberg 2019, S. 49), dem Fernsehen, beigetragen haben mag. Insbesondere die bürgerlich-konservative Österreichische Volkspartei (ÖVP) und der ihr nahestehende Bauernbund reagierten mit heftiger Ablehnung. Dies führte dazu, dass der ORF eine Diskussionsveranstaltung in einem lokalen Gasthof organisierte. Bei dieser Veranstaltung war auch Elfriede Jelinek anwesend, die den Einheimischen ihre Intention erläuterte, einen Film über die Lage der Frauen in der Region zu drehen (vgl. Koberg 2019, S. 49).

Laut Roland Koberg besteht die Kernaussage ihres Beitrags im Vorwurf, dass sich die Landschaft schuldig gemacht habe, indem sie sich zur Aufrechterhaltung und Vergrößerung sozialer Unterschiede hergegeben habe (vgl. Koberg 2019, S. 41 f.) Jedoch gilt Jelineks Blick vordergründig den Opfern des Fortschritts. Der Fokus auf die Opfer ist beispielsweise zentral im Interview mit der Magd Josefa, die aus ihrem nicht immer sehr einfachen Leben als Magd erzählt. Aber schon die eingangs aus der Vogelperspektive aufgenommene Berglandschaft wirkt durch den distanzierten Blick aus der fernen Höhe wie eine Aufnahme in Zeitung oder Fernsehen, die man aus Katastrophengebieten kennt.[25] Die Landschaft selbst wird im Beitrag von Jelinek als Opfer inszeniert, nicht als Täter. Deutlich wird dies auch in der monotonen, bis zur Redundanz wiederholten Anrufung der ‚schönen Landschaft'. Sie wirkt wie eine diskursive Strategie der Kultivierung der Landschaft, der man das Adjektiv gewaltvoll aufdrängt. Diese gewaltvolle Verschönerung wird in einer Szene besonders deutlich, in der die Magd Josefa eine Kuh schmückt und sie damit ‚schön' macht. Jedoch liegt der Kopfschmuck wie ein Fremdkörper auf dem Schädel der Kuh, was die Ambivalenz der Verschönerung verdeutlicht.

Jelineks Strategie besteht darin, den prekären Boden, auf dem der Fortschritt fußt, erfahrbar zu machen. Folglich scheint die ‚Katastrophe' – als Latenz – im Raum stets präsent, bereit, jeden Moment hereinzubrechen. In „Ramsau am Dachstein" bleibt die ‚Katastrophe' aber aus. Sie wird lediglich im Abspann angedeutet, wenn der Film mit einem österreichischen Volkslied über eine Lawinenkatastrophe endet.

Mit ihrem Film rückte Jelinek den Zusammenhang des Globalen und des Lokalen als Quelle drohender ‚Katastrophen' in den Vordergrund; dieses Aufzeigen der Reibungsfläche löste eine Abwehrhaltung in Teilen der lokalen Bevölkerung aus. Rund 35 Jahre später rief das Dachstein-Projekt des Künstlers Ai Weiwei eine ähnliche Kontroverse wie Jelineks Bearbeitung hervor. Im Gegensatz zu Jelineks Fernsehbeitrag, der über viele Jahre hinweg boykottiert wurde, konnte das Projekt von Ai Weiwei aber gerettet werden. Die künstlerische Leitung reagierte auf die Kontroversen mit einer Reihe von Gegenmaßnahmen und erreichte eine Verschiebung der Bedeutung des Projekts durch die Anbindung an lokale Diskurse. In diesem Zusammenhang soll nun das in Auftrag gegebene Video besprochen werden, das diese Bedeutungsverschiebung verdeutlicht.

25 Vgl. etwa den Bericht *Ho visto morire il sud* (1980) des italienischen Schriftstellers Alberto Moravia nach seinem Besuch im Erdbebengebiet nach dem Erdbeben von Irpinia 1980.

Video und Projektentwurf

Am 15. Juli 2010 wurde auf dem YouTube-Kanal der *regionale 10* ein Video veröffentlicht, das den Transport des Steins vom Fuß des Berges auf die Bergspitze des Hohen Dachsteins dokumentiert (regionale10 2010a). Das Video stammt von dem lokalen Grazer Medienunternehmen *Art-Media* und nicht von Ai Weiwei und seinem Team. Deshalb kann das Video als lokale Reaktion auf die Kontroverse betrachtet werden. Das Video dokumentiert den Transport und die Anbringung des Steins mithilfe eines Hubschraubers und thematisiert dabei das prekäre Spannungsverhältnis zwischen Natur und Kultur. Der Fokus liegt konsequent auf der kulturellen Überformung der Landschaft, eine Lesart, die insbesondere durch die Rahmung des Videos nahegelegt wird.

Das Video setzt sowohl visuell als auch akustisch mit dem Klang eines traditionellen Alpenhorns ein, einem Symbol der alpinen Kultur. Derselbe Klang schließt das Video ab und verstärkt damit die Inszenierung der Landschaft als kulturell geprägter Raum. Bemerkenswert ist jedoch, dass das Video nicht auf die Materialität des Steins eingeht. Tatsächlich handelt es sich um einen Felsbrocken, der sich während des Erdbebens von einem Berg in Sichuan gelöst hatte und später im Tal zum Stillstand kam. Diese Herkunft bleibt im Video des Grazer Medienunternehmens unterwähnt, wodurch diese Dimension in den Hintergrund rückt.

Sowohl der Stein als Gegenstand in der chinesischen Kultur als auch der Bezug auf das Erdbeben waren aber essenzieller Bestandteil des Konzepts *Hoher Dachstein*, wie aus der ersten Projektskizze vom 6. März 2010 hervorgeht (Konvolut Seiler). In Bezug auf den Stein in der chinesischen Tradition heißt es dort einleitend:

> Since ancient times chinese culture had a strong appreciation for expressive, naturaly shaped objects such as rocks or wood trunks, which by their shape, texture and proportion would be considered spiritual objects pointing to the existance of a higher instance. These natural sculptures would be valued not only for their decorative impression but as reminders to natures power. (Konvolut Seiler)[26]

Im nächsten Absatz wird der Stein in den Kontext des Erdbebens von Sichuan vom 12. Mai 2008 eingebettet:

> On may 12th 2008 this power was at display only for a few seconds, yet the wenchuan earthquake and its aftermath would expose the worst and very best within human nature. From overwhelming compassion and help to ruthless corruption the full spectrum would be at display. The epicentre in the province of sichuan would literally see mountains fall apart.

26 Im ersten Entwurf finden sich Orthografie- und Grammatikfehler im Englischen, die ungekennzeichnet übernommen wurden.

> Photos taken in the immidiate aftermath shows large rocks stuck in the ground, broken of from mountaintops. (Konvolut Seiler)

Das Projekt steht in Zusammenhang mit Ai Weiweis eigenem Interesse an neuen Medien und Technologien, insbesondere der Fotografie. Medialität spielt also eine entscheidende Rolle für das Konzept. Der im Projekt verwendete Gegenstand kann als Reaktion auf die nach dem Erdbeben aufgenommenen Fotos gesehen werden, die große von Berggipfeln abgebrochene und auf dem Boden zu liegen gekommene Felsen zeigen.

Im zweiten Absatz wird die Intention des Künstlers angesprochen: „It is the artists intention to recover a rock from the centre of destruction in sichuan, send it to austria and implant it onto the top of hoher dachstein." (Konvolut Seiler) Hier kommt die mentale Geografie zum Ausdruck: Im Vordergrund steht die Transregionalität. Das Projekt verbindet das regionale Gebiet von Sichuan mit dem nationalen Gebiet von Österreich.

Abschließend wird noch die Bedeutung des Steins für die Steiermark genannt: „For visitors ascending the mountain and finally conquering it by reaching its top, the object operates both as a testament to ones achievement and spirit as well as a reminder of their mortality and the power of nature." (Konvolut Seiler) Ai nennt einen Schlüssel zum Verständnis des Kunstprojekts, das als Zeugnis der eigenen Leistung und als Erinnerung an die eigene Sterblichkeit und die Kraft der Natur gelesen werden soll.

Durch die ausschließliche Konzentration auf den Transport vom Tal zum Gipfel des Berges mit gleichzeitiger Ausblendung sowohl der chinesischen Tradition als auch des spezifischen Hintergrunds im Erdbeben, gibt das Video eine weitere Rezeptionshaltung vor. Der Stein wird in seiner Bedeutung als Objekt im Kontext Mensch und Natur wahrgenommen, nicht als Denkmal, was zu der im Vordergrund stehenden Kontroverse geführt hatte. Diese Kontroverse wird nun auf die Integration des Projekts als Denkmal im Kontext des globalen Katastrophendiskurses zurückgeführt, indem das eingereichte Konzept einer genauen Lektüre unterzogen wird. Ein besonderer Fokus liegt dabei auf der Übersetzung vom Englischen ins Deutsche.

Übersetzung und Projektantrag

Deutsch ist die österreichische Amtssprache, weshalb ein offizielles Ansuchen in dieser Amtssprache erfolgt. Der Konzeptvorschlag von Ai Weiwei, den er auf Englisch einreichte, musste deshalb vom Team der *regionale 10* zunächst ins Deutsche übersetzt werden. Im Vergleich zwischen dem englischen und dem deutschen Dokument können einige Beobachtungen angestellt werden, die für die Frage nach der Integration des Kunstwerks im lokalen Raum von Interesse sind. Die deutschsprachige Übersetzung dieser Passage weist zwar kleine, aber signifikante Unterschiede auf, denen im Folgenden Beachtung geschenkt werden soll. Dabei steht die These im Vordergrund, dass das Projekt zunächst auf eine lokale Eingliederung als Denkmal abzielt.

In der ersten Projektskizze von Ai Weiwei wurde darauf hingewiesen, dass Ai Weiwei durch Fotografien aus dem Erdbebengebiet der Gedanke gekommen war, Stein als Material für seine Kunst zu verwenden (Konvolut Seiler). Dieser Verweis wird im „Ansuchen Hoher Dachstein" (Konvolut Seiler) übersprungen. Auf die Fotos, die nach dem Erdbeben gemacht wurden, wird nicht eingegangen. Damit wird ein wichtiger Kontext des Kunstwerks ausgeblendet, nämlich die Verbindung zu Technologie und neuen Medien. Mit anderen Worten, das Projekt verliert an Komplexität.

Darüber hinaus hat sich die mentale Geografie in Bezug auf die Skalierbarkeit noch einmal verändert, wenn der Stein nun „von China nach Europa und auf den Gipfel des Dachstein" (Konvolut Seiler) transportiert wird. Der in der deutschen Übersetzung genannte Transfer von China nach Europa hat eine andere Gewichtung als der Transfer von Sichuan nach Österreich, wie es im ersten Projektentwurf von Ai Weiwei hieß. Während Ai Weiwei die Regionalität forciert, wird das Projekt in den Dienst des kulturellen Austauschs gestellt. Dies verweist auf die Ai Weiwei zugeschriebene Rolle als Kulturvermittler zwischen Ost und West.

Zentral für die Integration in den neuen Aneignungskontext sind aber insbesondere die Wörter *testament* und *reminder*, die ins Deutsche mit „ein sichtbares Zeichen" und „ein Denkmal" übersetzt wurden. Die Übersetzung hebt damit die Gedenkfunktion in Bezug auf das Erdbeben hervor, eine Bedeutung, die von Ai Weiwei allerdings nicht intendiert war. Denn während Ai Weiwei lediglich die Absicht hatte, „[to] recover a rock from the centre of destruction in sichuan, send it to austria and implant it onto the top of hoher dachstein" (Konvolut Seiler), so wurde das Projekt in Österreich in erster Linie als ein Denkmal wahrgenommen. Dies geht noch einmal deutlich hervor aus dem Rahmenprojekt „100 Fragen an Ai Weiwei".

In Zusammenarbeit mit der *Kleinen Zeitung*, der lokalen Regionalzeitung, wurde den Menschen in der Region Steiermark ermöglicht, einhundert Fragen an Ai Weiwei zu stellen, die dieser per E-Mail oder Telefon beantwortete. Eine Frage lautete: „Warum sollte man in Österreich der Opfer eines Erdbebens in China gedenken?" (regionale10 2010b) Mit dieser bemerkenswerten Frage bringt die fragestellende Person eine nationale Sichtweise ein und hebt die Gedenkfunktion des Steins hervor. Ai Weiweis Antwort fiel ebenso bemerkenswert aus: „Das ist nicht der Punkt. Es geht darum, aller Menschen und aller verlorenen Leben auf allen Schauplätzen in dieser globalen Situation zu gedenken." (regionale10 2010b) Ai lehnte die nationale Einbettung eines katastrophalen Ereignisses ab und antwortete mit einer globalen Lesart seines Projekts.[27] Gleichzeitig spricht sich Ai Weiwei gegen die Denkmalfunktion aus.

Einordnung als Denkmal

Im Deutschen ist es nur ein kleiner Schritt vom Erinnern zum Gedenken. Dieser Schritt erklärt die Einordnung des Findlings als Denkmal. Die Wahrnehmung des Steins als Denkmal könnte auch durch seine Materialität gefördert worden sein, da Stein ein gängiges Material für die Gestaltung von Denk- und Mahnmalen ist. Außerdem trägt die exponierte Lage in der freien Natur dazu bei, dass er an öffentliche Denkmäler erinnert. Es ist jedoch nicht offensichtlich, warum das Kunstprojekt in der Steiermark als Denkmal wahrgenommen wurde, da es gleichzeitig wesentliche Merkmale eines Denkmals außer Acht lässt. Im Folgenden wird dargelegt, dass die (1) Lokalisierbarkeit und (2) Identifizierbarkeit des Denkmals Mängel aufweisen:

(1) Ein Denkmal ist lokalisiertes Gedächtnis und verbindet Raum und Zeit (vgl. Assmann 2000, S. 38 f.), weshalb es üblicherweise in räumlicher Nähe zum gedenkenden Ereignis aufgestellt wird. Bei der Installation des Steins auf dem Dachstein mit seiner regional zugeschriebenen Gedenkfunktion für die Erdbebenopfer wurde genau diese Lokalisierbarkeit in Frage gestellt. Die Entfernung zum Epizentrum des Erdbebens machte es den Menschen vor Ort schwer, das Projekt als Denkmal zu akzeptieren.

(2) Eine der wichtigsten Funktionen einer Gedenkstätte ist ihre Funktion im Rahmen von Prozessen der Identitätsbildung. In seinem Artikel „Kriegerdenkmale als Identitätsstiftungen der Überlebenden" hat Reinhart Koselleck europäische Kriegsdenkmäler und ihre Funktion als Quelle der Identitätsbildung untersucht. Koselleck zufolge erinnert ein Denkmal an das Leben, das nach einem katastrophalen Ereignis verloren gegangen ist, um dem Überleben einen Sinn zu geben (vgl. Koselleck 1996, S. 256). Was für Kriegsdenkmäler als Spezifikum der modernen Erinnerungskultur gilt, scheint auch für Denkmäler für Naturkatastrophen zuzutreffen. Zu nennen sind etwa religiöse Bildstöcke, die oft am Wegesrand stehen und an ein ehemaliges Unglück erinnern. Ein weiteres Beispiel ist das von Alberto Burri errichtete *Cretto* (1984), eine

27 Weitere Beispiele für die Zuschreibung des Charakters eines Denkmals sind der Bürgermeister, der der Regionale 10 die Genehmigung erteilte, den Stein auf dem Gipfel des Berges „als Mahnmal" (Konvolut Seiler) aufzustellen. Schließlich wurde in einer Erklärung des Organisationsteams von dem Stein als „stillem Mahnmal" (Konvolut Seiler) gesprochen.

Landschaftskunst aus weißem Beton, die auf der ehemaligen, durch das schwere Erdbeben von Belice im Jahr 1968 zerstörten Stadt Gibellina errichtet wurde und „a figure of the post-traumatic narrative of our natural-cultural collective“ (Iovino 2016, S. 104) darstellt. Welche Bedeutung, welche „new immaterial, metaphorical meanings“ (Iovino 2016, S. 104) würde aber der Stein für die Menschen in der Steiermark haben?

Vor diesem Hintergrund sind die lokale Wahrnehmung und Integration von *Hoher Dachstein* als Gedenkstätte sehr interessant. Im Sinne der Kulturtransferforschung könnte dieser Prozess als ein Prozess der Adaption und Integration nach dem *Logical Constitutive Model of Cultural Transfer* (LCMCT) von Duque und Gasimov beschrieben werden (vgl. Duque/Gasimov 2015, S. 10 f.). Die Wahrnehmung des Steins als Denkmal ist in den Prozess der Re-Semantisierung zu integrieren, da dieser diskursive Effekt der Künstler nicht beabsichtigt hatte. Anders als Duque und Gasimov soll aber nicht von einem gescheiterten oder misslungenen Transfer gesprochen werden, wie es in der Kulturtransferforschung häufig unternommen wird.[28] Der Fokus liegt stärker auf dem diskursiven Setting, auf der Beziehung zwischen dem Rezeptionskontext und dem identifizierten Vermittler, aus dem die transferierten Objekte hervorgehen. Dieser Wahrnehmung hat das Team der *regionale 10* in vielerlei Hinsicht widersprochen und hat damit die Diskussion um ein differenzierteres Bild des Kunstwerks eröffnet.

28 Siehe zum Beispiel den Text „Cultural Transfer and Its Complexities: A Study on Transnational and Transhistorical Mobilities of the Baroque“ von Walter Moser (2021, S. 191).

3 Popularisierung von Katastrophen: Das Erdbeben von L'Aquila vom 6. April 2009

Tabelle 5: Eckdaten zum L'Aquila-Erdbeben (eigene Darstellung). Daten aus EERI (2009).

Datum, Uhrzeit	06.04.2009, 01:32:42 UTC (03:32:42 Ortszeit)
Epizentrum	Sassa, L'Aquila, Abruzzen, Italien (42.33°N, 13.33°O)
Magnitude	6.3 M_W
Herdtiefe	10 km

Italien zählt neben Island, Griechenland und großen Teilen der Balkanhalbinsel zu den erdbebengefährdetsten Regionen Europas (vgl. Woessner et al. 2015). Der aktive Vulkangürtel, der sich von den Phlegräischen Feldern und dem Vesuv bei Neapel durch das Meer an Stromboli und Vulcano vorbei bis zum Ätna in der Nähe der sizilianischen Stadt Catania zieht, ist nur die sichtbarste Manifestation der italienischen Plattentektonik, die besonders in den letzten 200 Jahren regelmäßig seismische Aktivität verursacht hat. Auch der Apennin, der sich durch die gesamte Halbinsel ziehende Gebirgszug, ist eine physische Manifestation dieser italienischen Tektonik, wo immer wieder Erdbeben verzeichnet werden, so zum Beispiel bei L'Aquila, der Hauptstadt der im Zentrum Italiens gelegenen Region Abruzzen. Starke Erdbeben verzeichnete die auf 714 Metern über dem Meeresspiegel gelegene Stadt schon in den Jahren 1315, 1461 und 1703 (vgl. EERI 2009, S. 3). Am 6. April 2009 ereignete sich erneut ein schweres Erdbeben im Umkreis der Stadt (vgl. Tabelle 5). Laut dem *Earthquake Engineering Research Institute* (EERI) wurden bei dem 6.3 M_W starken Erdbeben ca. 305 Menschen getötet, 1.500 verletzt und zwischen 10.000 und 15.000 Gebäude beschädigt oder zerstört; in der Folge mussten 70.000 bis 80.000 Personen evakuiert werden, mehr als 24.000 von ihnen wurden obdachlos (vgl. EERI 2009). Das Erdbeben wurde von einer Reihe von Vorbeben eingeleitet, die zunächst als normale seismische Aktivität eingestuft wurden. Erst als die Menschen gegen 3:30 Uhr abrupt aus dem Schlaf gerissen wurden, erwies sich das Hauptbeben als so stark, dass es große Teile der Innenstadt für Jahre unbewohnbar machte.

Erfahrungsraum

Im Sprechen und Schreiben über das Erdbeben von L'Aquila 2009 wurden immer wieder Bezüge zu einem anderen, früheren Erdbeben hergestellt, das am 23. No-

https://doi.org/10.1515/9783111709321-008

vember 1980 die im italienischen Süden gelegenen Regionen Kampanien und Basilikata erschütterte und als Erdbeben von Irpinia bekannt ist. Bis heute ist dieses Ereignis im Bewusstsein der italienischen Bevölkerung präsent. Serenella Iovino hat darauf hingewiesen, dass das seismische Ereignis von 1980 auf ein Gebiet traf, das zwar einst rural und rückständig war und vor allem von der Landwirtschaft geprägt wurde, in den Jahren vor 1980 aber einen massiven wirtschaftlichen und kulturellen Aufschwung erlebt hatte und in Folge dessen voller Leben war (vgl. Iovino 2016, S. 90). Das Erdbeben erreichte nationale und auch internationale Aufmerksamkeit, wie einerseits die Aufnahme des Ereignisses in die *Storia della televisione italiana* von Aldo Grasso zeigt (vgl. Grasso 2004, S. 351) und andererseits die zahlreichen Reaktionen von ‚Kulturschaffenden' nach dem Erdbeben belegen. So reiste beispielsweise der italienische Schriftsteller Alberto Moravia für die italienische Wochenzeitschrift *L'Espresso* in das Erdbebengebiet und verfasste einen Bericht, der am 7. Dezember 1980 unter dem Titel „Ho visto morire il Sud" (1980) erschien.[29] Fabrizia Ramondino schrieb das Theaterstück *Terremoto con madre e figlia* (1994), in dem sie sich auf das Erdbeben bezog. Neben der Literatur wurde das Erdbeben auch in der Kunst verarbeitet. Dem neapolitanischen Kunstsammler Lucio Amelio war es gelungen, internationale Künstler zu mobilisieren, die dem Erdbeben als „ein positives Signal gegen die Hoffnungslosigkeit" (Richter 2011, S. 15) ein Kunstwerk widmeten. In der Sammlung *Terrae Motus* finden sich heute Arbeiten von Anselm Kiefer, Gerhard Richter, aber auch von Andy Warhol und Joseph Beuys.[30]

In der öffentlichen Beteiligung einer Vielzahl ‚Kulturschaffender' besteht eine erste Parallele zum Erdbeben von L'Aquila. Wie noch zu zeigen sein wird, hat sich auch nach dem Erdbeben vom 6. April 2009 eine Vielzahl von ‚Kulturschaffenden' mit dem Ereignis öffentlich beschäftigt. Eine weitere Parallele war die allgemeine Angst vor Korruption, die sich nach beiden Ereignissen einstellte. Serenella Iovino schreibt in *Ecocriticism and Italy* über das Erdbeben von 1980: „Institutionally considered, the Irpinia earthquake typifies a system based on the 'emergency,' a regime of extraordinary laws depending on the conclusive authority of the commissars delegated by the central government." (Iovino 2016, S. 91)

29 Der Bericht wurde weit über die Grenzen des Landes rezipiert. Der *Spiegel* widmete dem Erdbeben am 7. Dezember 1980 einen längeren Artikel unter dem Titel *Italien: „Armes, unglückseliges Vaterland"* (1980) und bezog sich darin auf Moravias Bericht.

30 Diese Kunstwerke sind heute im Königlichen Palast von Caserta bei Neapel Teil der Kunstsammlung *Terrae Motus*. Insbesondere der deutsche Künstler Joseph Beuys setzte sich nicht nur einmal mit dem Erdbeben und dessen Folgen auseinander, wie erste Skizzen nach seinem Besuch im Erdbebengebiet und spätere Ausarbeitungen in Kunstwerken und einem Zeitungstext („Einige Aufforderungen und Fragen an den Palast im menschlichen Kopf") bezeugen (vgl. dazu Richter 2017).

Iovino legt dar, dass der durch die Regierung ausgerufene Ausnahmezustand nach dem Erdbeben privaten Investoren ermöglichte, das Erdbebengebiet unter dem Vorwand des Wiederaufbaus finanziell auszunutzen und Gewinne zu erzielen (vgl. Iovino 2016, S. 91). Dieser Punkt stellt eine weitere Parallele der beiden Erdbeben dar: „The same, as we shall see, will happen in a magnified manner in L'Aquila, twenty-nine years later." (Iovino 2016, S. 91)

Diskursentwicklung

L'Aquila befindet sich in den Abruzzen und liegt in der Umgebung Roms, keine zwei Autostunden von der italienischen Hauptstadt entfernt. Massenmedien wie das Radio, das Fernsehen und die Zeitungen konnten somit rasch auf das Beben reagieren. Deren Vertretungen besuchten das Erdbebengebiet, um live aus den zerstörten Gebieten zu berichten. Mit dem Erdbeben von L'Aquila zeigte sich das Fernsehen erneut, wie schon nach dem Beben 1980, als zentrales Medium der italienischen Öffentlichkeit. Dass auf der einen Seite nach verschütteten Menschen gegraben wird, während auf der anderen Seite live aus dem Einsatzgebiet berichtet wird, prägte die nationale Wahrnehmung des Erdbebens. An seinen Besuch in Onna, jenem Stadtteil von L'Aquila, der schwer vom Erdbeben zerstört wurde, erinnert sich der italienische Schriftsteller Franco Arminio folgendermaßen: „Onna mi apparve un set televisivo, l'epicentro non di un terremoto, ma del delirio di mettere la rappresentazione al posto della realtà." (Arminio 2021, S. 51).

Besondere Aufmerksamkeit erregten die Fernsehauftritte des Unternehmers und damaligen Premierministers Silvio Berlusconi. L'Aquila wurde zu einem politischen Dreh- und Angelpunkt, wie Francesco Erbani in seinem Buch *Il disastro. L'Aquila dopo il terremoto* schreibt: „Molto più che in altri terremoti, il sisma abbruzzese è stato offerto sulla scena pubblica come materia per una sfida politica, come un'occasione per verificare la bontà di un indirizzo di governo." (Erbani 2010, S. 3) Stets in Begleitung eines eigenen Fernsehteams, war Berlusconi nach dem Erdbeben in das Gebiet gereist. Von kritischen Stimmen wurde dies als Versuch gewertet, die scheinbaren Erfolge des Katastrophenmanagements für sich zu beanspruchen. Bei seinem ersten Besuch in L'Aquila durchquerte er mit einer großen, auch medial begleiteten Eskorte das Gebiet. Symbolisch trug er einen roten Helm, der für die Gefahr stand, der er sich aussetzte, um der betroffenen Bevölkerung nah zu sein. Der Helm war zur gleichen Zeit auch das Symbol der Einsatzkräfte, deren Einsatz gefeiert wurde.

Zu der vom italienischen Dichter Franco Arminio als „occupazione mediatica" (Arminio 2021, S. 51) bezeichneten politischen Medieninszenierung gehört auch die Austragung des G-8-Gipfels vom 8. bis 10. Juli 2009 in L'Aquila. Eigentlich hätte der Gipfel auf Sardinien ausgetragen werden sollen. Der amtierende Premierminister verkündete aber noch im April, dass der Gipfel in einer vom Erdbeben unbeschädigt gebliebenen Kaserne in L'Aquila ausgetragen werde, um Geld zu sparen und den Menschen in den Gebieten ein Zeichen der Hoffnung zu vermitteln (vgl. Hooper 2009). Damit gelang es ihm, aus dem Erdbebengebiet nicht nur ein nationales sondern auch ein internationales Medienspektakel zu machen, an dem Regierungsvorsitzende der großen Industrienationen G-8 (USA, Italien, Japan, Kanada, Großbritannien, Frankreich, Deutschland und Russland) und der Schwellenländer der G-5 (China, Indien, Brasilien, Mexiko und Südafrika) teilnahmen (vgl. Erbani 2010, S. 38 ff.).

Medial wurde Berlusconis Erdbebenmanagement als großer Erfolg dargestellt. Anlässlich seines Geburtstags im September sollten die ersten Neubauten, die im Zusammenhang mit dem umstrittenen Projekt *Complessi Antisismici Sostenibili ed Ecocompatibili* (C.A.S.E.) außerhalb des Stadtzentrums entstanden sind, übergeben werden. Jedoch konnten diese Inszenierungen nicht über die Verzögerung des Wiederaufbaus hinwegtäuschen. Das Zentrum der Altstadt von L'Aquila blieb viele Jahre lang eine von der Polizei bewachte Sperrzone, die niemand ohne Genehmigung betreten durfte, auch nicht die lokalen Bewohner*innen der Stadt. Trotz der Proteste seitens der Bevölkerung blieb die Sperrzone jahrelang bestehen. Der langsame Wiederaufbau wurde damit – in den Worten von Serenella Iovino – zur offenen Wunde der Stadt: „Because today, October 14, 2014, all this ruin is still there. And so, there is nothing to add. *This* is L'Aquila's wound. And this wound is open, still waiting to become a sign." (Iovino 2016, S. 113) Diese Zeilen schrieb Iovino 2014. Auch mehr als 10 Jahre nach dem Erdbeben bestimmten Ruinen das Stadtbild.

Reaktionen

Das Erdbeben von L'Aquila traf in Italien auf zahlreiche Solidaritätsbekundungen und wurde rasch zu einem populären Ereignis insofern, als es in der italienischen Öffentlichkeit breit diskutiert, besprochen und analysiert wurde. Die plötzliche Beachtung, die einem Ereignis zuteil wird, ist laut Niels Penke und Matthias Schaffrick das zentrale Merkmal des Populären (vgl. Penke/Schaffrick 2018, S. 10).[31] An der Popularisierung des Erdbebens wirkten von Anfang an zahlreiche

31 Zum Begriff *Popularisierung* vgl. die Definition der Herausgeber des Sammelbandes *Popularisierung und Popularität* (2005): „Popularisierung ist dabei als der Versuch zu betrachten, bei einem im wesentlichen unspezifischen Publikum über besondere Formen der Darbietung eine möglichst breite Annahme von Aussagen zu erreichen." (Blaseio/Pompe/Ruchatz 2005, S. 9)

'Kulturschaffende' mit. Auffallend viele Beiträge stammen von Vertreter*innen der Filmindustrie, was auf den besonderen Status des Mediums *Film* innerhalb der italienischen Gesellschaft hinweist. Der Film ist eines der zentralen Medien des Populären in Italien. Auffallend viele Filmschaffende kamen nach dem Erdbeben öffentlich zu Wort und ordneten das Erdbeben ein. Bezeichnend ist das Projekt *Registi tra le macerie* der italienischen Tageszeitung *La Repubblica*. Nur wenige Tage nach dem Erdbeben gelang der Zeitung die Mobilisierung fünf namhafter Filmschaffender der italienischen Filmindustrie. Im Rahmen des Projekts *Registi tra le macerie* reisten Paolo Sorrentino, Michele Placido, Mimmo Calopresti, Ferzan Ozpetek und Francesca Comencini in das Erdbebengebiet, um ihre Eindrücke in einem Textbeitrag und einem Kurzfilm festzuhalten. Ihre Beiträge erschienen zwischen dem 8. und dem 12. April in der Printausgabe, sowie auf dem Onlineportal von *La Repubblica*, einer der wichtigsten Tageszeitungen des Landes. Dieses Projekt steht paradigmatisch für die besondere Rolle des Films innerhalb der italienischen Gesellschaft.

In einer zweiten Phase wurde die Frage nach der Schuld zunehmend in den Vordergrund der öffentlichen Diskussion gestellt. Es lassen sich erste Buchveröffentlichungen anführen, die nach dem Erdbeben verfasst wurden und die Ereignisse im zeitlichen Abstand einzuordnen versuchten.[32] In diese zweite Phase fallen auch eine Reihe filmischer Beiträge. Im Mai 2010 erschien Sabina Guzzantis investigativer Dokumentarfilm *Draquila. L'Italia che trema* (2010). Die italienische Filmemacherin thematisierte die in der Altstadt errichtete Sperrzone, ein Motiv, das in Werken über das Erdbeben immer wieder auftaucht.[33] Mit ihrem Film kritisiert sie den italienischen Zivilschutz unter Guido Bertolaso und den damaligen Ministerpräsidenten Silvio Berlusconi. Als der Film 2010 bei den Internationalen

---

Vgl. auch die Begriffsdefinition von Paula Wojcik, Stefan Matuschek, Sophie Picard und Monika Wolting als forcierte Popularität (vgl. 2019, S. 21).

32 Dazu gehören etwa Giampaolo Giulianis *L'Aquila 2009. La mia verità sul terremoto* (2009), jener Bericht eines Mitarbeiters des *Istituto Nazionale di Astrofisica* (INAF), der in den Tagen vor dem Erdbeben ein starkes Beben vorhergesagt hatte. Andere Titel sind Giuseppe Caporales *L'Aquila non è Kabul. Cronaca di una tragedia annunciata* (2009), Francesco Erbanis *Il disastro. L'Aquila dopo il terremoto: le scelte e le colpe* (2010) oder Antonello Caporales *Terremoti spa. Dall'Irpinia all'Aquila. Così i politici sfruttano le disgrazie e dividono il paese* (2010).

33 Die Sperrzone wurde auch in anderen Medien thematisiert, wie etwa in der Graphic Novel *L'Aquila 3.32* (Amerio et al. 2014, S. 3), wo die *zona rossa* nicht nur das Buchcover ziert, sondern auch unterhalb des Titels in der Funktion eines Untertitels angeführt wird. Auch der haitianische Schriftsteller Louis-Philippe Dalembert verwendete die Sperrzone in seinem Roman *Ballade d'un amour inachevé* (2013), wenn seine Hauptfigur Azaka innerhalb der Sperrzone von einer Gruppe xenophober Neofaschisten brutal zusammengeschlagen wird.

Filmfestspielen von Cannes gezeigt wurde, sorgte er für einen Skandal, nachdem der damalige Kulturminister Sandro Bondi das Filmfestival boykottiert hatte.[34]

Kritische Stimmen wurden auch unter Personen der Öffentlichkeit in Italien zunehmend lauter. Auch dort spielt v. a. das Medium Film eine Rolle. Am 17. November 2010 wurde das Video *Crepati dentro „Voci per uscire dal silenzio"* (2010) unter der Regie von Francesco Paolucci auf der Videoplattform *YouTube* veröffentlicht, ein Beitrag des Literaturfestivals *L'Aquila Fenice e Minimondi* für die Demonstration *SOS L'Aquila chiama Italia* am 20. November 2010. Über dreißig Intellektuelle aus Italien kommen darin zu Wort, die sich für eine rasche Lösung für die Stadt L'Aquila aussprechen, u. a. die Schriftstellerin Dacia Maraini und der Journalist Lirio Abbate, aber auch der kurze Zeit später am 29. November 2010 verstorbene Regisseur Mario Monicelli.

Filmisch hat sich auch der italienische Schriftsteller, Journalist und Aktivist Roberto Saviano mit dem Erdbeben von L'Aquila auseinandergesetzt. Mit seinen Aufdeckungsarbeiten zur Globalisierung des Phänomens Mafia in seinem internationalen Bestseller *Gomorra* (2007) war Saviano zu einem Symbol des Widerstands gegen die organisierte Kriminalität weltweit geworden. Unter diesem Vorzeichen nahm Saviano 2010 zusammen mit Fabio Fazio die Arbeit an der populären Fernsehproduktion *Vieni via con me* für den öffentlich-rechtlichen Fernsehsender *RAI* auf, die eine der erfolgreichsten Fernsehprogramme der Geschichte des italienischen Fernsehens werden sollte. Woche für Woche wurde ein Thema bearbeitet, das im Zusammenhang mit der organisierten Kriminalität steht. Am 29. November 2010 wurde die vierte Folge ausgestrahlt, die dem Erdbeben von L'Aquila gewidmet war (Forzano 2010). Die Wurzeln dieses Projekts liegen in den Tagen nach dem Erdbeben. Saviano war bereits wenige Tage nach dem Erdbeben nach L'Aquila gereist, um einen Artikel über die mögliche Gefahr mafiöser Infiltration zu schreiben. Sein Artikel wurde als Ergänzung oder Fortsetzung der Reihe von Filmschaffenden am 14. April in *La Repubblica* veröffentlicht (Saviano 2009a). Im Gegensatz zu den Beiträgen der Filmschaffenden wurde sein Artikel aber in mehrere Sprachen übersetzt und international wahrgenommen. Am 17. April wurde eine deutschsprachige Übersetzung unter dem Titel „Goldgrube für die Mafia" in der *Frankfurter Rundschau* veröffentlicht (Saviano 2009b). Eine französischsprachige Übersetzung wurde am 21. April in *Courrier International* veröffentlicht mit dem Titel „Rien n'arrête la Mafia, pas même les séismes" (Saviano 2009c).

---

34 Die französische Satirezeitschrift *Charlie Hebdo* reagierte auf den Skandal mit einer Reihe von Karikaturen, die als Filmplakat den Film in Frankreich bewarben.

Neben dieser transnationalen Wahrnehmung von Roberto Savianos Beitrag ist auch die Transmedialität bemerkenswert. Dieser ursprünglich für die Zeitung geschriebene Text wurde in die 2010 erstveröffentlichte Anthologie *La bellezza e l'inferno* (Saviano 2011b) aufgenommen, eine Sammlung von Zeitungstexten, die Saviano zwischen 2004 und 2009 verfasst hat. Eine ähnliche Strategie wählte er auch für die Fernsehproduktion, wenn ein Jahr nach der Ausstrahlung im öffentlich-rechtlichen Fernsehen die einzelnen Geschichten in Buchform unter dem gleichnamigen Titel *Vieni via con me* (2011a) erschienen. Während die Fernsehproduktion an ein italienisches Publikum gerichtet war, wurde mit der Überführung der Texte ins Buch auch ein internationales Publikum erreicht, wie es Übersetzungen ins Deutsche mit *Der Kampf geht weiter. Widerstand gegen Mafia und Korruption* (Saviano 2013), ins Französische mit *Le combat continue. Résister à la mafia et à la corruption* (Saviano 2012) und ins Englische mit *My Italians: True Stories of Crime and Courage* (Saviano 2016) zeigen.

Ein Gegenbeispiel dazu ist der Spielfilm *LORO* (2018) von Paolo Sorrentino. Bei dem Film handelt es sich um eine Filmbiografie über das Leben des während des Erdbebens von 2009 amtierenden Ministerpräsidenten Silvio Berlusconi. Der Film wurde innerhalb Italiens vorwiegend positiv aufgenommen, war international aber nur wenig erfolgreich. Deshalb kann der Film als unpopulär bezeichnet werden (vgl. Penke/Schaffrick 2018, S. 11). Als Beitrag zum Erdbeben von 2009 richtete sich der Film stärker an das italienische Publikum.

Im Folgenden stehen daher die Praktiken der Popularisierung von ‚Katastrophen' durch Journalismus, Fernsehen und Film im spezifischen Kontext Italiens im Fokus. Zusammenfassend lässt sich sagen, dass filmische Beiträge zum Erdbeben in erster Linie innerhalb Italiens verbreitet wurden, während erst die Übertragung in ein anderes Medium die transnationale Wahrnehmung verstärkte.

3.1 Journalismus: Paolo Sorrentino und Roberto Saviano berichten für *La Repubblica* (2009)

Die Mobilisierung von ‚Kulturschaffenden' zur öffentlichen Einordnung von Geschehen durch Zeitungen lässt sich als ein modernes Phänomen begreifen. Als „ein frühes Beispiel des modernen Katastrophenjournalismus" (Pailer 2019, S. 567) gilt ein Bericht von Jack London, den dieser nur wenige Tage nach dem großen Erdbeben von San Francisco verfasste, das sich am 18. April 1906 in der amerikanischen Küstenstadt ereignete. Im Auftrag für das amerikanische Wochenmagazin *Collier's* begab sich der amerikanische Schriftsteller und Reisejournalist in das Erdbebengebiet, um einen Augenzeugenbericht zu verfassen, der am 5. Mai unter dem Titel „The Story of an Eye-Witness" (London 1906) erschien, wo er auf zwei vollen Seiten seine Eindrücke schildert, was durch Fotografien ergänzt wurde, die das Elend und die Zerstörung darstellten.[35] Auch für den italienischen Raum lassen sich Vorläufer anführen. Nach dem Erdbeben von Irpinia 1980 war der italienische Schriftsteller Alberto Moravia für die italienische Wochenzeitschrift *L'Espresso* in das Erdbebengebiet gereist und hatte einen Bericht verfasst, der am 7. Dezember 1980 unter dem Titel „Ho visto morire il Sud" (1980) erschienen war.

Dabei stellt sich immer auch die Frage nach der kathartischen Funktion der Massenmedien (vgl. Agazzi/Pailer/Unger 2022, S. 16 f.). Aber beeinflussen die Massenmedien wirklich „durch ihr eindringliches Beharren – auch zu sensationalistischen Zwecken – auf den unseren Planeten betreffenden negativen Ereignissen [...] eine kritische Reaktion seitens des Publikums und betäuben das kollektive Gewissen" (Agazzi/Pailer/Unger 2022, S. 16 f.)? Die Popularisierung der Ereignisse durch den Journalismus könnte vielmehr ein Zeichen für eine tiefgreifende gesellschaftliche Auseinandersetzung sein, anstatt das Gewissen lediglich zu betäuben. Zumindest die Auswirkungen und die Kraft der Diskursivierung des Erdbebens von L'Aquila deuten darauf hin. Um diese Frage zu beantworten, werden im Folgenden die Beiträge untersucht, die Paolo Sorrentino und Roberto Saviano für die italienische Tageszeitung *La Repubblica* produziert haben.

Quel crocifisso appeso a un albero von Paolo Sorrentino

Der Regisseur Paolo Sorrentino, geboren 1970 in Neapel, war bereits vor seinem internationalen Durchbruch mit *La Grande Bellezza* dem italienischen Publikum bekannt. Mit Filmen wie *L'uomo in più* (2001), *Le conseguenze dell'amore* (2004), *L'amico di famiglia* (2006) und vor allem mit *Il divo* (2008) hatte er sich einen Namen im italienischen Autorenfilms gemacht. Mit *Il divo*, einer Filmbiografie über Giulio Andreotti, einer kontroversen Figur in der Geschichte der italienischen Politik, wurde Sorrentino bei den Filmfestspielen von Cannes mit dem Preis der Jury ausgezeichnet und erstmals auch international gewürdigt. Damit

35 In den folgenden Wochen und Monaten erscheinen weitere Texte über das Erdbeben in allen größeren Zeitungen, Zeitschriften und Magazine. Sogar der amerikanische Pragmatiker William James veröffentlicht am 7. Juni im amerikanischen Kinder- und Jugendmagazin *Youth's Companion* einen Bericht unter dem Titel „On Some Mental Effects of the Earthquake" (1906), in dem das „Interesse weniger dem Erdbeben als einem Naturereignis samt materieller Konsequenzen galt, sondern vielmehr dessen Wahrnehmung und Verarbeitung durch die Menschen." (Birken 2018, S. 17)

ist auch der Wendepunkt benannt, mit dem Sorrentinos Filme zunehmend auf die Wahrnehmung eines internationalen Publikums abzielen.

Als Beispiel lässt sich der Film *Cheyenne – This must be the place* (2011) anführen, der Nachfolger von *Il divo*. Der Film wurde vollständig in englischer Sprache gedreht und erzählt die Geschichte eines Sohnes auf der Suche nach der eigenen, durch den Holocaust gezeichneten Familiengeschichte. Das Erdbeben von L'Aquila ereignete sich also noch vor dem großen internationalen Durchbruch von Paolo Sorrentino, dessen Höhepunkt er mit seinem Spielfilm *La Grande Bellezza* im Jahr 2013 erreicht.[36]

Die Beiträge zum Erdbeben von L'Aquila fallen aber in die Anfangszeit dieser Übergangsphase und Neuausrichtung Sorrentinos. Daher stellt sich die Frage, wie Sorrentino auf das Erdbeben reagiert hat und welche Rolle er als einzelner Filmschaffender im Kontext der Popularisierung von ‚Katastrophen' spielt.

Zunächst werfen wir einen Blick auf einen Zeitungsartikel von Sorrentino, der als Reaktion auf das Erdbeben entstand und in dem er das visuelle Medium reflektiert. Der Text wurde nur zwei Tage nach dem Erdbeben am 8. April auf der Webseite *repubblica.it* veröffentlicht und erschien am selben Tag auch in der Printausgabe der Tageszeitung. Wir werden untersuchen, welche Schwerpunkte der Artikel setzt und in welchem Zusammenhang bzw. in Abgrenzung dazu der Kurzfilm steht, der ebenfalls als Reaktion auf das Erdbeben entstanden ist. Als Grundlage für die Untersuchung dient der Artikel, der in der Printzeitung erschienen ist (Sorrentino 2009a).

Der erste Absatz des Artikels wurde als Aufmacher auf der Titelseite platziert und steht rechts neben dem Titelbild der Ausgabe, das laut der Bildunterschrift ein aus den Trümmern gerettetes Mädchen zeigt („Una ragazza salvata dalle macerie"[37]). Neben dem Text setzt sich der Aufmacher aus einer Überschrift und einer Dachzeile zusammen. Hier wird der Text dem Projekt *Un regista tra le macerie* untergeordnet. Er endet mit einem Verweis auf die Seite 13, auf der der Artikel fortgesetzt wird.

Der Aufmacher des Artikels wird durch ein kleines Bild ergänzt, das zwei Rettungskräfte während ihrer Arbeit zeigt. Sie bergen ein Kreuz aus dem Fenster eines Wohnhauses. Das Bild steht in einem direkten Zusammenhang mit dem Titel von Sorrentinos Artikel („Quel crocifisso appeso a un albero"). Im Aufmacher selbst ist aber keine Rede von einem Kreuz. Die Bilder auf der Titelseite ma-

36 Erst dieser Film brachte ihm eine Reihe international renommierter Preise wie den Oscar im Jahr 2014 in der Kategorie *Bester fremdsprachiger Film* ein und ließ Sorrentino erstmals einem breiten Publikum jenseits der italienischen Staatsgrenzen bekanntwerden.

37 Die im Folgenden in Anführungszeichen gesetzten Passagen beziehen sich, wenn nicht anderes ausgewiesen, auf Sorrentinos Zeitungsartikel „Quel crocifisso appeso a un albero" (2009a).

chen dahingegen den Eindruck, dass etwas getan wird, dass gehandelt wird. Sie zeigen die Rettungskräfte in Aktion. Auf Seite 13 verstärkt sich dieser Eindruck visuell durch drei platzierte Bilder. Diese zeigen eine zerstörte Straße und ein beschädigtes Haus, mehrere Einsatzkräfte in orangenfarbener Sicherheitsbekleidung und ein teilweise eingestürztes Haus, bei dem die Außenwände mit Fenstern noch stehen, jedoch das Dach fehlt.

Mit der Platzierung des Artikels auf Seite 13, im Mittelteil der Zeitung, wird dem Text keine zentrale Bedeutung zugemessen. Er wurde der Rubrik „Il terremoto in Abruzzo" zugeordnet und steht damit in der Serie allgemeiner Beiträge zum Ereignis. Die Zeitungsseite ist insgesamt auf sechs Spalten aufgeteilt. In der ersten Spalte findet sich eine kurze Autorennotiz. Sorrentino wird als „Cineasta" präsentiert und es wird auf seine beiden Filme *Il Divo* und *Le conseguenze dell'Amore* hingewiesen, sowie auf seine Zusammenarbeit mit dem italienischen Schauspieler Toni Servillo. Die vierte Spalte ist den drei Bildern vorbehalten, sowie einem Verweis auf die Internetseite, auf der das von Sorrentino gedrehte Video zugänglich gemacht wird. Die anderen vier Spalten sind dem Text von Sorrentino vorbehalten.

Sorrentinos Text thematisiert durchgehend die Dialektik von Leben und Tod. Er setzt mit einem scheinbaren Widerspruch ein: „Sono tutti morti. Anche i vivi." (Sorrentino 2009a) Der Tod ist nicht das Gegenstück zum Leben. Zwischen Leben und Tod ergibt sich eine Parallele. Diese Parallele wird etwa in der chiastischen Gegenüberstellung des Abdeckens („cadaveri [...] coperti") und des Bedeckens („vivi [...] svelati") ausgedrückt: „I cadaveri sono stati coperti con un velo e i vivi sono stati svelati." (Sorrentino 2009a) Die toten Körper werden mit einem Tuch abgedeckt, während die lebenden Körper von dem durch das Erdbeben freigesetzten Staub bedeckt wurden. Sorrentino nennt dies eine Einbalsamierung der Objekte („Un'imbalsamazione degli oggetti"), wobei die religiöse Terminologie ins Auge springt. Die Dialektik von Leben und Tod, aber auch der Wortschatz (Einbalsamierung, Kreuz, etc.) lassen sich in einen Zusammenhang mit dem Inventar der römisch-katholisch geprägten Kultur stellen, womit Sorrentino das Erdbeben in einen katholisch-christlichen Erfahrungsraum überführt.

In seinem Zeitungsartikel reflektiert Sorrentino wiederholt die Rolle des Zuschauens. Gleich im ersten Absatz kommen zentrale Begriffe des Sehens vor („frugare", „si sbircia come voyeur", „spiare"). Den Besuch des Erdbebengebiets erlebt Sorrentino als eine Form von Voyeurismus, als jene Form des aufdringlichen Zuschauens, bei der man Lust an der Objektivierung eines Gegenstandes, einer Sache oder einer Person empfindet. Sorrentino beobachtet, dass der Einsturz einer Mauer den Blick in das Innere der Wohnungen freilegt, was er einem gewaltsamen Eindringen in die individuelle Intimität gleichstellt („chiunque può frugare nella loro intimità"). Insbesondere den Blick durch ein Fenster stellt Sorrentino ablehnend als voyeuristisch dar: „Attraverso una finestra si sbircia come voyeur“ (Sorrentino 2009a).

Diese Aussage steht in einem Zusammenhang mit der Art, wie medial vom Erdbeben berichtet wurde. Damit wird Kritik an der medialen Ausschlachtung durch Zeitungen und vor allem dem Fernsehen geäußert, die aus dem Erdbeben ein Medienspektakel gemacht haben: „Dal momento che anche il pianto sa essere una forma di spettacolo, ma lo spettacolo è un repertorio che appare del tutto estraneo alle dignità di queste persone.“ (Sorrentino 2009a) Sorrentino kritisiert das mediale Interesse am authentischen Leid der anderen. Angesichts des Erdbebens wird sich Sorrentino der Ohnmacht des Sehens bewusst, wenn er schreibt: „Tutti possono vedere e fare tutto. Per poi scoprire che non si può fare niente. Solo guardare dentro le case.“ (Sorrentino 2009a) Es ist die Absage eines Filmregisseurs, mit den eigenen Mitteln diese Situation angemessen in den Blick zu bekommen. Wie also hat sich Sorrentino filmisch mit dem Erdbeben auseinandergesetzt?

L'assegnazione delle tende von Paolo Sorrentino

Sorrentinos Kurzfilm mit einer Gesamtdauer von 03:02 Minuten wurde zwei Tage nach dem Erdbeben am 8. April 2009 unter dem Titel „L'assegnazione delle tende“ auf *repubblica.it*, der Webseite der italienischen Tageszeitung *La Repubblica*, veröffentlicht (Sorrentino 2009b). Sorrentino inszeniert die Ineffizienz der italienischen Bürokratie und übt Kritik am staatlichen Katastrophenmanagement, indem er das Warten auf die Zuweisung eines Schlafplatzes in die Absurdität eines Gerichtsprozess überführt.

Das Video setzt mit einem für diese Aufnahmen ungewöhnlich stillem Bild ein und zeigt eine auf einer Parkbank aufgestellte Plastikflasche, worüber der Titel des Films eingeblendet wird („L'assegnazione delle tende“). In der unteren Mitte des Bildes wird die Regieangabe eingeblendet („di paolo sorrentino“). In einem ersten Teil des Videos werden eine Reihe von Aufnahmen aus der vom Erdbeben zerstörten Stadt aneinandergereiht. Es werden unterschiedliche Stimmungsbilder eingeblendet wie eine menschenleere Gasse (0:04), zwei Einstellungen auf eine im Wind wehende Hausabdeckung (0:09), eine weitere Aufnahme einer Gasse mit einer Taube (0:17) und schließlich das Motiv des Wassers in unterschiedlichen Variationen als Regenrinne (0:24), Wassertropfen (0:30) und Fluss (0:35). Kurzum, im ersten Teil des Kurzfilms wird die Atmosphäre einer menschenleeren Ortschaft eingefangen. Zusammen mit den stetig lauter werdenden Hintergrundgeräuschen aus Wind und Wasser ergibt sich so der Eindruck einer von Menschen verlassenen Geisterstadt. Erst mit der Einstellung eines herannahenden Helikopters (0:42) tritt der Mensch – und mit ihm eine Reihe von Kulturtechniken im Umgang mit Erdbeben – ins Bild. Der Helikopter bildet den Übergang zum zweiten, längeren Teil des Kurzfilms, der die titelgebende Zuweisung der Zeltunterkünfte behandelt.

Die Kamera fängt unterschiedliche Momente des Katastrophenmanagements in der betroffenen Region ein. Gezeigt werden Aufräum- und Bergungsarbeiten und die Suchaktion von Rettungskräften mithilfe von Rettungshunden. Aus dem Off hört man die blecherne Stimme eines Mannes, der durch ein Megafon spricht und verkündet, dass es ausreichend Zeltunterkünfte für alle gäbe: „Sono sufficiente per tutti“ (1:00). Daraufhin wechseln die Einstellungen der Aufräumarbeiten mit zwei Kategorien von Bildern ab: (1) Bilder der erdbebenzerstörten Stadt und (2) Aufnahmen von Gesichtern unterschiedlicher Personen. Aus dem Off hört man nun die blecherne Stimme jenes Mannes wieder, der zunächst versprochen hatte, dass ausreichend Zelte für alle zur Verfügung stehen würden. Obwohl er darauf seinen sprichwörtlichen Kopf gesetzt hatte („Sennò mi tagliate la testa, va bene?“), gibt der Sprecher nun in monotoner Repetition jene Namen wieder, denen für die Nacht keine Zeltunterkünfte zugewiesen wurden („non sono state assegnate“).

Mit der Montage dieser beiden Momente thematisiert Sorrentino einen Tag nach dem Erdbeben die Tragikomik des staatlichen Katastrophenmanagements. Der von Sorrentino gewählte Titel ist dabei ironisch zu verstehen und macht auf ein Defizit aufmerksam. Streng genommen werden keine Zeltunterkünfte zugewiesen, sondern es handelt sich um eine Nichtzuweisung. Indem Sorrentino das in den Titel gesetzte Versprechen, die Zuweisung der Zeltunterkünfte, bricht und genau das Gegenteil zeigt, die Nichtzuweisung der Zeltunterkünfte, gelingt es ihm, einen kritischen Blick auf das Geschehen zu entwickeln. Er zeigt die Betroffenen nicht als Opfer des Erdbebens, sondern als Opfer des staatlichen Katastrophenmanagements.

Im zweiten Teil des Videos wird dieser Schwerpunkt weiter verschärft. Etwa ab der Hälfte des Videos werden keine Aufnahmen der materiellen Zerstörungen durch das Erdbeben mehr gezeigt. Stattdessen konzentriert sich die Kamera auf die Menschen, die nach Anbruch der Dunkelheit warten. Ihr Warten gleicht dem Ausgang eines Prozesses, der scheinbar willkürlich ohne Maßstäbe oder Regeln ist. Sorrentino überführt das Warten auf einen temporären Schlafplatz in einen Gerichtsprozess, in dem der Koordinator als Richter das Urteil verkündet, das den weiteren Verlauf bestimmt. In der ergänzenden Beschreibung des Videos auf *repubblica.it* heißt es: „Le rovine, i suoni, il dolore e poi la dignità della gente rimasta senza casa che accetta la ‚sentenza‘ sui posti letto al coperto e dovrà dormire in macchina“ (Sorrentino 2009b). Das Wort *sentenza* in Anführungszeichen bezeichnet genau das Urteil in einem Gerichtsprozess, das von einem Richter oder eine Richterin ausgesprochen wird.

Das zeigt sich auch am Bild der Menschenmasse, die angespannt und erwartungsvoll ihr ‚Urteil' abwartet, was gelegentlich für Ungeduld, Ärger, Wut und Unverständnis sorgen kann, wie in einer entscheidenden Szene des Kurzfilms (Sorrentino 2009b 2:05). Während der Mann mit dem Megafon mechanisch die Namen derjenigen Personen auflistet, denen kein Platz zugewiesen wurde, wird im Bild eine erhobene Hand gezeigt. In einem schulischen Setting wäre die erhobene Hand das Symbol, sich zu Wort melden zu wollen. Der Schüler bzw. die Schülerin erbittet als hierarchisch untergeordnete Person bei der ihr übergeordneten Person, dem Lehrer bzw. der Lehrerin, etwas sagen zu dürfen und Gehör zu bekommen. Sorrentino lässt den in der Masse stehenden Mann, der sich als Familienvorstand von acht Personen vorstellt („Io rappresento una famiglia di otto persone"), zu Wort kommen. Sein Blick ist nach oben gerichtet, als würde er von unten nach oben sprechen müssen, wodurch bereits in der Bildkonstellation die ungleiche Verteilung von Macht ausgedrückt wird. Unten steht die Masse, das Volk, und oben der Stellvertreter der Macht. Der leicht wütend wirkende Mann wird aber nicht gehört. Die durch das Megafon blechern klingende Stimme setzt den Prozess unbeeindruckt fort und ignoriert die Stimme des aus der Masse sprechenden Einzelnen. Sorrentino inszeniert also die Ineffizienz der italienischen Bürokratie und übt sich in der Kritik am staatlichen Katastrophenmanagement.

„La ricostruzione a rischio clan" von Roberto Saviano

Im Zuge der Veröffentlichung von *Gomorra* (2007), in dem der italienische Schriftsteller Roberto Saviano erstmals aufzeigte, „dass Italien und Teile Europas wie Asiens in bisher kaum wahrgenommenem Maße von den Strukturen des organisierten Verbrechens unterwandert sind" (Heydendorff 2016, S. 184), hatte Saviano innerhalb Italiens viel Solidarität erfahren und war als Symbol des nationalen Kampfes gegen kriminelle Organisationen zum Ehrenbürger zahlreicher italienischer Städte ernannt worden. Unter den ersten war die in den Abruzzen gelegene Stadt L'Aquila. Saviano weist deshalb eine besondere Verbindung zur Stadt L'Aquila auf, was ihn potenziell dazu qualifizierte, einen Beitrag über das Erdbeben zu verfassen.

Nachdem schon mehrere Filmschaffende nach L'Aquila gereist waren und für die italienische Tageszeitung *La Repubblica* einen Beitrag über die Stadt verfasst hatten, begab sich auch Roberto Saviano in das vom Erdbeben zerstörte Gebiet. Sein Beitrag „La ricostruzione a rischio clan" erschien am 14. April 2009 ebenfalls in *La Repubblica* (Saviano 2009a). Saviano nimmt das Erdbeben zum Anlass, um über mögliche Verbindungen zu kriminellen Organisationen zu schreiben und warnt (unter Bezugnahme auf das Erdbeben von Irpinia 1980) vor den potenziellen Risiken beim Wiederaufbau. Das folgende Kapitel untersucht Savianos Beitrag über das Erdbeben im Kontext von Popularisierung, Transnationalität und Transmedialität.

Im Gegensatz zu den Texten der Filmschaffenden wurde Savianos Text sofort auch transnational wahrgenommen und in andere Sprachen übersetzt. Dies hängt auch mit der Arbeit von Savianos Literaturagentur zusammen, deren Aufgabe darin besteht, eine möglichst breite öffentliche Wahrnehmung ihres Autors zu fördern, was im spezifischen Fall von Saviano als international erfolgreichen Autor auch Lesende jenseits der italienischen Grenzen miteinschließt. Zum anderen spielt die Anbindung an den Mafia-Diskurs eine Rolle, wodurch der Text international anschlussfähig wird. Neben der raschen Wahrnehmung im italienischen In- und Ausland ist auch die Überführung des Zeitungsartikels in ein Buch bezeichnend, mit dem auf eine langfristige Wahrnehmung abgezielt wurde.

Savianos Artikel wurde auf der Titelseite als Aufmacher angekündigt und folgt damit der Struktur der Beiträge der Filmschaffenden, die in den Tagen zuvor Tag für Tag einen Beitrag veröffentlicht hatten. In Anspielung an die Reihe *Un regista tra le macerie* wurde dem Artikel die Unterüberschrift „Uno scrittore tra le macerie" gegeben. Unter diesem seriellen Aspekt erschien der Zeitungsartikel am 14. April 2009 in *La Repubblica* unter dem vollen Titel „La ricostruzione a rischio clan ecco il ‚partito del terremoto'". Im Unterschied zu den Texten der Filmschaffenden, deren Beiträge im Mittelteil der Zeitung positioniert wurden, wurde Savianos Beitrag zentraler positioniert. Er wurde auf der Titelseite mit einem kurzen Vorspann angekündigt und auf den Seiten zwei und drei platziert. Ein weiterer Unterschied zu den Texten der Filmschaffenden bildet die Gattungszuschreibung. Savianos Artikel wurde der Gattung *Reportage* („Il reportage") zugeordnet, im Gegensatz zur Gattung *Erzählung* („Il racconto"), der beispielsweise Sorrentinos Beitrag zugeordnet wurde.

In „La ricostruzione a rischio clan" lassen sich Parallelen zu *Gomorra* erkennen, insbesondere was das Erzählmodell betrifft. Saviano arbeitet in seinem Zeitungsartikel mit einem starken Ich-Erzähler, der an den Ich-Erzähler aus seinem Erfolgsroman *Gomorra* erinnert. Die Romanistin Christiane Conrad von Heydendorff hat das Verhältnis von Autobiografie und Autofiktion bei Saviano in ihrem Artikel „Roberto Saviano: Eine Autor-Figur zwischen Literatur und neuen Medien" (2016) untersucht und hat beobachtet, dass Saviano in seinem literarischen Werk mit der Gleichsetzung von Autor und Erzähler arbeitet (vgl. Heydendorff 2016, S. 186). Sie beschreibt die Körperlichkeit des Ich-Erzählers (vgl. Heydendorff 2016, S. 185), dessen Präsenz zu einem wichtigen Merkmal dieser Erzählweise wird und die angesichts des Risikos eine besondere Erzählhaltung generiert: „So hat man das Gefühl, dass auch die Daten, die Untersuchungen, die Rechtspflege nicht von einem externen Beobachter, der schlicht über Dokumente und Daten brütet, dargestellt werden. Sie kommen einem vielmehr entgegen wie Nachrichten, die vor Ort unter dem Risiko körperlicher Gefährdung errungen wurden“, wie Heydendorff (2016, S. 185) mit Verweis auf einen Artikel von Samuel Ghelli (2013, S. 90) bemerkt.

Ein ähnlicher Eindruck stellt sich auch nach der Lektüre Savianos Zeitungsartikel ein. Dafür spricht schon das den Beitrag ergänzende Foto, das Roberto Saviano an der Seite eines Feuerwehrmannes vor dem Hintergrund eines zerstörten Hauses zeigt. Beide tragen einen Helm, ein Symbol für das Risiko, dem sich die beiden aussetzen.

Auch auf der Textebene thematisiert Saviano wiederholt die eigene körperliche Präsenz im Erdbebengebiet. Sie ist schon auf der Titelseite präsent:

> „Non permetteremo che ci siano speculazioni, scrivilo. Dillo forte che qui non devono neanche pensarci di riempirci di cemento. Qui decideremo noi come ricostruire la nostra terra ... “. Al campo rugby mi dicono queste parole. Me le dicono sul muso. Naso vicino al naso, mi arriva l'alito. Le pronuncia un signore che poi mi abbraccia forte e mi ringrazia per essere lì. Ma la sua paura non è finita con il sisma. (Saviano 2009a)

Savianos Beitrag setzt auf dem Rugbyplatz der Stadt ein, wo er von jemandem wiedererkannt wird und Anweisungen erhält, was er bezüglich des Erdbebens schreiben soll. Das Körperliche besteht nicht nur in der Lokalisierung der Handlung auf dem Rugbyplatz, einem Ort zur Ausübung einer besonders körperbetonten Sportart. Auch die Inszenierung des Gesprächs zielt auf Hervorhebung der Körperlichkeit ab („sul muso“, „Naso vicino al naso“). Darüber hinaus wird erwähnt, dass der Erzähler umarmt wird („abbraccia forte“) und dass sich der Mann für die Anwesenheit des Erzählers bedankt („mi ringrazia per essere lì“). Mit dieser Erzählweise signalisiert Saviano ein starkes Bewusstsein für das Wirkliche und das Präsente, für die Materialität der Körper.

Eine weitere Eigenschaft der Erzählweise von Roberto Saviano ist die Anrede mit Du, der zweiten Person Singular. Neben dem starken Ich gibt es bei Saviano auch ein Du, „das jedem einzelnen Leser anbietet, die Geschichte zur eigenen werden zu lassen, um zu sehen und zu begreifen.“ (Heydendorff 2016, S. 187) In Savianos Zeitungsartikel wird auch die Du-Form von Anfang an verwendet. Damit wird einerseits der Erzähler bzw. Saviano direkt angesprochen, andererseits richten sich die direkte Rede und eine Reihe von Imperativen auch an die Lesenden.

Im Gegensatz zu Sorrentino, dessen Rezeption sich vorwiegend auf den italienischsprachigen Raum beschränkte, fand Savianos Artikel auch rasch im Ausland Beachtung. Für die transnationale Wahrnehmung ist Savianos Zusammenarbeit mit seiner Literaturagentur entscheidend. Ein auf Englisch geschriebener Verweis am Ende des Zeitungsartikels („Published by arrangement with Roberto Santachiara Literary Agency“) gibt Aufschluss darüber, dass der Artikel in Zusammenarbeit mit Savianos Literaturagenten *Roberto Santachiara Literary Agency* veröffentlicht wurde (vgl. Saviano 2009a).[38]

Insbesondere im angloamerikanischen Raum haben Literaturagenturen die Produktion und Verbreitung von Literatur als Vermittlungsinstanz zwischen Autor*in, Verlag und Öffentlichkeit an Bedeutung gewonnen (vgl. McGrath 2021, S. 350 f.). Auch im europäischen Literaturbetrieb wird dieses Berufsbild immer stärker integriert, wofür Saviano ein besonders anschauliches Beispiel ist. Damit drängt sich die Frage auf, ob Literaturagenturen in einem Zusammenhang mit der Diskursivierung von Erdbeben stehen.

Am 17. April veröffentlichte die *Frankfurter Rundschau* unter Angabe der Literaturagentur *Roberto Santachiara Literary Agency* eine vom Schweizer Journalisten und Romanisten Thomas Schmid angefertigte Übersetzung des Artikels (Saviano 2009b). Bereits am Titel *Goldgrube für die Mafia* lässt sich eine Bedeutungsverschiebung im Ausland erkennen. Savianos Diskursbeitrag wird mit dem Mafia-Diskurs verknüpft, der fester Bestandteil des süditalienischen Fremdbildes ist (vgl. u. a. Beller 2007, S. 198). Während im italienischen Original lediglich von Clans die Rede ist und keine konkrete Organisation genannt wird, so werden in der Übersetzung die stereotypen Wörter *Mafia* und *Camorra* aufgerufen. Im Untertitel heißt es dazu ergänzend: „Nach der Gefahr durch das Beben, droht nun die durch den Wiederaufbau: L'Aquila war bisher eine starke, von der Camorra unabhängige Stadt. Hilfsgelder könnten sie jetzt magisch anziehen." (Saviano 2009b)

Auch in Frankreich erschien unter Nennung der Literaturagentur von Roberto Saviano eine Übersetzung des ursprünglich auf Italienisch verfassten Artikels. Am 21. April 2009 erschien in *Courrier international* ohne Angabe eines Übersetzers oder einer Übersetzerin der Artikel „Rien n'arrête la Mafia, pas même les séismes" (Saviano 2009c). Wie in der deutschsprachigen Übersetzung steht im Titel das Wort *Mafia*. Im europäischen Ausland wird das Erdbeben in den allgemeinen Mafia-Diskurs überführt. Die Frage, ob Literaturagenturen in einem Zusammenhang mit der Diskursivierung insbesondere auch von Erdbeben stehen, muss deshalb eindeutig mit Ja beantwortet werden. Sie forcieren die Wahrnehmung auch über Nationalgrenzen hinweg, was letzten Endes auf einem ökonomischen Interesse zurückzuführen ist. Mit dem Transfer einher gehen Änderungen hinsichtlich der Bedeutung. Im spezifischen Fall von Saviano lassen sich dabei einige dieser Bedeutungsverschiebungen beschreiben.

---

38 Fast zeitgleich zur Veröffentlichung in der Zeitung am 15. April wurde der Artikel auch auf der Facebookseite von Roberto Saviano veröffentlicht (Saviano 2009d). Dort wird ebenfalls am Ende der Name der Agentur angeführt, was auf die Präsenz im Analogen wie im Digitalen hindeutet. Am 22. Juni 2022 zählt der Artikel 2382 Gefällt-mir-Angaben und 309 Kommentare.

Sowohl im italienischen Original als auch in den Übersetzungen wird das potenzielle Risiko des Zukünftigen hervorgehoben. Wie bereits erwähnt, tritt in der zweiten Phase der Diskursivierung des Erdbebens zunehmend die Frage nach den Schuldigen in den Vordergrund. Diese Bedeutungsverschiebung spiegelt sich auch in der Weiterentwicklung des Textes wider. Im Folgenden soll dafür die Transformation des Zeitungsartikels in das Medium Buch analysiert werden.

Der Text wurde in eine Anthologie von Zeitungsartikeln aufgenommen, die in italienischen Tageszeitungen zwischen 2004 und 2009 veröffentlicht wurden (Saviano 2011b). Im Italienischen ist die Anthologie unter dem Titel *La bellezza e l'inferno* (2011b) in der *Piccola Biblioteca Oscar Mondadori* erschienen. In „Il pericolo di leggere" (Saviano 2011b, S. 7–16), einem kurzen Vorwort zur Anthologie, hat Saviano die Hintergründe des Buches offengelegt und ist dabei insbesondere auf das Schreiben eingegangen. Saviano stellt das Schreiben dar (1) als eine Existenzform („la possibilità di esistere"), (2) als eine Verpflichtung („Devi scrivere"), (3) als eine Form des Umgangs mit dem Schmerz („un mezzo per dare voce al dolore") und (4) als eine Form des Widerstandes („Scrivere è resistere, è fare resistenza") (vgl. Saviano 2011b, S. 7–16).[39] Dabei hat er auch den Wechsel von einem Medium in ein anderes reflektiert, was von Saviano immer wieder praktiziert wird. Nach dem Tod einer wichtigen Person würde es nicht genügen, sich während des Begräbnisses zu verabschieden oder einige Seiten über die Person geschrieben zu haben, man müsse „ricambiare l'attenzione" (Saviano 2011a, S. 12), die Aufmerksamkeit also ständig aktualisieren. Saviano identifiziert das Buch, das langfristige Medium der Literatur, als den richtigen Ort, denn er weiß, dass die Überführung in das langfristige Medium Buch die Wirkung der Worte verlängert: „A questo servono le parole quando si riuniscono in un libro, in qualcosa che è destinato a durare." (Saviano 2011a, S. 12)

Der in *La Repubblica* nach dem Erdbeben veröffentlichte Zeitungsartikel wurde in der Rubrik *SUD* unter dem Titel „Quando la terra trema, il cemento uccide" aufgenommen. Mit dem neuen Titel liegt der Fokus nicht auf der drohenden Infiltration durch kriminelle Organisationen, sondern in einer relativ allgemeinen Beobachtung, die gut als moderne oder aufklärerische Quintessenz verstanden werden kann. Nicht das Erdbeben respektive die Natur tötet, sondern der Zement bzw. der Beton, ein Material, das wie kein anderes Material für das

39 Auch der Zeitungstext wird im Vorwort genannt: „Ciò che ho scritto in questi anni ha tante voci diverse che nascono sia dalla voglia di inseguire liberamente ciò che mi appassiona, sia da un senso del dovere. Andare a vedere quel che succede in Abruzzo dopo il terremoto, per esempio." (Saviano 2011a, S. 15). Damit nimmt Saviano einen Gedanken wieder auf, den er bereits in seinem Zeitungsartikel formuliert hatte: „Dovevo venire qui. E il motivo me lo ricordano subito [...]. L'Aquila fu una delle prime città anni fa a darmi la cittadinanza onoraria." (Saviano 2009a)

Eingreifen des Menschen in die Natur steht. Damit wird der Fokus von der drohenden ‚Katastrophe' (Infiltration durch die Mafia) verschoben zu einem System, das ‚Katastrophen' produziert (Betonmafia). Sowohl der ursprüngliche italienische Titel („La ricostruzione a rischio clan") als auch der ursprünglich deutsche Titel („Goldgrube für die Mafia") hatten das Kriminelle in der Zukunft verortet. Nun ist die ‚Katastrophe' aber eine von Menschen gemachte, das Resultat eines kriminellen Systems. Damit steht die Schuldfrage erstmals im Vordergrund, wie sie in der zweiten Phase der Diskursivierung des Erdbebens immer wieder in den Vordergrund tritt.

Diese Frage ist auch in den zahlreichen Übersetzungen in andere Sprachen präsent. So erschien die deutschsprachige Übersetzung der Anthologie im *Suhrkamp*-Verlag unter dem Titel *Die Schönheit und die Hölle. Artikel 2004–2009* (Saviano 2010a). Darin findet sich eine Neuübersetzung des Zeitungsartikels zum Erdbeben von L'Aquila, die von den *Gomorra*-Übersetzerinnen Friederike Hausmann und Rita Seuß vorgenommen wurden und unter dem Titel „Wenn die Erde bebt, tötet der Beton" aufgenommen wurden. Weitgehend wörtlich übersetzt folgt das Übersetzungsprojekt der italienischsprachigen Anthologie und lässt sich der zweiten Phase der Diskursivierung zuordnen, was auch im Unterschied zu der Erstübersetzung in Erscheinung tritt. Bei dem Titel „Wenn die Erde bebt, tötet der Beton" handelt es sich um die wörtliche Übersetzung des italienischen Titels „Quando la terra trema, il cemento uccide". Wie in der italienischen Buchfassung liegt der Fokus auf dem die ‚Katastrophen' produzierenden System und nicht auf der drohenden ‚Katastrophe' in der Zukunft. Im Abstand von einem Jahr ist die durch die Erinnerung an das Erdbeben von Irpinia von Angst besetzte Zukunft in den Hintergrund getreten und hat der Frage nach den Schuldigen Platz gemacht. Sowohl der italienische Titel „Quando la terra trema, il cemento uccide" als auch die deutsche Übersetzung, „Wenn die Erde bebt, tötet der Beton", lassen sich der zweiten Phase der Diskursivierung zuordnen, die die Schuldfrage in den Vordergrund rücken.

3.2 Television: Die Fernsehfolge *Il terremoto a L'Aquila* (2010) von Roberto Saviano

Während Saviano zunächst den Blick der Zukunft zuwendet und diese von kriminellen Organisationen besetzt, wendet er sich zunehmend der Vergangenheit zu und rückt die Schuldfrage in den Vordergrund. Dies wurde etwa im Wiederabdruck des Zeitungstextes im Medium Buch deutlich. Auch in dem für das öffentlich-rechtliche Fernsehen produzierten Programm *Vieni via con me* wird der Blick auf die Vergangenheit und die Schuldfrage gerichtet, wie anhand der vierten

Folge „Il terremoto a L'Aquila“ (Forzano 2010) der italienweit verfolgten Fernsehproduktion *Vieni via con me* und dem daraus hervorgegangenen Buchprojekt *Vieni via con me* (Saviano 2011b) analysiert werden soll. Mit dem Fernsehprogramm setzt Saviano auf ein popkulturell wichtiges Medium innerhalb Italiens. Gleichzeitig zielt der spätere Medienwechsel vom Fernsehen ins Buch mit der dem Medium Buch typischen Übersetzbarkeit auf eine transnationale Wahrnehmung jenseits der italienischen Grenzen. Diese Strategien – nationale Wahrnehmung durch das Fernsehen bzw. transnationale Wahrnehmung durch das Medium Buch – stehen im Vordergrund des folgenden Kapitels. Dies soll durch eine Analyse entscheidender Filmsequenzen aus dem Video und dem Vergleich mit dem Medium Buch untersucht werden. Anschließend soll die italienische Buchausgabe mit der deutschen Buchausgabe verglichen werden, die sich durch ein neues Vorwort auszeichnet und das Erdbeben neu einordnet.

Medienwechsel

Roberto Saviano erregte einmal mehr große Aufmerksamkeit, als er 2010 zusammen mit dem italienischen Fernsehmoderator Fabio Fazio an einer der erfolgreichsten Fernsehsendungen arbeitete, die jemals im italienischen Staatsfernsehen ausgestrahlt wurden. Laut eigenen Angaben wurde die Serie von elf Millionen Menschen im Fernsehen und von fünf Millionen Menschen im Internet verfolgt (vgl. Saviano 2013, S. 31).[40]

Wie kein anderes Medium ist das italienische Fernsehen mit der italienischen Identität verbunden. Das Fernsehen wird nach Dantes *Divina Commedia* und Garibaldis *Spedizione dei Mille* sogar als Quelle des italienischen Hochitalienisch angesehen und folglich zu einer Quelle der nationalen Identität (vgl. Grasso 2004, S. XV). Aldo Grasso nennt in der Einführung in seine *Storia della televisione italiana* drei Aspekte des Fernsehens: (1) das Fernsehen als Ort des Konsums („storia delle forme di consumo“), (2) das Fernsehen als (politische) Diskursanstalt („storia delle forme di produzione“) und (3) das Fernsehen als geschichtsbildendes Medium („storia delle forme di rappresentazione“) (vgl. Grasso 2004, S. XIf.) Saviano baut auf dem Fernsehen in seinem Wesen als gesellschaftliche Erziehungsanstalt auf, wodurch er dem zweiten Aspekt von Grasso den Vorrang gibt. Das Fernseh-

---

40 Dieser Trend wirkte sich auch auf neue Medien des Internets aus. Beispielsweise wurde der am 29. November 2010 auf *Facebook* veröffentlichte Beitrag zum Erdbeben von L'Aquila mit Stand 2. März 2022 insgesamt 7.133-mal mit einer Gefällt-mir-Angaben markiert und 644-mal kommentiert (vgl. Saviano 2010b).

programm soll auf die Gesellschaft als Ganze ausgerichtet sein und einen gesellschaftlichen Beitrag für Italien leisten.

Die erste Staffel von *Vieni via con me* wurde 2010 zwischen dem 8. November und dem 29. November immer montags von 21:10 Uhr bis 23 Uhr im italienischen Fernsehsender *Rai 3* ausgestrahlt. Die vier Folgen der ersten Staffel behandelten pro Folge zwei unterschiedliche Themen. Das selbsternannte Ziel von Saviano und Fazio war es dabei, Italien anhand des Mediums Fernsehen neu zu erzählen (vgl. Saviano 2011b, S. 7).

Bis dahin war Saviano in erster Linie als Schriftsteller und Journalist in Erscheinung getreten. Saviano hatte aber schon vor *Vieni via con me* in unterschiedlichen Sendungen und Formaten mit dem italienischen Fernsehen zusammengearbeitet, wie er in der Einleitung zur später herausgegebenen Buchfassung *Vieni via con me* erzählt: „Lì avevo raccontato storie, avevo parlato di libri, avevo affrontato argomenti diversi da quelli che generalmente trovano spazio in televisione: qualunque risultato di audience sarebbe stato valutato come un successo." (Saviano 2011b, S. 10 f.) Für die Zusammenarbeit mit Fabio Fazio nahm er sich etwas Neues vor: „Ma noi questa volta avevamo in mente qualcosa di diverso. Pensavamo a una trasmissione popolare, una trasmissione che potesse arrivare a un pubblico più vasto. Che fosse racconto e intrattenimento. Volevamo anche costruire un luogo che potesse essere esteticamente alternativo a ciò che si vede di solito in tv." (Saviano 2011b, S. 11)

Über den Medienwechsel von der Schrift zum Fernsehen hat Saviano immer wieder reflektiert. In der Einleitung zur Buchausgabe *Vieni via con me* stellt Saviano die Schrift dem Fernsehen folgendermaßen gegenüber: „Sulla pagina tutto ciò che scrivi è spazio di immaginazione, tutto ciò che racconti può essere vissuto, pensato e rielaborato nella testa e nell'anima del lettore. In televisione non è così, in televisione le parole non sono scritte, le parole si devono vedere." (Saviano 2011b, S. 7 f.) Für Saviano stellt das Fernsehen ein visuelles Medium dar, das seine Wirkung durch eine visuelle Grammatik der Bilder generiert. Die Grammatik des Fernsehens stehe damit der Grammatik der geschriebenen Sprache gegenüber, wie sie die Literatur darstellt. Für Saviano bleiben Erzählungen aber trotzdem medial transferierbar: „Nel racconto televisivo gli articoli sono le luci dello studio, gli aggettivi sono i filmati, i verbi sono i movimenti di scena, le frasi sono le inquadrature, la punteggiatura sono gli ospiti." (Saviano 2011b, S. 8) Erzählungen werden als transferierbar angesehen, sie lassen sich vom Medium Schrift in das Medium Bild bewegen, ohne sich dabei selbst wesentlich zu verändern. Was sich ändere, sei lediglich die Erzählweise. Einige Techniken dieser transmedialen Erzählweise finden sich auch in der vierten, dem Erdbeben gewidmeten Folge von *Vieni via con me* wieder.

Der Ich-Erzähler im Fernsehen

Saviano unterscheidet nicht zwischen Fernsehen und Literatur und überträgt seine Erzählungen von einem Medium in das andere. Gleichzeitig unterscheidet er nicht zwischen schriftbasierten Medien wie dem traditionellen Buch und neuen Medien des Internets; Savianos Poetik transmedialen Schreibens und Erzählens unterscheidet nicht zwischen Roman und Facebook-Profil. Zentral scheint dafür in erster Linie die Erzählinstanz zu sein, der Erzähler in der ersten Person Singular. Es ist der „starke Ausbau des Ich-Erzählers, der dem Rezipienten seinen Blickpunkt leiht, hier in Sprache und Bild umgesetzt, ein allokutives Du oder Ihr, das den Leser-*Follower* einbezieht und zum Teilnehmer des Geschehens macht." (Heydendorff 2016, S. 199) Dies war schon in dem in *La Repubblica* veröffentlichten Beitrag nur wenige Tage nach dem Erdbeben der Fall, als Saviano in das Erdbebengebiet fuhr und einen Bericht mit Saviano als Erzähler in der ersten Person veröffentlichte. Dies ist auch der Fall in *Vieni via con me*, wo Saviano als Ich-Erzähler auftritt. Anders als in *Gomorra* oder im Zeitungsartikel verwendet Saviano das Pronomen *ich* aber lediglich am Ende seines Beitrags, wo er von seiner persönlichen Begegnung mit einem Prosagedicht aus der 2003 erschienenen Sammlung *Viaggio nel cratere* (2003) des italienischen Dichters Franco Arminio erzählt. Saviano schließt seinen Beitrag damit, wie ihn die Lektüre des Gedichts an das Erdbeben von L'Aquila erinnerte und spricht dabei in der ersten Person Singular: „Qualche tempo fa mi è capitato di leggere queste parole del poeta campano Franco Arminio, dedicate al terremoto in Irpinia, e mi è sembrato di vedere quello che è successo a L'Aquila." (Saviano 2011b, S. 130) Auf der Textebene bleibt die erste Person Singular aber auffallend im Hintergrund. Jedoch wird in *Vieni via con me* die für Saviano typische Inszenierung des Ichs mit den Mitteln des Films realisiert, nämlich mit der Großaufnahme des Gesichts von Roberto Saviano. Auffallend viele Einstellungen zeigen das Gesicht von Saviano als Großaufnahme. Im Hintergrund laufen zwar Bilder des Erdbebens. Jedoch liegt der Fokus auf dem Gesicht des Erzählers. Gilles Deleuze hat in *Kino 1* festgestellt, dass die Großaufnahme das Gesicht vom Raum entkopple und es deterritorialisiere (vgl. Deleuze 1998, S. 135). Er schreibt: „Haben wir das Gesicht soeben noch inmitten einer Masse gesehen und wird es dann gesondert hervorgehoben, dann ist es, als wären wir plötzlich mit ihm unter vier Augen allein." (Deleuze 1998, S. 134) Mit diesem Effekt spielt auch Saviano. Mit der Großaufnahme seines Gesichts tritt er in die Wohnzimmer der italienischen Bevölkerung und inszeniert eine private Atmosphäre unter vier Augen. Es ist die visuelle Erzählweise des starken Ich-Erzählers in seinen Romanen.

Mnemotechnik im Film

Eine weitere Technik transmedialen Erzählens findet sich in der Folge „Il terremoto a L'Aquila". Saviano greift auf eine mnemotechnische Erzählweise zurück, die er in das Medium Film transferiert. Darauf soll im Folgenden eingegangen werden.

Die Urszene der Mnemotechnik findet sich bei Simonides von Keos und wird von Anselm Haverkamp in seinem Text „Auswendigkeit. Das Gedächtnis der Rhetorik" referiert:

> [...] Simonides, der, schon hier notorisch, die *ars memoriae* erfunden haben soll, überlebt den Einsturz einer Festhalle, in der er eben noch zur Feier des Tages sein Gedicht vorgetragen hat. Weil der Gastgeber und seine Verwandten bis zur Unkenntlichkeit entstellt sind, wird ihre Identifizierung nötig. Das individuelle Begräbnis der Toten einer entstellenden Katastrophe ist der tiefsinnige Anlaß der mnemotechnischen Übung, die einzig der Dichter mit seiner Routine im Memorieren von Texten zu vollbringen weiß. Er allein weiß sich die Sitzordnung zu vergegenwärtigen – eine banale Leistung, wie es scheint [...] (Haverkamp 1991, S. 26).

Die Folge zum Erdbeben fokussiert auf das Studierendenwohnheim, das dem Erdbeben nicht standgehalten hatte und den Tod von mehreren Studierenden forderte, wodurch die Wohnadresse des Wohnheims, die *Via XX Settembre*, zu einem kollektiven Symbol der Trauer geworden war. Saviano erzählt von insgesamt neun im Wohnheim umgekommenen Personen, die namentlich mit ihren Vornamen genannt werden (Marco, Luciana, Michelone, Angela, Francesco, Luca, Marianna, Alessio und Davide). Im ersten Teil des Beitrags stellt der Erzähler jedes der einzelnen Opfer kurz vor. Der Erzähler folgt bei der Vorstellung derselben Struktur und lokalisiert die Opfer im Wohnheim anhand der Nennung des Vornamens, des Alters, der Herkunft, des Studiums, der Hobbys und der Charaktereigenschaften. Paradigmatisch soll diese narrative Struktur des Steckbriefes anhand von Marco vorgeführt werden:

> In Zimmer 208 wohnt Marco, einundzwanzig, aus Sora in der Provinz Frosinone. Er studiert in L'Aquila im dritten Jahr Psychologie und steht kurz vor dem Abschluss. Bis vor einem Jahr wohnte er im Universitätskolleg der Salesianer, aber Marco ist ein tüchtiger Student mit guten Noten, und er hat ein Stipendium erhalten und damit auch einen Platz im Studentenwohnheim in der Via XX Settembre. (Saviano 2013, S. 144)

Saviano baut narrativ eine Topologie des Wohnheims auf, indem er die Zimmernummer nennt und die darin wohnende Person. Mit jeder weiteren Personenbeschreibung wird an der Architektur des Wohnheims weitergebaut, bis zu jenem Zeitpunkt, an dem der narrative Bau schlagartig zum Einsturz gebracht wird: „Um 3.32 Uhr erfolgt der schwerste Stoß: ein Beben der Stärke 5,8 auf der Richterskala. Der Nordflügel des Studentenwohnheims stürzt ein." (Saviano 2013, S. 148) Der Effekt: Das eben noch mit dem Leben der Studierenden erfüllte Wohnheim wird (vor den Augen der Zuschauenden) ausgelöscht.

Es handelt sich um eine Erzählstrategie, wie man sie u. a. auch bei Adalbert Stifter in seiner autobiographischen Erzählung *Aus dem bayrischen Walde* (1972) findet. Stifter führt den Leser bzw. die Leserin zunächst *buchstäblich* in die Landschaft ein und breitet sie wie eine kartografische Darstellung aus, nur um sie im nächsten Moment durch einen unerwartet einsetzenden Schneefall zu überlagern und die im Inneren aufgebaute Landschaft auszulöschen (vgl. Schneider 2008, S. 184).

Diese Strategie findet sich nun in der filmischen Darstellung des Fernsehens wieder. Der Umschlagepunkt wird durch eine Pause dargestellt, die genau siebenunddreißig Sekunden andauert – die exakte Dauer des Erdbebens. Während dieser siebenunddreißig Sekunden werden im Studio die Lichter ausgeschaltet, um den Effekt einer filmischen Verdunkelung zu erzeugen. Die Zuschauenden zuhause sehen siebenunddreißig Sekunden lang einen nahezu komplett schwarzen Bildschirm. Diese inszenierte Dunkelheit wird von den Geräuschen des Erdbebens begleitet. Im Gegensatz zu der Erzählung von Stifter, wo die Landschaft mit Weiß überlagert und somit ausgelöscht wird, entsteht im Fernsehen der Eindruck der Zerstörung durch das Erdbeben mit einem schwarzen Bild. Damit ist eine weitere Strategie transmedialen Erzählens aufgezeigt.

Die Schuldfrage in der Buchausgabe von *Vieni via con me*

Sowohl die Großaufnahme des Gesichts als auch die Mnemotechnik bereiten den zweiten Teil des Fernsehbeitrags vor, in dem die Suche nach den Schuldigen thematisiert wird. Nachdem Saviano den Tod der Studierenden wörtlich vor die Augen der Zuschauenden geführt hat, setzt der zweite Teil des Beitrags ein. Saviano stellt fest: „Erdbebenopfer, so nennt man sie [die umgekommenen Studierenden]. Aber vielleicht stimmt das gar nicht." (Saviano 2013, S. 150) Im Folgenden ist Saviano darum bemüht, die „Reihe von Fehlern und Mängeln bei der Planung, beim Bau und später beim Umbau" (Saviano 2013, S. 150 f.) aufzuzeigen und zitiert hierfür ein Gutachten, das tabellarisch in acht Punkten die „Unregelmäßigkeiten beim Bau des Hauses" (Saviano 2013, S. 151) aufzählt.[41] Der Standpunkt ist dabei ein aufklärerischer und wird in dem am 30. November veröffentlichten Kommen-

41 Mit der Aufzählung wird ein Motiv wiederaufgenommen, das der Grundidee des Fernsehprogramms entspricht, anhand von Listen ein Geschehen zu erzählen. Entscheidend ist, dass diese Listen über die Internetseite und über Facebook bereitgestellt wurden und auf eine aktive Beteiligung der Zuschauenden abzielten: „Anche per questo la partecipazione del pubblico è stata

tar auf *Facebook* klar: „Non sono catastrofi inevitabili ma evitabilissime. Quell'intreccio politico-affaristico che costruisce al risparmio, sulla pelle di chi andrà poi ad abitare, è il vero colpevole di quanto è successo, e non la natura stessa dell'evento." (Vieni Via con Me 2010) Saviano setzt im ersten Teil durch die Großaufnahme des Gesichts und die Mnemotechnik auf Empathie der Zuschauenden, um das Vorgefallene im zweiten Teil entsprechend der Schuldfrage darzustellen und für das italienische Publikum einzuordnen. Wie bereits erwähnt wurde, schließt Saviano seinen Beitrag mit einem Gedicht des italienischen Dichters Franco Arminio. Daran wird klar, dass Saviano das Erdbeben von L'Aquila unter dem Eindruck des Erdbebens von Irpinia wahrnimmt, das sich vor knapp 30 Jahren ereignet hatte und Serenella Iovino als „one of the great watersheds in the history of southern Italy" (Iovino 2016, S. 88) bezeichnet hatte. Irpinia gehörte vor dem Erdbeben im Jahr 1980 zwar zu den ärmeren Regionen des Landes, doch hatte es in den Jahren zuvor einen wirtschaftlichen Aufschwung in der Region erlebt, der die Abwanderung aus dem Gebiet zunehmend stoppte, sodass sich aus der einst rückständigen Gegend zunehmend ein lebenswertes Gebiet entwickelte (vgl. Iovino 2016, S. 90). Damit traf das Erdbeben nicht auf ein rückständiges Land, sondern auf einen äußerst lebendigen Ort, was von Investoren unter dem Zeichen des kompletten Wiederaufbaus negiert wurde, um wirtschaftlich Profit daraus zu schlagen (vgl. Iovino 2016, S. 91). Saviano hatte bereits in seinem für *La Repubblica* verfassten Zeitungsartikel einen Vergleich zum Erdbeben von Irpinia gezogen und vor den Gefahren gewarnt:

> Il terrore di ciò che è accaduto all'Irpinia quasi trent'anni fa, gli sprechi, la corruzione, il monopolio politico e criminale della ricostruzione, non riesce a mitigare l'ansia di chi sa cosa è il cemento, cosa portano i soldi arrivati non per lo sviluppo ma per l'emergenza. Ciò che è tragedia per questa popolazione per qualcuno invece diviene occasione, miniera senza fondo, paradiso del profitto. (Saviano 2009a)

Im zweiten Teil seines Fernsehbeitrags versucht Saviano nun die Frage der Schuld zu thematisieren, indem er auf ein Katastrophennarrativ von Irpinia aufbaut. Diese Diskursivierung lässt sich auch gut an der Buchausgabe von *Vieni via con me* festmachen, deren Übersetzungen durch unterschiedliche Vorworte ergänzt wurden.

2011 wurden die neun für das Fernsehen konzipierten Erzählungen in das Medium Buch überführt und in einem literarischen Verlag veröffentlicht (Sa-

---

massima: tutti hanno pensato a un proprio elenco e in trasmissione, tramite Facebook e il sito, ce ne sono arrivati a migliaia." (Saviano 2011b, S. 26) Mit dem Aufruf zur Beteiligung beziehen sie Möglichkeiten des Internets mit ein und arbeiten mit Partizipation im digitalen Raum, was nicht zuletzt an Ai Weiwei und seine Nachforschungen im Erdbebengebiet erinnert.

viano 2011b). Die im Fernsehen vorgetragenen Texte wurden dabei nicht oder nur geringfügig geändert. Insgesamt folgt auch die Buchausgabe von *Vieni via con me* einem bewährten Verfahren von Saviano, demzufolge eine eindeutige Gattungszugehörigkeit der Texte schwer macht, was ja bereits in *Gomorra* angewandt wurde (vgl. Heydendorff 2016, S. 181).

Ein zentrales Element in *Gomorra* ist die Rahmenerzählung mit einem erzählenden Ich: „Dieses Ich – meist auf der Vespa unterwegs – stellt Fragen, um seine unmittelbare Umwelt zu verstehen, aber auch zu leben, erleben, sehen, riechen, hören, schmecken und zu spüren versucht." (Heydendorff 2016, S. 185) Im Unterschied zu *Gomorra* fehlt in *Vieni via con me* eine Rahmenerzählung. Dem Buch ist aber ein Vorwort vorangestellt, worin Saviano auf den Arbeitsprozess zurückblickt. Das Vorwort bildet den Rahmen der acht Erzählungen. Saviano reflektiert den Unterschied zwischen Fernsehen und Buch und schreibt über die Zusammenarbeit mit Fabio Fazio, das Ziel ihres Fernsehprogramms, die verzeichneten Erfolge, sowie die Schwierigkeiten und Hindernisse, die das Programm erfahren musste (sodass sie für die zweite Staffel auf einen Privatsender ausweichen mussten).

Bei der Beschreibung des Programms fällt auf, dass Saviano den Fernsehraum mit der politischen Ordnung einer griechischen Polis vergleicht:

> A ogni racconto avevamo la sensazione che il pubblico smettesse di essere pubblico e si sentisse cittadino. Non più solo spettatori, ciascuno isolato nella propria stanza, in platea o davanti al computer. Non più portando con sé, da soli, lo sconforto di una storia triste o l'energia vitale di una bella storia. Avevamo la sensazione che qualcosa si muovesse, che ci fosse voglia di capire e di agire, di essere nelle cose. (Saviano 2011b, S. 20)

Das Fernsehen erfüllt für Saviano einen politischen Zweck, indem es die Leute bewege („muovesse"), sie selbst zu Akteur*innen mache („voglia di capire e di agire"), wodurch sie, mit anderen Worten, zu besseren, demokratisch gebildeten Menschen gemacht werden. Im antiken Griechenland war es das Theater, das diesen Raum darstellte. Für Saviano stellt dies in der Gegenwart das Fernsehen dar. Das Fernsehen ist die politische Erziehungsanstalt der Gegenwart. Diesen Punkt bringt Saviano im folgenden Satz zum Ausdruck: „Non volevamo costruire una realtà parallela, ma raccontare come in un teatro greco, dove tutto è parte della vita della *polis*, dove c'è partecipazione, immedesimazione." (Saviano 2011b, S. 20 f.)

Analog zu den antiken ‚Katastrophen' in den antiken Werken verhalten sich die zeitgenössischen ‚Katastrophen' der Gegenwart, wie das Erdbeben von L'Aquila, das er als eine ‚Katastrophe' anspricht und als Beispiel einbettet:

> L'ho sentito, tutto questo, durante il racconto dell'Abruzzo. In studio, i secondi di buio con la simulazione del terremoto sembravano interminabili. Un tempo lunghissimo, in cui quel rumore crescente, il boato del terremoto, faceva tremare il pavimento. Sebbene quel testo l'avessi letto molte volte, c'era un momento, quello in cui i ragazzi organizzano la Notte bianca, quando hanno paura e non vogliono tornare a dormire nella Casa dello studente, in cui mi bloccavo come se avessi potuto salvarli e attraverso il foglio dir loro: "Non tornate nelle stanze, ferma, ferma!". (Saviano 2011b, S. 21)

Saviano verwendet das Wort *Katastrophe* nicht, greift jedoch das dramatische Konzept auf. Die kathartische Funktion, die im Theater der ‚Katastrophe' zugeschrieben wird, spürt er am intensivsten, wenn er über das Erdbeben spricht, insbesondere während der Dunkelheit, die den Wendepunkt markiert und die vorher aufgebaute Topologie umwirft, zertrümmert und auslöscht. Es folgt eine Abhandlung über die Kraft der Erzählung, eine Poetik, die angetrieben wird von einem engagierten Glauben an die Macht der Erzählung: „Il racconto non ha la capacità di modificare quel che è successo, può però trasformare ciò che verrà. È questa la forza della narrazione: quando viene ascoltata, diviene parte di chi la sente propria e agirà quindi su ciò che non è ancora accaduto." (Saviano 2011b, S. 21) Erzählungen, egal ob fiktional oder nicht, sind Gegenwartspraktiken, um die Zukunft zu verändern und besitzen damit ein politisches Potential. Diese Stelle wurde im Vorwort zur deutschsprachigen Übersetzung von *Vieni via con me* interessanterweise ergänzt, womit sich eine weitere Diskursstrategie abzeichnet.

2012 erschien die deutschsprachige Übersetzung von *Vieni via con me* in der Übertragung von Friederike Hausmann und Rita Seuß im Carl Hanser Verlag unter dem Titel *Der Kampf geht weiter. Widerstand gegen Mafia und Korruption* (Saviano 2013). Mit dem Titel schließt das Buch direkt an den Erfolg des Vorgängers an. Der Titel erinnert an das in *Gomorra* vermittelte Autorenbild Savianos als „the young intellectual whose field of expertise is the Camorra" (Bassi 2015, S. 52), der auf akute Probleme reagiert, wie etwa Neapels Abfallkrise, die 2007 einen neuen Höhepunkt erreichte (vgl. Bassi 2015, S. 51 f.). Die in der deutschen Buchausgabe angesprochene Wiederaufnahme des Kampfes („Der Kampf geht weiter") und des Widerstands („Widerstand gegen Mafia und Korruption") steht in einer Linie mit dem internationalen Autorenbild Savianos. Obwohl es sich um zwei nicht zusammenhängende Bücher handelt, werden sie in der deutschsprachigen Übersetzung in eine Reihe gestellt. Der in *Gomorra* begonnene Kampf wird wiederaufgenommen, geht also weiter.

Neben dem Titel und Untertitel wurde der deutschsprachigen Übersetzung ein neues Vorwort vorangestellt. Es baut im Wesentlichen auf dem italienischen Original auf, ist aber stärker auf ein deutsches Zielpublikum ausgerichtet. So setzt es ein mit dem von Deutschland auf Italien geworfenen Blick, wenn Saviano einleitend schreibt: „Von Deutschland aus auf Italien zu blicken, zu versuchen, Italien mit den Augen jenes europäischen Landes zu sehen, das uns vielleicht mehr liebt als jedes andere, war in diesen Jahren sehr hilfreich für mich." (Saviano 2013, S. 7) Saviano bezieht sich auf die Unterscheidung zwischen Fremd- und Selbstbild und inszeniert sich als Kulturvermittler, der in der Lage ist, sowohl das Fremd- als auch das Selbstbild wahrzunehmen und miteinander zu vergleichen. Auf die Aufzählung einiger italienischer Fremdbilder bzw. „meta-images" (Leerssen 2016, S. 24), wie die italienische Leichtigkeit, das Klima, die Küche oder das Licht, folgt das angeblich wahre Bild Italiens, sein Selbstbild: „Italien ist seit langem ein unglückliches Land. Unglücklich, weil es sein eigenes Potential nicht mehr erkennt; weil es einer alten Dame ähnelt, der das Leben Schönheit und erfolgreiche Kinder geschenkt hat, die aber jetzt, dem Tod nahe, keine Ansprüche mehr stellt." (Saviano 2013, S. 8) Saviano inszeniert Italien als die Wiege einer Kultur, die als *europäisch* zu bezeichnen wäre, ein Wort, das er im folgenden Satz verwendet, wenn er schreibt: „Seit Jahren versuche ich zu zeigen, wie wichtig es wäre, dass die europäischen Länder einander endlich genauer unter die Lupe nähmen, um aus den Erfahrungen der anderen zu lernen." (Saviano 2013, S. 8)

Interessant ist die Einbettung des Erdbebens von L'Aquila im deutschen Vorwort. Keinen Monat nach dem Erdbeben hatte der deutsche Botschafter in Rom verkündet, dass Deutschland seine Erdbebenhilfe auf ein Dorf fokussieren möchte, das während des Zweiten Weltkriegs Schauplatz eines Massakers deutscher Nationalsozialisten wurde.[42] In der Unterüberschrift zu einem am 4. Mai 2009 veröffentlichten Artikel von *Reuters* heißt es dazu: „La Germania vuole ricostruire Onna, la frazione de L'Aquila rasa al suolo dal terremoto del 6 aprile, che nel 1944 fu teatro di un eccidio di 17 civili da parte delle truppe tedesche, per trasformare in una speranza per il futuro la storia terribile che la lega al paese abruzzese." (Bernabei 2009) Mit ihrem Besuch in Onna kurz vor der Eröffnung des G-8-Gipfels setzte auch die deutsche Kanzlerin Angela Merkel ein in Deutschland wahrgenommenes Zeichen.[43] Saviano schließt die Erzählung des Erdbebens an den deutschsprachigen Aneignungskontext an, indem er auf dieses spontan aktivierte Katastrophennarrativ im Vorwort anspielt:

---

42 Es handelt sich um das Massaker vom 11. Juni 1944 in Onna, bei dem 16 Personen von den Nationalsozialisten umgebracht wurden. Siehe dazu etwa das Buch *Indagine su un massacro* (2010) von Giustino Parisse und Aldo Scimia.

43 Vgl. etwa den Artikel „Besuch der Kanzlerin als starkes Symbol" von Dominik Straub im *Tagesspiegel* (2009). Vgl. auch den in der italienischen Tageszeitung *Repubblica* erschienen Artikel „Berlusconi e Merkel a Onna 'Un borgo colpito dalla Germania'" (2009).

> Das Erdbeben, das am 6. April 2009 L'Aquila heimsuchte, verwüstete auch Onna, ein kleines Dorf dieser Provinz, das die meisten Todesopfer zu beklagen hatte: vierzig Menschen. Aber Onna ist noch mit einem anderen tragischen Ereignis im Jahr 1944 verbunden, mitten im Zweiten Weltkrieg. Hier verübten die nazistischen Besatzer ein Massaker, bei dem siebzehn Menschen starben. Jetzt, nach dem Erdbeben, versprach der deutsche Botschafter in Italien, Michael Steiner, im Gedenken an das Blutbad von 1944 deutsche Wiederaufbauhilfe: Deutschland und Italien, Seite an Seite in einer Tragödie, am selben Ort, in derselben Situation. (Saviano 2013, S. 29)

Damit wird das Erdbeben in einen Zusammenhang mit der Geschichte Deutschlands gestellt. Saviano spricht wie jemand, der die lokalen Diskurse kennt und erscheint als ein Vertrauter, nicht als Fremder. Er tritt als ein Vermittler zwischen dem deutsch- und italienischsprachigen Raum auf, womit eine weitere Popularisierungsstrategie beschrieben ist.

3.3 Cineasmus: Paolo Sorrentinos Biopic *Loro* (2018)

Als die 73. Internationalen Filmfestspiele von Venedig am 31. August 2016 eröffnet wurden, stand ganz Italien unter dem Eindruck eines Erdbebens, das sich in der Woche zuvor am 24. August in der Umgebung der Stadt Amatrice mit mehr als 300 Todesopfern ereignet hatte. Auch die Filmfestspiele standen unter dem Eindruck dieses Erdbebens. Die Festivalleitung sagte bereits einen Tag nach dem Erdbeben am 25. August auf ihrer Webseite die traditionelle Abendveranstaltung zur Eröffnung der Festspiele aus Respekt gegenüber den Erdbebenopfern ab: „La Biennale di Venezia shares in the bereavement, expresses its deepest sorrow for the victims, and its utmost solidarity and support to the communities struck by the earthquake.“ (La Biennale di Venezia 2016) Solidaritätsbekundungen fanden sich nicht nur im Rahmenprogramm der Filmfestspiele, sondern auch im Hauptprogramm. Zu nennen ist beispielsweise die Vorführung der von Paolo Sorrentino geschriebenen und inszenierten Serie *The Young Pope*, die als Benefizveranstaltung gezeigt wurde. Die Einnahmen in der Höhe von 50.000 Euro wurden an die Opfer des Erdbebens gespendet (vgl. Grillotti 2016). Ein Grund für die starke Wahrnehmung des Erdbebens in Italien war neben der Intensität des Bebens von 6,2 M_W und dem Ausmaß der Zerstörung auch die Erinnerung an das Erdbeben von L'Aquila, das sich keine zehn Jahre zuvor in unmittelbarer Umgebung ereignet hatte.

Es ist wahrscheinlich, dass auch Sorrentino das Erdbeben von Amatrice im Jahr 2016 wahrgenommen hat. Ein Jahr später arbeitete er an seinem neuen Filmprojekt, einem Biopic über das Leben des italienischen Unternehmers und Politikers Silvio Berlusconi. Interessanterweise drehte er die Schlüsselszene des Films, die eng mit dem Erdbeben von 2009 und dem Leben des Politikers verbunden ist, ausgerechnet am Schauplatz des Erdbebens vom 24. August 2016, in der zerstörten Stadt Amatrice. Sorrentino bringt die beiden Erdbeben von 2009 und 2016 in Verbindung, indem er sie in die zentrale Szene einer Filmbiografie einbezieht, einem zeitgenössischen Genre, das sich besonders dem Populären verschrieben hat.

Zunächst werden spezifische Merkmale des Genres herausgearbeitet. Anschließend werden zwei von Sorrentino verwendete Popularisierungsstrategien vorgestellt: die filmische Ästhetik des Horrorfilms und die Nähe zum Katastrophenfilm. Abschließend wird ein Zusammenhang zu Sorrentinos frühen Beiträgen in *La Repubblica* hergestellt, indem die Unterschiede zwischen dem Drehbuch und der filmischen Inszenierung thematisiert werden.

Filmbiografien (Biopics)

Loro erzählt von einem prägenden Lebensabschnitt des italienischen Politikers Silvio Berlusconi zwischen den Jahren 2006 und 2010. Im Film wird Berlusconi ausschließlich beim Vornamen Silvio oder mit dem Personalpronomen in der dritten Person Singular („lui") genannt. Der Film kann dem Genre des Biopics zugeordnet werden, da er das Leben einer realen Persönlichkeit dramatisiert: „At the heart of the biopic is the urge to dramatize actuality and find in it the filmmaker's own version of truth." (Bingham 2010, S. 10) Gemäß der Definition von Bingham handelt es sich nicht um eine authentische Darstellung der historischen Persönlichkeit von Silvio Berlusconi, sondern um eine Fiktionalisierung. Sorrentino weist explizit im Vorspann des Films auf den fiktionalen Charakter hin:

> DIESER FILM IST EIN REIN KREATIVES WERK;
> DER BEZUG ZU REALEN PERSONEN UND FAKTEN WURDE KÜNSTLERISCH ÜBERARBEITET.
> WAHRE BEGEBENHEITEN DIENTEN ALS ANREGUNG FÜR EINE ERZÄHLUNG, IN DER REALE UND FIKTIVE PERSONEN INTERAGIEREN.
> DER BEZUG ZU PERSONEN, DIE NICHT EXPLIZIT ALS REAL KENNTLICH WERDEN, IST ZUFÄLLIG. (2018: 00:00:31)

Mit der Dramatisierung seines Lebens schließt sich Sorrentino einem Trend der italienischen Filmindustrie an, sich filmisch mit Silvio Berlusconi und dessen Einfluss auf die italienische Gesellschaft auseinanderzusetzen. Nicoletta Marini-Maio zählt insgesamt 34 Filme, die sich mit dem Leben von Silvio Berlusconi beschäftigt haben, angefangen bei Federico Fellinis *Ginger e Fred* oder Franco Marescos *Belluscone, una storia siciliana* (vgl. Marini-Maio 2021, S. 179).[44]

Sorrentinos künstlerische Bearbeitung von Silvio Berlusconi hebt dessen lügnerischen und oberflächlichen Charakter hervor. Seinem Film stellt er im Vorspann ein Motto von Giorgio Manganelli voran, das aus dem Vorwort seines Buches *Pinocchio: un libro parallelo* entstammt: „Tutto arbitrario, tutto documentato" (Manganelli 1982, S. VI). Bei dem Buch des italienischen Schriftstellers, Literaturwissenschaftlers und Mitglied der avantgardistischen Vereinigung *Gruppo 63* handelt es sich um die Umsetzung eines Lektüreverfahrens, das Carlo Collodis Klassiker *Le avventure di Pinocchio. Storia di un burattino* einer sog. ‚parallelen Lektüre' unterzieht: Sie geht vom Buch als geometrischen Kubus und damit von dessen Dreidimensionalität aus (vgl. Manganelli 1982, S. V). Manganelli fokussiert auf die Art der Verbindung von Wörtern und Satzzeichen, Lücken und Überschriften und unterzieht das Buch nicht einer rein auf den Sinngehalt der Wörter bedachten Lektüre:

> Insomma, si immagini che il libro di cui si vuol disporre la struttura parallela sia non già simile a lamina inscritta, ma piuttosto ad un cubo: ora, se il libro è cubico, e dunque a tre dimensioni, esso è percorribile non solo secondo il sentiero delle parole sulla pagina, coatto e grammaticalmente garantito, ma secondo altri itinerari, diversamente usando i modi per collegare parole e interpunzioni, lacune e „a capo". (Manganelli 1982, S. V)

Manganellis Lektüre stellt eine Variante jener Lektüren dar, die gegenüber einer hermeneutischen Textauslegung ein Interesse an Textoberflächen findet und von Christine Ivanovic im Ausgang von Stephen Best und Sharon Marcus' Methode *Surface Reading* (2009) als Verfahren bei den Literaturwissenschafter Peter Szondi und Werner Hamacher und bei der Autorin Yoko Tawada und dem Autor Charles Bernstein nachgewiesen wurde (vgl. Ivanovic 2020a). Mit Manganellis Verfahren als Variante der Oberflächenlektüre macht sich auch Sorrentino an die Arbeit, um „ospizio di tracce, annotazioni, parole trovate, schegge di parole, silenzi" (Manganelli 1982, S. Vf.) im Leben von Silvio Berlusconi zu beschreiben und darzustellen. Sein Film lässt sich als eine (filmische) Variante der Methode des *Surface Reading* verstehen.

Sorrentino spielt dabei mit den unterschiedlichen Bedeutungen des Wortes *Oberfläche*. Zum einen wird die Oberfläche thematisiert, hinter der sich eine andere Realität befindet und wo nichts ist, wie es scheint (*superficie*). Dies ist das Paradigma Pinocchios, des lügenhaften Wesens. Auf der anderen Seite wird die Berlusconi zugeschriebene und von ihm forcierte Oberflächlichkeit thematisiert

44 Siehe auch Marini-Maios Publikation *A Very Seductive Body Politic: Silvio Berlusconi in the Cinema* (2015).

(*superficialità*). Sorrentino setzt diese Oberflächlichkeit im Film auf eine extreme Art und Weise um, indem er auffällig viele junge Frauen nackt zeigt und ihre Körper in den Fokus rückt. Diese Darstellungsstrategie hat ihm mitunter viel Kritik eingebracht. Marini-Maio hat etwa angemerkt, dass diese mimetische Darstellungsstrategie in einer Zeit der #metoo-Bewegung eine kontroversielle Entscheidung darstelle, da die Aneignung des widerwärtigen Charakters der berlusconischen Ethik und Ästhetik so aussehen kann, als würde man sich auf die Seite des von Berlusconi verkörperten perversen Vergnügens stellen (vgl. Marini-Maio 2021, S. 183).

Ungeachtet dieser ernstzunehmenden Kritik wurde Sorrentino zusammen mit dem Drehbuchautor Umberto Contarello in der Kategorie für das beste Drehbuch mit dem *Nastro d'argento* ausgezeichnet, einem der ältesten und renommiertesten italienischen Filmpreise.[45] International war der Film aber wenig erfolgreich. Dafür steht symbolhaft die Ablehnung des Films bei den Internationalen Filmfestspielen von Cannes. In einem Interview mit der populärkulturellen Zeitschrift *Variety* führte Sorrentino die Ablehnung zwar auf die Einreichung einer zu frühen Version des Films zurück (vgl. Vivarelli 2018). Der internationale Misserfolg des Films ist aber darauf zurückzuführen, dass er auf rein italienische Debatten reagierte und dabei internationale Perspektiven vernachlässigte. Der Film verwendet spezifische Popularisierungsstrategien, die in Verbindung mit der Art und Weise stehen, wie in Italien über das Erdbeben von L'Aquila gesprochen wurde, wie beispielsweise die Verwendung von ästhetischen Elementen aus Vampirfilmen oder die Nähe zum Katastrophenfilm. Dafür spricht zunächst die *Loro* eigene Filmästhetik, die an Horrorfilme bzw. an Vampirfilme erinnert.

Vampirismus im Kontext des Erdbebens von L'Aquila

Die Verfilmung von Richard Mathesons *I am Legend* im Jahr 2007 und der *Twilight*-Sage seit 2008, aber auch Jim Jarmuschs Film *Only Lovers Left Alive* im Jahr 2013 sind nur drei Beispiele der anhaltenden Faszination von Vampirfiguren im Film. Insbesondere Jarmuschs Film hat die erfolgreiche Übernahme dieser fiktionalen Figuren in den internationalen Autorenfilm gezeigt. Wenn Sorrentino nun im Kontext des Erdbebens von L'Aquila mit Elementen des Vampirfilms arbeitet,

---

45 *Loro* war noch in zwei weiteren Kategorien nominiert, in der Kategorie *Bester Film* und *Beste Regie*. In diesen Kategorien gewann der Film aber nicht.

reagiert der Film auf eine spezifisch italienische Diskussion über das Erdbeben, die im Folgenden genauer erläutert werden soll.

In *Loro* wurden viele Szenen nachts gedreht, was von Sorrentino genutzt wird, um die korrupten Machenschaften der dargestellten Figuren als Tätigkeiten als nächtliche Aktivität darzustellen. Beispielsweise dienen Partys auf den Dächern Roms als Treffpunkte für diese Zusammenkünfte. Die Nacht ist jedoch auch die Zeit, in der Vampire ihre Taten vollbringen, bevor sie mit den ersten Sonnenstrahlen wieder im Morgengrauen verschwinden müssen.

Interessanterweise wurde nach dem Erdbeben von L'Aquila wiederholt von Vampirismus gesprochen. So wurde dieser Vergleich von der italienischen Komödiantin Sabina Guzzanti in ihrer satirischen Dokumentation *Draquila – L'Italia che trema* (2010) geprägt. Die Tragikomik wird in der Wortneuschöpfung *Draquila* ausgedrückt. Guzzanti setzt die beiden Wörter *L'Aquila* und *Dracula*, der bekanntesten aller Vampir-Figuren,[46] zusammen und spielt damit auf die Politik der italienischen Regierung an. Der investigative Dokumentarfilm untersucht die Katastrophenhilfe im Kontext von Korruption und Machtmissbrauch, wobei insbesondere der damals amtierende Premierminister Silvio Berlusconi und der Präsident des *Dipartimento della protezione civile,* Guido Bertolaso, diffamiert und als korrupte Persönlichkeiten der Öffentlichkeit dargestellt werden, die aus dem Erdbeben lediglich Profit schlagen möchten. Sie werden als die lebenden Untoten dargestellt, die das Blut der Bevölkerung saugen und sich an den Todesopfern bereichern. Das Bild der ‚Blutsauger des Volkes' („sangsue du peuple") ist dabei historisch interessant, geht es doch auf eine Rede des Abgeordneten und französischen Priesters Jacques Roux zurück, der es in seinem *Manifeste des Enragés* vom 25. Juni 1793 prägte (vgl. Kuhn 2012, S. 143). Serenella Iovino schreibt über *Draquila,* „tragedy and satire [...] are coupled in order to dismantle the lethal metanarrative of magnanimity and power behind Berlusconi's C.A.S.E. and the rhetoric about the government's compassionate and proficient intervention" (Iovino 2016, S. 113).

In *Loro* wird diese Darstellung des Erdbebens aufgegriffen, indem die Figuren, die von Macht besessen sind, wie Vampire dargestellt werden. Auf eine in *Loro* vordergründige Darstellung von Macht als ansteckendes Virus hat Annach-

---

46 Dracula ist das Produkt jenes Vulkanausbruchs auf Indonesien im Jahr 1815, der in Europa im Jahr 1816 zum sog. *Jahr ohne Sommer* geführt hat, eine auch den Sommer hinweg anhaltende Kältefront, die für ausbleibende Ernten und ein allgemeines Krisenbewusstsein in Europa geführt hatte. Die Schriftstellerin Mary Shelley verbrachte gemeinsam mit den Schriftstellern Percy Shelley, Lord Byron und John Polidori den Sommer, was sich literarisch in der Erfindung der heute noch bekannten Figuren Frankenstein oder Vampir niedergeschlagen hat. Siehe unter anderem Eva Horn (2018, S. 39 f.)

iara Mariani in ihrem Artikel *Viral (per)versions of power in Paolo Sorrentino's diptych Loro* (2020) aufmerksam gemacht. Sie ist der Meinung, „hedonism and the pursuit of power represent a pathological virus that infects the characters in the two films [Loro 1 und Loro 2]" (Mariani 2020, S. 300), eben das was der (noch vor Ausbruch der COVID-19-Pandemie eingereichte) Artikel „a (Berlusconi-driven) psychotic pandemic disease, or mentally-impairing social virus" (Mariani 2020, S. 301) nennt. Am Beispiel der Figur Sergio Morra hat sie gezeigt, wie er nach der Infektion auch visuell sichtbare Zeichen der Kontamination entwickelt, was filmisch etwa durch ein Close-Up umgesetzt wird und die psychotischen Augen von Morra betont (vgl. Mariani 2020, S. 303). Diese Beobachtung weiterführend, handelt es sich um eine spezifisch epidemische Ausbreitung einer Krankheit, die als Vampirismus dargestellt wird.

Dies ist am deutlichsten erkennbar in der Partyszene in der Villa Morena auf Sardinien. In einer Filmszene, die im Drehbuch fehlt, stehen die Partygäste an der Brüstung und schauen in Richtung Osten, wo die Sonne aufgeht. Einige von ihnen tragen Sonnenbrillen, als ob sie sich vor den Sonnenstrahlen schützen müssten. Die melancholische Musik, die diese Szene begleitet, unterstreicht den Eindruck, dass ihre Zeit vorbei ist.

In der nächsten Szene sieht man Sergio und Tamara, die gleichzeitig aus dem Schlaf erwachen, aber keine visuellen Zeichen der Infektion (mehr) aufweisen. Im Drehbuch heißt es dazu: „Tamara è sveglia, seduta sul trampolino. Ed è lucida. Sergio la scorge. Incrociano gli sguardi. Un moto di tenerezza passa nei loro occhi." (Sorrentino/Contarello 2018, S. 87) Sie blicken sich an, wodurch ihre Liebe erweckt wird und sie (zumindest vorübergehend) immun werden. Während sich die beiden im Pool küssen, fängt die Kamera die vielen wie tot auf dem Boden der Villa liegenden Körper ein. Die einzige Ausnahme neben Sergio und Tamara bildet Stella, die ebenfalls immun zu sein scheint und im Morgenlicht tanzt (vgl. Mariani 2020, S. 310).

Die ausschweifende Party wurde im Film zwar tagsüber aufgenommen. Laut Drehbuch handelt es sich aber um den Zeitraum zwischen Nacht und Morgengrauen, wenn es in der Regieanweisung heißt: „SARDEGNA. VILLA MORENA. EST./INT. NOTTE/ALBA." (Sorrentino/Contarello 2018, S. 85). Vor dem Hintergrund des Vampirismus ist der im Drehbuch angegebene Zeitraum für die Partyszene sehr interessant. Denn tagsüber müssen sich Vampire vor den auf ihre Haut einfallenden Lichtstrahlen schützen, da sie sonst sterben würden. Der Morgen markiert den Wendepunkt. Indem die filmische Inszenierung von dem Drehbuch abweicht, bleibt der im Drehbuch angelegte Bezug zum Erdbeben teilweise unbeachtet.

Katastrophenelemente in *Loro*

Das Erdbeben in *Loro* stellt nur eines einer Vielzahl von Ereignissen dar, die als katastrophisch bezeichnet werden können. Das Erdbeben bleibt wegen der Länge der Szene und der Positionierung am Ende des Films zwar das zentrale Katastrophenelement im Film und bildet den filmischen Fluchtpunkt. Der Film dekliniert aber durchgängig kleine und größere ‚Katastrophen' durch: In der ersten Szene betritt ein verirrtes Herdentier die Villa von Silvio, dessen klimatisierte Zimmer kontinuierlich herunterkühlt werden, bis das Tier erfriert (Mord); in Rom beobachtet eine Personengruppe einen Unfall mit einem Müllfahrzeug (Unfall); Silvio und seine Frau Veronica stranden mit ihrem Jetset auf offener See (Schiffbruch); und schließlich wird ein künstlicher Vulkan im Garten von Silvio zum Ausbruch gebracht (Vulkanausbruch). Damit greift *Loro* unterschiedliche Katastrophenelemente auf, worauf im Folgenden weiter eingegangen wird.

Dies wird besonders gut sichtbar in der Szene, in der ein Müllfahrzeug in den *Fori Imperiali* in Rom verunglückt. Hier wird ein Tier in einen Zusammenhang mit der ‚Katastrophe' gebracht. Im Drehbuch handelt es sich um eine Maus („topo"), während es im Film wegen seiner Größe und seinem Aussehen eher eine Ratte ist. Das Nagetier hetzt zunächst durch die Ruinen, springt dann aber auf die Straße, auf der sich ein Müllfahrzeug nähert. Der Fahrer bremst rechtzeitig ab, gerät jedoch ins Schleudern und wird – im Zusammenhang mit der *Disability Studies* nicht ganz unproblematisch – wegen einer Rollstuhlrampe („rampa per disabili") in die Luft gehoben und fällt in den Graben der *Fori Imperiali* (vgl. Sorrentino/Contarello 2018, S. 84).

Aus posthumanistischer Perspektive ist es bemerkenswert, dass das Fahrzeug nicht wie die Überreste einer Maschine, sondern wie ein totes Lebewesen beschrieben wird: „se ne sta fermo come un cadavere in mezzo alle rovine romane." (Sorrentino/Contarello 2018, S. 84) Auch in weiterer Folge ähnelt das Fahrzeug mehr einem Lebewesen und weniger einer Maschine, wenn es plötzlich explodiert und sein Inhalt in die Luft geschleudert wird. Im Drehbuch heißt es hierzu: „Un attimo dopo, la fiancata laterale del camion "esplode" per la pressione interna dell'immondizia. Si squarcia." (Sorrentino/Contarello 2018, S. 84) Das in Anführungszeichen gesetzte Explodieren zeigt an, dass es sich nicht um ein einfaches Explodieren handelt, sondern um eine metaphorische Darstellung. Im Film wurde die Szene so realisiert, dass sich der Wagen kurz aufbläht und seinen Inhalt in die Luft schleudert. Dadurch entsteht der Eindruck eines Magens eines Lebewesens.

Dieser Unfall wird von einer Personengruppe beobachtet, die sich gerade auf dem Weg in ein Restaurant befindet. Nachdem die Personengruppe zuerst wie versteinert („pietrificati") dasteht, laufen einzelne Personen an die Brüstung, von wo sie nach unten sehen, zum verunglückten Fahrzeug blicken und dem Ereignis insgesamt wie einem Spektakel zuschauen, wenn es im Drehbuch heißt: „con lo stupore di chi assiste a uno spettacolo pirotecnico." (Sorrentino/Contarello 2018, S. 85) Das Unglück wird für sie also spektakulär, zu einem Spektakel, womit auf einen Archetypus der Katastrophendarstellung angespielt wird, auf den Schiffbruch mit Zuschauern (vgl. Blumenberg 1997). Die Schaulustigkeit wird im Film anhand von Frontalaufnahmen umgesetzt.

Mit diesem und anderen Elementen aus dem Katastrophenfilm wird das Erdbeben am Ende des Films vorbereitet. Bereits die erste Szene lässt sich als Vorwegnahme des Erdbebens lesen. Das Tier in der ersten Szene – im Film ist es eher ein Schaf oder ein Lamm, laut Drehbuch handelt es sich aber um eine „capretta" (Sorrentino/Contarello 2018, S. 11), also um eine Ziege – betritt die Villa von Silvio Berlusconi, eine „tipica villa della Costa Smeralda" (Sorrentino/Contarello 2018, S. 11), woraufhin sich das Fernsehgerät und die an der Wand hängende Klimaanlage einschalten. Während das Tier wie gebannt auf das Fernsehgerät blickt, kühlt die Klimaanlage den Raum immer weiter, bis die Ziege auf dem Teppich ausgekühlt und leblos zusammenbricht.

Russell Kilbourne hat einen Zusammenhang zwischen dieser ersten Szene und der Erdbebenszene erkannt, in der eine Frau die Aufräumarbeiten nach dem Erdbeben im Fernseher verfolgt und – analog zum Tier in der Eingangsszene – das TV-Gerät mit gebannten Augen anstarrt: „Likewise, the film's concluding sequence begins with several different characters in various locations simultaneously watching a live TV broadcast from the ruins of L'Aquila, largely destroyed by an earthquake in 2009." (Kilbourn 2020, S. 156)

Ein Zusammenhang zwischen den beiden Szenen lässt sich aber bereits auf lexikalischer Ebene festmachen. Während die Klimaanlage den Raum weiter kühlt und die Temperatur fällt, beginnt das Tier zu zittern. Im Drehbuch wird dafür das italienische Verb *tremare* (dt. *zittern*, aber auch *erschüttern*) verwendet: „Il pelo della capretta s'intirizzisce per il freddo. Trema." (Sorrentino/Contarello 2018, S. 11) Dieses Verb wird auch in der Erdbebenszene verwendet, sogar doppelt, wo es heißt: „La terra trema, la città trema." (Sorrentino/Contarello 2018, S. 188) So wie die Erde und die Stadt zittern, so zittert schon die Ziege gleich zu Beginn des Films und nimmt damit das Motiv des Erdbebens vorweg.

Auch strukturell verbinden sich die beiden Szenen. Nachdem das Tier kollabiert ist und am Boden liegt, erscheint der Schriftzug mit dem Filmtitel. Im Drehbuch heißt es dazu: „È su quest'immagine che compare il titolo del film: LORO" (Sorrentino/Contarello 2018, S. 13) Derselbe Schriftzug erscheint auch nach der Erdbebenszene und leitet den Abspann des Films ein, wo die Kamera die Gesichter der Hilfskräfte einfängt. Im Drehbuch heißt es dazu:

> È una lunga carrellata di volti italiani, pieni di dignità. Sono tutti vittimi ed eroi, anonimi, zitti e stanchi. Sono:
>
> LORO
>
> Questa è la scritta che, come se fosse emersa dalla polvere, è apparsa già da un po' sullo schermo. (Sorrentino/Contarello 2018, S. 218)

Die Unterschiede zwischen Drehbuch und Film

In der wissenschaftlichen Sekundärliteratur zu *Loro* ist das Tier in der ersten Szene oft als Schaf bzw. als Lamm mit seiner spezifischen Symbolik besprochen worden. Kilbourn beschreibt die Szene etwa folgendermaßen: „a white lamb wanders into the living room of Berlusconi's villa, encountering a huge television" (Kilbourn 2020, S. 156). Einen religiösen Interpretationsansatz zieht u. a. Marini-Maio heran, wenn sie schreibt: „Echoing the religious symbolism constructed by and around the leader, *Loro* presents three sacrificial bodies: a lamb, God, and the deposed Christ which, together, constitute a story arc of sacrifice and failure." (Marini-Maio 2021, S. 197) Diese Texte haben als Forschungsgrundlage ausschließlich den Film herangezogen, nicht aber das Drehbuch, das einige signifikante Abweichungen von der filmischen Inszenierung aufweist und im selben Jahr wie der Film erschienen ist. Während es stimmt, dass das Tier im Film mehr einem Schaf bzw. einem Lamm als einer Ziege ähnelt, so muss eine medienkritischen Analyse darauf hinweisen, dass es sich laut Drehbuch ausdrücklich um eine „capretta" (Sorrentino/Contarello 2018, S. 11) und damit um eine Ziege handelt. Unterschiede dieser Art finden sich im Film an mehreren Stellen. Sie spielen nicht zuletzt in der Wahrnehmung, Interpretation und Einordnung des Erdbebens eine Rolle. Dies soll anhand der Schlussszene des Films besprochen werden.

In der letzten Szene wird mit großer Vorsicht ein Gegenstand aus den Trümmern eines eingestürzten Gebäudes geborgen. Im Film erweist sich der geborgene Gegenstand als eine Jesus-Figur. Kilbourn hat diese Figur als den vom Kreuz abgenommenen Christus gelesen und damit als eine Allegorie:

> Christ's is the "suffering body" par excellence in Western culture, a motif clearly reintroduced in this concluding scene in the ruins of L'Aquila. For this is not Christ resurrected but Christ deposed from the cross, at the lowest point, the nadir of his career, the furthest remove from either his active, embodied, human self or his post-crucifixion persona as redeemer, returned from the grave in order to save humankind. (Kilbourn 2020, S. 172)

Dies führt ihn zu der Überlegung, dass sich die Figur sehr einfach in einen Zusammenhang mit dem Schicksal der Bevölkerung von L'Aquila bringen ließe: „It would be easy to argue that the sacrificial victim in *Loro*'s allegory is the collective, the group represented by the displaced citizens of L'Aquila, or—to generalize further—the betrayed people of Italy (*Italia* is, after all, a feminine noun).“ (Kilbourn 2020, S. 172) Jedoch will er eine solche Interpretation nicht anwenden: „But such allegorical-grammatical interpretations present a slippery slope, and we must restrict our interpretation— and our judgment—to what is on the screen (and the soundtrack).“ (Kilbourn 2020, S. 172) Er traut nicht von außen herangetragenen Interpretationsansätzen, sondern unterstreicht die Wichtigkeit der Auseinandersetzung des Gesehenen. Kilbourne spricht sich deshalb für eine ironische Lesart dieser Szene aus:

> The implicit connections between Berlusconi and these rather allegorical figures and any virtue they may embody demand to be read ironically, if only because when he stands in the villa living room in the exact position of the lamb, he is wearing the costume of an odalisque, an orientalist stereotype of feminine sexual servitude, while the return of L'Aquila's Savior resonates most powerfully in stark contrast to the ultimately hollow promises he makes as newly installed prime minister. (Kilbourn 2020, S. 172 f.)

Das Problem, dem wir mit Kilbourn begegnen, lässt sich aber auf seinen Leitspruch beziehen: „restrict our interpretation— and our judgment—to what is on the screen (and the soundtrack)“ (Kilbourn 2020, S. 172). Der Film ist lediglich die Inszenierung von etwas Geschriebenem, das man im Drehbuch nachlesen kann. Laut Drehbuch handelt es sich bei dem geborgenen Gegenstand nämlich um eine Marien-Statue und nicht um eine Jesus-Figur. So heißt es im Drehbuch:

> Dal buco nero dell'interno della chiesa appare qualcosa in un'imbracatura: viene fuori pian pianino, dondolante come una culla, e poi entra nella luce: è la statua di una Madonna addolorata, miracolosamente integra, intatta, senza danni e senza polvere.
> Alla vista della Madonna, gli abitanti fanno partire un piccolo, timido applauso. Qualcuno si commuove. (Sorrentino/Contarello 2018, S. 216)

Mit der prinzipiellen Austauschbarkeit der Figur verändert sich die Bedeutung der Szene. Vielleicht könnte man sogar sagen, dass mit der prinzipiellen Austauschbarkeit der Objekte nicht die Statue und ihre religiöse Bedeutung im Vordergrund steht, sondern der Akt des Bergens selbst. Mit dieser Tätigkeit wird ein Bezug zu jenem Text von Sorrentino hergestellt, den er nur wenige Tage nach dem Erdbeben für die italienische Tageszeitung *La Repubblica* verfasst hatte:

> E poi spunta un crocefisso da pochi soldi, uno di quelli che sormontano brutti letti matrimoniali. Un volontario raccatta dello spago e lo attacca ad un albero. La cosa non colpisce, non smuove nessuno. È un gesto che richiederebbe pensieri e interpretazioni simboliche appena più complesse, che nessuno è in grado né ha voglia di fare. (Sorrentino 2009a)

Sorrentino schilderte in seiner ersten Reaktion auf das Erdbeben von L'Aquila eindringlich die Bergung eines Kreuzes aus den Trümmern eines eingestürzten Gebäudes. Dieses Motiv greift er in seinem Spielfilm *Loro* erneut auf: Am Ende des Films wird die Rettung als zentrales Bild inszeniert, was Sorrentinos anhaltendes Interesse an diesem Thema unterstreicht. Während die Zeitung zunächst die reale Rettungsaktion dokumentierte, verleiht der Film ihr eine ästhetische Dimension und rückt sie so in den Fokus einer breiten Öffentlichkeit. Durch diese filmische Popularisierung würdigt Sorrentino die freiwilligen Rettungskräfte auf künstlerische Weise.

4 Situierung von Katastrophen: Das Erdbeben in Haiti vom 12. Januar 2010

Tabelle 6: Eckdaten zum Haiti-Erdbeben (eigene Darstellung). Daten aus Hayes et al. (2017).

Datum, Uhrzeit	12.01.2010, 21:53:10 UTC (16:53 Ortszeit)
Epizentrum	Léogâne, Département Ouest, Haiti (18.443°N, 72.571°W)
Magnitude	7.0 M_W
Herdtiefe	13 km

Das Erdbeben vom 12. Januar 2010 hatte sein Epizentrum nur wenige Kilometer von Haitis Hauptstadt Port-au-Prince entfernt, in der Hafenstadt Léogâne (vgl. Tabelle 6). Die geringe Tiefe des Erdbebens von nur dreizehn Kilometern sowie die Nähe des Herds zur Hauptstadt bieten eine geologische Erklärung für das immense Ausmaß der Zerstörung, sowohl in Bezug auf die hohe Zahl der Todesopfer als auch auf die materiellen Schäden.

Laut der Datenauswertung von Rhoda Margesson und Maureen Taft-Morales wurden rund drei Millionen Menschen durch das Beben betroffen, was etwa einem Drittel der Gesamtbevölkerung des Landes entspricht, wenn sie von 1,2 bis 2 Millionen Vertriebenen, ca. 230.000 Todesopfern und 300.600 Verletzten sprechen und allein den finanzielle Schaden auf acht bis vierzehn Milliarden Dollar schätzen (vgl. Margesson/Taft-Morales 2012, S. 1).

Haiti ist bereits in der Vergangenheit von starken Erdbeben heimgesucht worden, was auf die Tektonik des Landes zurückzuführen ist. Das Land liegt im Westen der Insel Hispaniola, die es sie sich mit der Dominikanischen Republik im Osten teilt. Die Region wird von zwei großen Störungssysteme geprägt: das Septentrional-Störungssystem im Norden Haitis und das Enriquillo-Plantain Garden-Störungssystem im Süden Haitis (vgl. Hayes et al. 2017, S. 78). Historische Beben in den Jahren 1701, 1751, 1770 und 1860 werden mit der Enriquillo-Verwerfung in Verbindung gebracht (vgl. Eberhard et al. 2010), die auch als Ursache für das Erdbeben vom 12. Januar 2010 gilt (vgl. Hayes et al. 2017, S. 78).

Erfahrungsraum

Das Eintreffen internationaler Rettungskräfte wurde von den in Haiti lebenden Menschen unter dem Eindruck der eigenen kolonialen Vergangenheit wahrgenommen. Haiti war nach den USA das zweite Land, das Anfang des 19. Jahrhunderts seine Unabhängigkeit von Europa erkämpft hatte, was zurecht als „erfolgreichste[]

https://doi.org/10.1515/9783111709321-009

Sklavenbefreiung der Geschichte“ (Kappeler 2016, S. 202) gilt. Dieses als *Haitianische Revolution* bekannte historische Ereignis stellt auch heute noch einen wichtigen Bezugspunkt der nationalen Identität des Landes dar, denn „Haiti's revolutionary history has long been treated as singular“ (Walsh 2019, S. 166). Entsprechend ambivalent wurde in Haiti die Hilfe aus dem Ausland wahrgenommen.

Das Erdbeben hatte in kürzester Zeit weltweite Aufmerksamkeit generiert. In vielen Ländern der Erde wurden rasch Rettungskräfte mobilisiert, um sich an der Katastrophenhilfe zu beteiligen. Rhoda Margesson und Maureen Taft-Morales haben dazu in „Haiti Earthquake: Crisis and Response“ (2012) einige Zahlen zusammengetragen. Unter dem US-amerikanischen Präsidenten Barack Obama wurde am 12. Januar, zwei Tage nach dem Erdbeben, reagiert. Die US-Behörde für internationale Entwicklung übernahm die ausländische Katastrophenhilfe, sodass die Regierung am 14. Januar 100 Millionen Dollar an humanitärer Hilfe für Haiti ankündigte, um den unmittelbaren Bedarf vor Ort zu decken (vgl. Margesson/Taft-Morales 2012, S. 2). Während sich Frankreich zu einer Zusage von 36.306.341 Dollar bereiterklärte und die Katastrophenhilfe mit Such- und Rettungsteams, Suchhunden, drei militärischen Transporthubschraubern, 130 Tonnen Hilfsgütern sowie Truppen, Feldlazaretten, medizinischem Personal und Material unterstützte, so sagten die USA 710.477.890 Dollar zu und unterstützen die Arbeiten mit Teams von bis zu 72 Personen, sechs Such- und Rettungshunden und 48 Tonnen Rettungsausrüstung, sowie Katastrophenexpert*innen, die bei der Bewertung der Lage in Haiti helfen sollten (vgl. Margesson/Taft-Morales 2012, S. 52–55). An der Katastrophenhilfe für Haiti waren neben Frankreich auch zahlreiche andere europäische Länder beteiligt.[47] Weitere internationale Staaten waren China, Japan, Russland und Saudi Arabien, aber auch Israel, das eine Delegation mit Rettungskräften entsandte, darunter 40 Ärzt*innen, 24 Krankenpfleger*innen und dem IDF Medical Corps zur Einrichtung eines temporären Krankenhauses (vgl. Margesson/Taft-Morales 2012, S. 53). Kurzum, Haiti stand ein weiteres Mal im Mittelpunkt der Weltaufmerksamkeit. Damit drängt sich die Frage auf, wie von außerhalb auf das Land geblickt wurde.

47 Diese Länder umfassen Andorra, Belgien, Bulgarien, Dänemark, Deutschland, Estland, Finnland, Griechenland, Irland, Island, Italien, Kroatien, Liechtenstein, Litauen, Luxemburg, Malta, Mazedonien, Moldawien, Monaco, Montenegro, die Niederlande, Norwegen, Österreich, Polen, Portugal, Rumänien, die Slowakei, Slowenien, Spanien, Schweden, die Schweiz, Tschechien, das Vereinigte Königreich, Ungarn und Zypern (vgl. Margesson/Taft-Morales 2012, S. 51–55).

Diskursentwicklung

Mit der Ankunft internationaler Rettungskräfte im Zeichen der Hilfe wurden innerhalb der Bevölkerung die Erinnerungen an die koloniale Vergangenheit des Landes geweckt. Wie noch zu zeigen sein wird, manifestiert sich dies auch in den einzelnen Beiträgen nach dem Erdbeben. Es handelt sich mit Kasia Mika um „hinged chronologies" (Mika 2018, S. 14), also „the compound processes that contributed to the disaster as well as varying points of connection between this and earlier historical events." (Mika 2018, S. 14)

Nach dem Erdbeben begannen in der internationalen Berichterstattung haitibezogene Stereotype wie ‚Barbarei', ‚Wildheit', ‚Voudou' oder ‚das von Gott vergessene Land' wieder in den Vordergrund zu treten und in der Öffentlichkeit zu zirkulieren (vgl. Leak 2013, S. 394 f.). Diesen Bildern gegenüber stehen die Stellungnahmen haitianischer Schriftsteller*innen, die sich mit eigenen Beiträgen gegen die diskriminierende Weise der Diskursivierung richten und ihre eigenen Erfahrungen erzählen (vgl. Leak 2013, S. 396). Viele von ihnen waren während des Erdbebens präsent, da vom 14. bis zum 17. Januar 2010 in der haitianischen Hauptstadt Port-au-Prince das internationale Literaturfestival *Étonnants Voyageurs* unter dem Motto *Le monde au miroir d'Haïti, Haïti au miroir du monde* stattfinden hätte sollen.[48] Eingeladen waren international bekannte Schriftsteller*innen aus Haiti, wie Dany Laferriere, Yanick Lahens, Louis-Philippe Dalembert und Alain Mabanckou.[49] Viele der im Ausland lebenden Schriftsteller*innen nutzten das Festival, um Zeit in ihrem Herkunftsland zu verbringen und waren bereits vor Festivalbeginn angereist. Dies führte zum Umstand, dass sie das Erdbeben am 12. Januar als Augenzeug*innen erlebten und im Folgenden in ausländischen Medien von ihren Erfahrungen berichteten. Die ersten

---

48 Seit 1990 findet jährlich das Festival in der nordfranzösischen Stadt Saint-Malo statt. Seit 2000 versucht das Festival seinen eigenen Horizont zu erweitern und organisiert Literaturfestivals in weiteren Städten und Kontinenten der (frankophonen) Welt, wie in Bamako (seit 2000), in Port-au-Prince (seit 2007), in Haïfa (seit 2008), in Brazzaville (seit 2013), in Rabat-Salé (seit 2014) und in Tunis (seit 2021).

49 Alle 44 Gäste laut der Webseite von *Étonnants Voyageurs* (alphabetisch geordnet): Anglade Georges, Auguste Bonel, Barbery Muriel, Barrot Olivier, Batraville Dominique, Bramly Serge, Castera Georges, Cavé Syto, Charles Christophe Philippe, Couder Régis, Dalembert Louis-Philippe, Darras Jacques, Devi Ananda, Dickner Nicolas, Djian Jean-Michel, Doucey Bruno, Ejèn Manno, Franketienne, Harris Eddy L., Joris Lieve, Kanor Fabienne, Kauss Saint-John, Labuchin Rassoul, Laferriere Dany, Lahnes Yanick, Large Josaphat-Robert, Le Bris Michel, Mabanckou Alain, Mathurin Rodolphe, Milcé Jean-Euphèle, N'Djehoya Blaise, Noël James, Pean Stanley, Pierre Claude C., Pineau Gisèle, Prophète Emmelie, Quadruppani Serge, Saint-Eloi Rodney, Tavernier Janine, Trouillot Evelyne, Trouillot Lyonel, Vezina Michel, Victor Gary und Wheatle Alex (Etonnants Voyageurs 2022).

Beiträge handelten vorwiegend von den persönlichen Erlebnissen. In einer zweiten Phase wurde aber versucht, die internationale Berichterstattung zu kommentieren und zu korrigieren.

Reaktionen

Entscheidend an der Diskursivierung des Erdbebens sind die globalen Publikationsorte, an denen die Beiträge von ‚Kulturschaffenden' erscheinen. Viele der Beiträge werden nämlich nicht in haitianischen Medien veröffentlicht, sondern in ausländischen Zeitungen und Medien. Mit ihren Beiträgen partizipieren haitianische Schriftsteller*innen an der Öffentlichkeit jenseits von Haiti und nehmen damit eine wichtige Funktion im globalen Transfer von ‚Katastrophen' ein. Aber ist das Globale auch universell? Mit dem Konzept des situierten Wissens („Situated Knowledges") von Donna Haraway (1988) soll diese objektive Universalität der Texte haitianischer Schriftsteller*innen hinterfragt und vor dem Hintergrund des postkolonialen Erbes betrachtet werden. „Ausgangspunkt des wissenschaftstheoretischen Konzepts ist die Kritik an Objektivität als wissenschaftlichem Beschreibungsmodus in der modernen Experimentalwissenschaft, in dem ein scheinbar neutrales, also körper- und standortloses Wissenschaftssubjekt universell gültige Ergebnisse erzeugt." (Gramlich 2021) Analog zur Produktion von Wissen durch Wissenschaften lässt sich auch die Text- und Wissensproduktion anderer Praktiken situieren. So sind auch Texte nach Erdbeben nicht als objektiv und damit als universell eizuordnen, sondern sind immer situiert, d. h. eingeordnet in „politics and epistemologies of location, positioning, and situating, where partiality and not universality is the condition of being heard to make rational knowledge claims." (Haraway 1988, S. 589) Haraway unterstreicht damit die Gemeinschaft als Ausgangspunkt von Wissen: „Situated knowledges are about communities, not about isolated individuals." (Haraway 1988, S. 590) Im folgenden Kapitel wird die Situierung von ‚Katastrophen' am Beispiel der Zirkulation frankophoner Texte in Frankreich untersucht. Hierzu sollen die einzelnen Beispiele kurz vorgestellt werden.

Einen ersten Schwerpunkt der Diskursivierung des Erdbebens setzte die französische Tageszeitung *Libération*. Nachdem am 14. Januar erste Augenzeugenberichte unter dem Titel „‚Les bidonvilles ont chuté comme des châteaux de cartes'" (Losson et al. 2010) veröffentlicht worden waren,[50] erschien am 19. Ja-

---

50 Darunter war auch ein Text des kongolesischen Schriftstellers Alain Mabanckou, der ein E-Mail von Louis-Philippe Dalembert wiedergibt „*Merci de penser à moi, vieux frère. Les secousses*

nuar die von der Journalistin Natalie Levisalles zusammengestellte achtseitige Sonderausgabe *Lignes de failles* (2010a). Sie versammelt insgesamt acht Texte der haitianischen Schriftsteller*innen Yanick Lahens („Haïti ou la santé du malheur"), Evelyne Trouillot („Vivre"), Louis-Philippe Dalembert („Et pourtant elle tourne"), Emmelie Prophète („L'urgence de dire"), Beethova Obas („„Non, tu n'es pas maudite'"), Kettly Mars („Un réveil en enfer"), Jean-René Lemoine („Haïti, année zéro") und Jean Métellus („Terre meurtrière et d'immortalité").[51] Auf das mediale Interesse durch Zeitungen folgten erste Buchprojekte, die zum Teil schon im Jahr des Erdbebens auf den Buchmarkt kamen. Interessanterweise partizipieren haitianische Schriftsteller*innen in erster Linie am Buchmarkt fernab von Haiti. Im kanadischen Verlag *Mémoire d'encrier* erschien noch im Jahr des Erdbebens die Essaysammlung *Refonder Haïti?* (2010), herausgegeben von Pierre Buteau, Rodney Saint-Éloi und Lyonel Trouillot. Auch Yanick Lahens Buch *Failles* (2010a) erschien im Jahr des Erdbebens, nämlich am 7. Oktober 2010 im französischen Verlag *Sabine Wespieser Éditeur*. Das Buch versammelt eine Reihe kürzerer unter dem Eindruck des Erdbebens entstandener Texte von Lahens, die zum Teil schon in Zeitungen veröffentlicht worden waren. Rasch reagierte auch Dany Laferriere mit seinem Erfolgstitel *Tout bouge autour de moi* (2010) im kanadischen Verlag *Éditions Mémoire d'encrier*. Das als *Chronique* überschriebene Buch ähnelt von der Struktur her dem von Yanick Lahens, wenn es kürzere Texte liefert, die in der Zeit nach dem Erdbeben geschrieben wurden, und keine komplex zusammenhängende Narration.

Nach dieser Phase wurde das Erdbeben auch in längerfristige Medien der Literatur übertragen. 2012 erschien der Roman *Impasse Dignité* (2012) von Emmelie Prophète bei *Éditions Mémoire d'encrier*, demselben kanadischen Verlagshaus, in dem auch Dany Laferriere publiziert. Im französischen Buchverlag *Chèvre-feuille étoilée* erschien 2013 Évelyne Trouillots *Absences sans frontières* (2013), das den Anschlag auf das World Trade Center dem Erdbeben von 2010 gegenüberstellt. 2013 erschien auch Yanick Lahens *Guillaume et Nathalie* (2013),

---

continuent 7.3, 5.9, 5.5. Les dégâts matériels sont importants, et je me suis fait une légère blessure en sautant par-dessus une barrière pour aller récupérer la belle- mère impotente de mon frère. Mais ce n'est pas très grave. Les dangers sont de loin plus importants ailleurs. J'ai envoyé un message aux gens d'Etonnants [sic!] Voyageurs [le festival de Saint-Malo]. *Je n'ai pas de nouvelles.*" (Losson et al. 2010)

51 Neben Texten wurde die Sonderausgabe auch durch Bilder haitianischer Künstler*innen ergänzt. Die Titelseite zeigt ein Bild der haitianischen Künstlerin Élodie Barthélemy. Daneben finden sich vier weitere Bilder, die aus der Sammlung der haitianischen Kunstgalerie *Galerie Monnin* stammen. Unter den Künstler*innen sind Préfète Duffaut (*EtatsUnis, France et Canada supportent Haïti. Les Amis d'Haïti, 2006)*, Saint Louis Blaise (*L'Enterrement)*, Fritzner Lamour (*Le Médecin de famille*) und Patrick Ganthier ‚Killy' (*Through the Valley of Death)*.

ebenfalls in einem französischen Verlag, nämlich *Sabine Wespieser Éditeur*. 2017 erschien im selben Verlag der Roman *Avant que les ombres s'effacent* (2017) von Louis-Philippe Dalembert. Es war nicht sein erster Roman, in dem ein Erdbeben eine Rolle spielt. Drei Jahre nach dem Erdbeben von Haiti erschien der Roman *Ballade d'un amour inachevé* (2013), das ein anderes Erdbeben zum Gegenstand hat, jenes von L'Aquila im Jahr 2009.

An diesen Publikationen spiegelt sich das ambivalente Verhältnis der Schriftsteller*innen zu ihrem Herkunftsort Haiti. Denn während viele von ihnen in Haiti leben und arbeiten, veröffentlichen sie ihre Texte in Verlagen des französischsprachigen Auslands und partizipieren so an der Öffentlichkeit und am Buchmarkt jenseits von Haiti. Damit tragen sie zum Bild vom Erdbeben im Ausland bei, das immer ein situiertes und lokales ist und nicht universell oder allgemeingültig ist. Anhand der Analyse der einzelnen Beiträge von Yanick Lahens und Louis-Philippe Dalembert soll im Folgenden untersucht werden, in welche Ordnungen diese Texte übertragen wurden.

4.1 Locus: Yanick Lahens' erotischer Roman *Guillaume et Nathalie* (2013)

Yanick Lahens zählt zu den bekanntesten Stimmen der zeitgenössischen Literatur aus Haiti.[52] Seit 2008, ihrem Wechsel zum renommierten französischen Buchverlag *Sabine Wespieser Éditeur*, sind eine Vielzahl ihrer Bücher in Frankreich erschienen. Darüber hinaus tritt die Schriftstellerin regelmäßig in der französischen Öffentlichkeit auf und äußert sich in Interviews, Zeitungsartikeln oder Fernsehshows zu haitibezogenen Themen. Trotzdem lebt und arbeitet die Schriftstellerin vorwiegend in Port-au-Prince, der haitianischen Hauptstadt. Als Autorin haitianischer Herkunft, die in einer kreolisch dominierten Gesellschaft lebt, weist ihre französische Präsenz auf einen Transfer hin, der von Inklusion und Exklusion der französischen Öffentlichkeit und des Buchmarkts bestimmt wird.

In Frankreich hat Lahens als frankophone Schriftstellerin den Status einer Vermittlerin, die über alles sprechen kann, was Haiti betrifft.[53] Lahens nutzt die-

52 Dieses Kapitel beinhaltet einen Auszug des ins Deutsche übersetzten und überarbeiteten Artikels „‚Réagir à chaud'. Yanick Lahens' Quick-Response Writing in the Context of Francophone Literature", der in *Komparatistik: Jahrbuch der Deutschen Gesellschaft für Allgemeine und Vergleichende Literaturwissenschaft* erschienen ist (Brandlechner 2023a).

53 Zum Problem des Begriffs *Frankophonie* vgl. den Artikel „Pour une littérature-monde en français" von Michel Le Bris, der das Konzept der französischsprachigen Weltliteratur als Überwindung der beiden Begriffe *Französisch* und *Frankophon* vorschlägt (vgl. Le Bris 2007, S. 24).

sen Vertrauensvorschuss, indem sie in Frankreich das Bild von Haiti bearbeitet. In diesem Zusammenhang sind auch ihre Beiträge nach dem Erdbeben von 2010 zu verorten. Lahens kommentiert und korrigiert mithilfe der französischen Sprache das von der internationalen Berichterstattung vermittelte Bild von Haiti in Frankreich. Anhand eines wenige Tage nach dem Erdbeben verfassten Zeitungsartikels für die französische Tageszeitung *Libération* (Lahens 2010b) und zwei ihrer Buchprojekte – ihrem Journal *Failles* (Lahens 2010a) und ihrem Roman *Guillaume et Nathalie* (Lahens 2013) – wird diese Strategie der Situierung von ‚Katastrophen' in Frankreich im Folgenden untersucht.

Ein besonderer Fokus liegt auf ihrem mit erotischen Elementen ausgestatteten Roman *Guillaume et Nathalie.* Schon das Cover der Taschenbuchausgabe zeigt ein Symbol weiblicher Sexualität, das Innere einer Feigenfrucht, und nimmt den Inhalt des Buches vorweg. Auf diese Weise bezieht sich Lahens auf die Tradition des libertinen Romans und knüpft auf die Tradition erregender Literatur in Frankreich an.

Der Zeitungsartikel „Haïti ou la santé du malheur"

Yanick Lahens reagierte auf das Erdbeben vom 12. Januar mit einem Zeitungsartikel, der am 19. Januar in der Sonderausgabe *Lignes des Failles* erschien. Als Vermittlerin agierte ihre französische Verlegerin Sabine Wespieser. In *Failles* schildert Lahens, wie ihre Verlegerin sie auf das Projekt der französischen Tageszeitung *Libération* aufmerksam gemacht hatte (vgl. Lahens 2010a, S. 59). Bevor sie zusagte und in kürzester Zeit einen Text lieferte, der die Ereignisse einzuordnen versuchte, forderte Lahens eine Bedenkzeit von achtundvierzig Stunden ein. Diese Wartezeit ist Ausdruck eines Dilemmas, zu tagesaktuellen Ereignissen für das Ausland zu schreiben. Dieses Dilemma wird noch einmal vor dem postkolonialen Hintergrund verstärkt. Der Zeitungsartikel erschien nämlich direkt nach dem Vorwort der Journalistin und Herausgeberin Nathalie Levisalles, in dem Haiti als ein Land der Gegensätze dargestellt wird. Einerseits sei Haiti bekannt für die hohe Zahl armer Menschen, die weder lesen noch schreiben können, sowie für „dictateurs, des cyclones, et maintenant des tremblements de terre" (Levisalles 2010b, S. II). Auf der anderen Seite sei Haiti ein extrem kreatives Land, eben „une terre d'écrivains" (Levisalles 2010b, S. II). Damit bezieht sich Levisalles auf haitibezogenene Gemeinplätze, die ein Land extremer Gegensätze darstellen. Die Schnelligkeit, mit der das Sonderheft herausgegeben wurde, wirft daher zunächst die Frage auf, ob Klischees und Stereotype durch schnelles Reagieren fernab der Katastrophenherde bekämpft oder nicht viel mehr verstärkt werden. In Yanick Lahens Reaktion auf das Erdbeben scheinen sich stereotype Darstellungen jedenfalls zu verfestigen, als dass sie aufgebrochen werden. Hierfür spielen auch Paratexte eine nicht zu unterschätzende Rolle.

Dafür spricht schon der Titel „Haïti ou la santé du malheur". In einem 2008 für die französische Tageszeitung *Libération* verfassten Zeitungsartikel hatte Yanick Lahens eine Passage aus dem Band *A une sérénité crispée* des französischen Dichters René Char zitiert (vgl. Lahens 2008). Auf die Frage, warum sich Haiti durch eine starke künstlerische Produktivität auszeichnet, pflege sie mit René Chars Satz „la santé du malheur" (Char 1983, S. 752) zu antworten. Entgegen ihrer Aussage, sich in Zukunft aber nicht mehr dieses Gemeinplatzes bedienen zu wollen („Je n'ai plus envie de le faire.", Lahens 2008, S. 31), greift sie in ihrer ersten Reaktion wenige Tage nach dem Erdbeben erneut auf diese Passage zurück: „Mais Haïti donne une autre mesure tout essentielle du monde, celle de la créativité. Parce que nous avons aussi forgé notre résistance au pire dans la constante métamorphose de la douleur en créativité lumineuse. Dans ce que René Char appelle 'la santé du malheur'" (Lahens 2010b, S. III) Diese Passage wurde schließlich von der Redaktion als Titel übernommen. Anhand weiterer redaktioneller Entscheidungen lässt sich sehen, wie durch schnelles Reagieren lokale Stereotype und Klischees gefördert werden.

Der Artikel besteht aus drei Teilen. Der erste, vorwiegend aus der Ich-Perspektive der Autorin erzählte Teil, beschreibt die eigene Erfahrung der Autorin während des Erdbebens. Dabei wirft sie das erste Mal die Frage auf, mit der sie sich in weiterer Folge befassen wird: Warum wurde Haiti erneut von einer ‚Katastrophe' von großem Ausmaß getroffen? Zur Beantwortung dieser Frage verweist sie im zweiten Teil auf verschiedene Zusammenhänge des Landes. Sie macht die Kombination von geologischen, geografischen und historischen Zufällen („suite de hasards") für die Armut im Land verantwortlich (vgl. Lahens 2010b, S. II). Im dritten Teil widerspricht die Autorin der allgemeinen Wahrnehmung von Haiti als peripheres Land und positioniert es im Zentrum: „[…] Haïti n'est pas une périphérie. Son histoire fait d'elle un centre." (Lahens 2010b, S. III)

Besonders die im dritten Teil zur Ausformulierung gelangten Aussagen sind in einen postkolonialen Kontext einzuordnen. Lahens bezieht sich auf den frankoalgerischen Schriftsteller Albert Camus und den afrokaribisch-französischen Schriftsteller Aimé Césaire. Durch diese Referenzen greift Lahens Themen auf, die mit den Auswirkungen des Kolonialismus und der Dekolonisierung verbunden sind.

Es ist jedoch bemerkenswert, dass dieser Zusammenhang in den redaktionellen Entscheidungen nicht berücksichtigt wurde. In Frankreich wird Lahens eher als feministische Autorin wahrgenommen, nicht als postkoloniale Autorin, wie es die Einordnung des Textes in der Zeitung zeigt. Indem Redaktionen einen Artikel mit einer Überschrift und einer Zwischenüberschrift ausstatten und ihn mit unterschiedlichen Elementen wie Bildern ergänzen, tragen sie bereits zur Einordnung eines Ereignisses in bestehende Bedeutungszusammenhänge bei. So hat sich Nicole Seifert in ihrem Buch ~~Frauen~~*literatur. Abgewertet, vergessen, wiederentdeckt* (2021) mit der öffentlichen Wahrnehmung von Autorinnen beschäftigt und hat herausgefunden, dass bei der Rezension von Büchern weiblicher Autorinnen viel öfter außerliterarische Aspekte eine Rolle spielen als bei den Büchern ihrer männlichen Kollegen (vgl. Seifert 2021, S. 38). Rezensieren und Redigieren sind zwar zwei unterschiedliche Tätigkeiten. Dennoch treten ähnliche Annahmen, Klischees und Stereotype auf, wenn man sich mit der Aufnahme und Integration von Yanick Lahens in der französischen Öffentlichkeit befasst. Im Zeitungsartikel wird Lahens als die sich um ihre Familie sorgende Frau hervorgehoben. In der Zwischenüberschrift wird Yanick Lahens als eine in Port-au-Prince lebende und Literatur unterrichtende Schriftstellerin vorgestellt („Yanick Lahens enseigne la littérature à Port-au-Prince."). Neben ihrem Beruf wird in der Zwischenüberschrift auch das erste Lebenszeichen von Lahens nach dem Erdbeben erwähnt, das sie von sich gegeben hat: „La famille est vivante" (Lahens 2010b, S. II). Vor dem Hintergrund ihres restlichen Artikels, in dem ihre Familie in keinem Wort erwähnt wird, überrascht der Verweis auf die Familiensituation. Man kann sagen, dass Lahens im Untertitel explizit als weibliche Autorin ausgewiesen wird. Anders sieht dies in Lahens Buchpublikation *Failles* (2010a) aus, wo ein postkoloniales Setting in den Vordergrund tritt.

Failles

Wie so oft nach Ereignissen wie einem Erdbeben werden die unmittelbar in Umlauf gebrachten Texte in Buchpublikationen aufgenommen und gesammelt wiederverwertet. Dies gilt auch für den Zeitungsartikel „Haïti ou la santé du malheur", der in das Buch *Failles* aufgenommen wurde (Lahens 2010a, S. 67–72). Es handelt sich um ein Buch, das noch im selben Jahr des Erdbebens in Frankreich bei *Sabine Wespieser éditeur* erschienen ist. Da das Buch am französischen Buchmarkt partizipiert, ist die Frage von Relevanz, was Yanick Lahens ein halbes Jahr später mit dem Erdbeben macht und in welche Ordnungen sie es überführt. Die These ist, dass sich Lahens in *Failles* den essentialistischen Katastrophenbildern der internationalen Berichterstattung zu widersetzen versucht, was sie anhand der Strategie des Wiederlesens (vgl. Loth 2015, S. 126) kurz nach dem Erdbeben verfasster Texte unternimmt.

Failles besteht aus 31 Kapiteln, von denen die meisten nicht länger als drei Seiten sind. Die fortlaufende Nummerierung und die chronologische Anordnung jedes Kapitels stellen einen Versuch dar, die heterogenen Texte im Buch zu ordnen. Der Text beginnt im Januar 2010, unmittelbar nach dem Erdbeben, und begleitet die Erzählerin bis in den August hinein. Dennoch kann diese Anordnung nicht über die Heterogenität des Textes hinwegtäuschen: Das Buch ist eine Zusammenstellung aus Teilen des Romans *La couleur de l'aube*, Skizzen für ein neues Buch um ein Liebespaar namens Nathalie und Guillaume, einem Brief, mehreren Zeitungstexten und tagebuchartigem Material, das die persönliche Erfahrung des Erdbebens reflektiert und die Tage danach verarbeitet. Diese Verschiebung der Gattungen ist weniger als Merkmal globalisierter Texte zu fassen, wie ein Befund von John Patrick Walsh lautet (vgl. Walsh 2015, S. 296). Die disparate Struktur entspricht eher der Feststellung von Lily Meyer, dass Krisen nicht durch polierte Eleganz sondern am besten durch das Durcheinander und das Chaos nachgeahmt werden (vgl. Meyer 2020).

Die Aufnahme des Zeitungsartikels „Haïti ou la santé du malheur" in das Buchprojekt *Failles* lässt sich mit Laura Loth als eine Form des Wiederlesens („*rereading*") bezeichnen (vgl. Loth 2015, S. 126). Loth bezeichnet damit eine Strategie von Lahens, mit der sie die problematische Schreibposition innerhalb des Genres der Katastrophenerzählung zwar anerkennt, sich aber gleichzeitig gegen die essentialistischen Katastrophenbilder Haitis wehrt, die von der internationalen Berichterstattung in Umlauf gebracht wurden (vgl. Loth 2015, S. 126). Diese Strategie lässt sich an der Eingliederung des Zeitungstextes in das Buchprojekt beobachten.

Wie wurde der Zeitungstext also übernommen? Der Verlag hat in der Buchpublikation auf die Angabe der Unterüberschrift verzichtet, wie sie von *Libération* formuliert wurde, und damit auch der Hervorhebung von Lahens als weibliche Schriftstellerin. Der gesamte Zeitungsartikel, mit Ausnahme der Zwischenüberschrift, wurde wortgetreu übernommen, jedoch durch einen einleitenden Kommentar ergänzt. Mit der Ergänzung um einen Kommentar handelt es sich mit Michel Foucault also um eine neue Aussage, nicht einfach nur um eine Wiederholung derselben Aussage (vgl. Foucault 1969, S. 135 f.). In der Buchfassung stehen nun der Titel und der Text, was von einem Autorinnenkommentar eingeleitet wird, worin insbesondere auf die Entstehung des Textes eingegangen wird:

> J'achève l'article pour le journal *Libération* avec une émotion encore tiède, battante comme le sang, l'émotion des premiers moments qui ont suivi le 12 janvier. Les pensées sont sorties comme un flot. À mesure qu'elles surgissaient, j'ai tenté d'y mettre un ordre, d'abord pour moi-même. P. a tempéré quelques débordements. Et tant mieux. (Lahens 2010a, S. 67)

Lahens nimmt Wochen und Monate nach Fertigstellung ihres Zeitungsartikels keine nachträgliche Bewertung ihres Zeitungsartikels vor, um ihre Gedanken z. B. in einen größeren Zusammenhang zu stellen. Ganz im Sinne von Laura Loth lässt sie ihren Kommentar stattdessen in der französischen Gegenwartsform, dem

Présent („J'achève"). Damit stellt sich der Eindruck ein, dass sie den Zeitungsartikel sofort nach seiner Fertigstellung kommentiert und den Schreibprozess unter dem Eindruck des Erdbebens reflektiert hatte. Dazu bemerkt Loth:

> By writing about writing, she draws attention to the importance of informed revisiting, rewriting, and rethinking of the narratives that emerge from traumatic events. Most importantly, revisiting and rewriting occur within her own writing, calling attention to the notion that history as text is always in a state of becoming. (Loth 2015, S. 128)

Im Kommentar zum Zeitungsartikel, wie überhaupt im gesamten Buch, steht der Schreibprozess im Vordergrund und thematisiert die Schwierigkeiten eines solchen Schreibens unter dem Eindruck der Erdbebenerfahrung. Lahens bringt dies auch zum Ausdruck, indem sie darauf hinweist, dass sie den Artikel in erster Linie für sich selbst geschrieben habe („j'ai tenté d'y mettre un ordre, d'abord pour moi-même"). Interessanterweise reflektiert sie aber nicht ihre Funktion als Vermittlerin in Frankreich. Im Gegenteil, sie lässt jede Reflexion über ihre Leser*innen aus und behauptet, den Artikel für sich selbst geschrieben zu haben. Jedoch ist der Artikel in einer wichtigen französischen Literaturzeitschrift erschienen und später in ihr Buchprojekt aufgenommen worden. Dies führt nun zur Frage, was es bedeutet, als haitianische Schriftstellerin in Frankreich zu veröffentlichen und am französischen Buchmarkt zu partizipieren.

„Comment écrire pour que le malheur ne menace pas le lieu d'existence même des mots?" (Lahens 2010a, S. 18), fragt sich Yanick Lahens in *Failles* und schließt die folgenden Fragen an: „Comment écrire en évitant d'exotiser le malheur, sans en faire une occasion de racolage, un fonds de commerce, un article d'exhibition de foire? Comment être à la hauteur de ce malheur ?" (Lahens 2010a, S. 18) Lahens hat immer wieder darüber nachgedacht, wie sie das Erdbeben literarisch bearbeiten könne, insbesondere in *Failles*, wo sie die Schwierigkeit des Schreibens thematisiert hat. In *Failles* folgt man der Entwicklung des Romans, wenn Lahens wiederholt über ihr Romanprojekt *Guillaume et Nathalie* angesichts des verheerenden Erdbebens nachdenkt. Zunächst erwähnt sie, wie sie nach dem Erdbeben die in ein gelbes Heft geschriebene Romanskizze über die Beziehung von zwei Menschen wiedergefunden hatte:

> Cette nuit-là, j'ai sorti Nathalie et Guillaume, cet homme et cette femme dans les hauteurs de Pacot, cet homme et cette femme aux ombres à peine esquissées sur des feuilles jaunes, de mes décombres intérieurs, presque comme des êtres de chair. Avec les spectres désespérés qui les habitaient déjà, la même patience pétrie de rêves en marche et toujours cette quête de l'étreinte miraculeuse. Toujours. Toujours. (Lahens 2010a, S. 20)

Das Wiederfinden dieser flüchtig notierten Skizze beschreibt sie wie eine Bergungsarbeit nach dem Erdbeben, wenn sie sie aus den Trümmern zieht. Im weiteren Verlauf denkt sie immer wieder über das Romanprojekt nach. Es ist eine kontinuierliche Weiterentwicklung der beiden Figuren:

> En m'endormant, je me demande ce que je pourrai bien écrire face à cette chose énorme qui nous est tombée dessus. Qu'adviendra-t-il des notes griffonnées, de Nathalie et de Guillaume qui prenaient déjà forme entre les lignes du cahier jaune ? (Lahens 2010a, S. 30)

Eine Lösung wird ihr erst klar, als sie eines Tages nach Pacot fährt, ein wohlhabendes Viertel in Port-au-Prince, wo sie ursprünglich geplant hatte, die Geschichte zwischen Guillaume und Nathalie stattfinden zu lassen:

> Je redescends par Pacot. Exprès. Je veux m'arrêter à l'endroit où j'avais toujours imaginé que Nathalie et Guillaume se rencontreraient pour la première fois, dans les pages du cahier jaune. La rue est méconnaissable. Au point que je dépasse l'emplacement où se trouvait l'immeuble. Quand je m'en rends compte, je fais marche arrière. À la place de l'immeuble, un vide. Rien. L'immeuble a basculé dans la ravine derrière. Rien. Plus rien. J'arrête la voiture et je me penche pour voir ce tas de gravats, ces murs en ruine. Tout à l'intérieur de moi, le nœud se resserre, à croire que mes personnages sont ensevelis là, sous les décombres, et que je suis dans l'impossibilité de les en sortir. (Lahens 2010a, S. 52 f.)

Das wohlhabende Viertel Pacot wurde bei dem Erdbeben aber stark beschädigt. Als Lahens den von der Zerstörung gezeichneten Ort besucht, stellt sich der Eindruck ein, dass auch ihre beiden fiktiven Figuren unter den Trümmern begraben wurden. Dieser Moment stellt für sie einen Schock dar. Sie kompensiert ihn, indem sie sich wieder der vor dem Erdbeben angesetzten Geschichte zuwendet:

> Ce sont les premiers mots du cahier jaune qui se mettent à exister très fort. Je les répète plusieurs fois pour ne pas perdre la source, pour ne pas m'éloigner d'elle. Pour que le malheur n'ait pas le dessus.
> *Un couple franchit le portail d'un immeuble à Pacot. Sur ces hauteurs d'où l'on peut voir Port-au-Prince dans les feux du crépuscule.*
> Et j'entends l'écriture dans ma tête, même quand je sais que ma main droite sur le cahier jaune, mes deux mains sur le clavier ne peuvent pas encore suivre. Cela, je le sais. Pas si tôt. Pas si vite.
> Et je me répète:
> *Un couple franchit le portail d'un immeuble à Pacot. Sur ces hauteurs d'ou l'on peut voir Port-au-Prince dans les feux du crépuscule. Les couleurs du couchant tiennent la ville dans un scintillement qui en masque les soubresauts, le tumulte, la miraculeuse et ardente traversée des siècles.* (Lahens 2010a, S. 53)

Diese bereits in *Failles* veröffentlichten Zeilen stellen auch den Anfang ihres 2013 erschienen Romans *Guillaume et Nathalie* dar (vgl. Lahens 2013, S. 11). Die Erfahrung in Pacot löst in Lahens aber eine Krise aus, eine Schreibkrise, die sie im folgenden Eintrag beschreibt:

> CELA FAISAIT LONGTEMPS que je voulais écrire cette histoire de rencontre d'un homme et d'une femme. L'une de celles qui ravivent le goût de l'impossible. L'une de celles qui traînent son cortège de surprises, de paradoxes, d'érotisme et de déraison. [...] Le 12 janvier, Port-au-Prince a plié les genoux, s'est affaissée, et le quartier de Pacot avec elle. La poussière des gravats a recouvert les silhouettes de Nathalie et de Guillaume, la rumeur, gorge ouverte, a avalé leurs pas.
> Et puis, silence. Plus rien ...
> Vraiment plus rien ?
> Je ne peux pas m'y résoudre et je ne sens pas non plus la force d'aller plus loin. (Lahens 2010a, S. 54 f.)

Nachdem der Ort Pacot vom Erdbeben zerstört worden war, steht Lahens vor der Frage, wie sie ihren Roman weiterschreiben soll. Nach dem ersten Schock fasst sie aber bald neuen Mut und nimmt sich vor, die beiden Figuren aus den Trümmern zu holen: „Je sortirai Nathalie et Guillaume des décombres." (Lahens 2010a, S. 73) In *Failles* ergänzt sie diesen Entschluss erneut mit dem Romananfang („Un couple franchit le portail d'un immeuble à Pacot. [...]" Lahens 2010a, S. 73 f.) Im weiteren Verlauf von *Failles* finden sich immer wieder Auszüge aus ihrem Romanprojekt, so in den Kapiteln „Nathalie et Guillaume" (87 f.), „Le balbutiement des commencements" (108 f.), „Un désir déjà bavard" (128 f.) und „Je ne sais pas encore" (158).

Als Augenzeugin einerseits und als Schriftstellerin andererseits war Yanick Lahens in zweifacher Weise dem Druck ausgesetzt, sich literarisch mit dem Erdbeben auseinanderzusetzen. Wie also hat sie in weiterer Folge auf den öffentlichen Druck des französischen Buchmarkts reagiert? Zur Beantwortung dieser Frage kann ihr Roman *Guillaume et Nathalie* (2013) untersucht werden. In ihrem drei Jahre nach dem Erdbeben erschienenen Roman *Guillaume et Nathalie* (2013) löst sie das Problem, indem sie die Handlung am Vorabend des Bebens ansetzt und das Erdbeben lediglich im Nachwort erwähnt.

Guillaume et Nathalie

> Nous étions en décembre 2009.
> Le 12 janvier 2010 à 16 heures 53 minutes, dans un crépuscule qui cherchait déjà ses couleurs de fin et de commencement, Port-au-Prince a été chevauchée moins de quarante secondes par un de ces dieux dont on dit qu'ils se repaissent de chair et de sang. Chevauchée sauvagement avant de s'écrouler cheveux hirsutes, yeux révulsés, jambes disloquées, sexe béant, exhibant ses entrailles de ferraille et de poussière, ses viscères et son sang. (Lahens 2013, S. 147)

Yanick Lahens beschränkt die Diegese auf die Zeit vor dem Erdbeben. Der Roman handelt von der gegenseitigen Liebe eines Mannes und einer Frau in der haitianischen Hauptstadt. Das Erdbeben vom Januar 2010 wird lediglich im Epilog angekündigt, was als eine Vorwegnahme des Todes ihrer beiden Hauptfiguren gewertet werden kann. Im Folgenden wird die These ausgearbeitet, dass sich der Roman der internationalen Berichterstattung widersetzt und ein alternatives Bild von Haiti liefert. Ausschlaggebend dafür sind die Einführung entsprechender Figuren und die Lokalisierung der Handlung im wohlhabenden Viertel Pacot. Darüber hinaus ist dies vor dem Hintergrund der Gattung erregender Literatur zu betrachten. Zunächst wird der Roman gattungsspezifisch kontextualisiert. Anschließend werden Romanpassagen einer genauen Lektüre unterzogen, um einige der Strategien zu untersuchen, wie sich Lahens gegen die internationale Berichterstattung wendet.

Lahens stellt das Erdbeben als eine riesige Orgie zwischen der haitianischen Hauptstadt und einer Gottheit dar. Die Stadt wird von dieser Gottheit ‚geritten', bevor sie in sich zusammenbricht und ihr gesamtes Inneres zur Schau stellt. *Guillaume et Nathalie* folgt damit der Struktur der Tragödie, was laut Susan Sontag in „The Pornographic Imagination" eines von zwei Mustern pornografischer Literatur darstellt: „As a literary form, pornography works with two patterns –one equivalent to tragedy [...] in which the erotic subject-victim heads inexorably toward death, and the other equivalent to comedy [...]" (Sontag 1969, S. 59) Der gesamte Roman lässt sich der Gattung der erregenden Literatur zuordnen, ein Begriff, den Carolin Fischer als Überbegriff für Formen erotischer und pornografischer Literatur eingeführt hat (vgl. Fischer 1997, S. 13). Die erregende Funktion ist dabei das gemeinsame Merkmal von der nicht immer leicht zu unterscheidenden erotischen und pornografischen Literatur (vgl. Fischer 2017, S. 45).

Die Verknüpfung von Erotik, Krise und ‚Katastrophe' ist literaturhistorisch gut nachvollziehbar, wobei Epidemieausbrüche eine besondere Rolle einnehmen. So wütet in der Rahmenhandlung von Giovanni Boccaccios Novellensammlung *Il Decamerone* die Pest, weshalb eine Gruppe junger Leute aufs Land flüchtet und sich als Zeitvertreib zehn Tage lang zehn Geschichten mit teils explizit erotischem Inhalt erzählt (vgl. Boccaccio 1965, S. 5–21). Auch in Alessandro Manzonis *I promessi sposi* bricht die Pest aus und das Liebespaar begibt sich auf die Flucht vor der Pest (vgl. Manzoni 1958, S. 435–542). Erwähnt sei auch Gabriel García Márquez *El amor en los tiempos del cólera* (1987), das in einer Zeit des Cholera-Ausbruchs spielt.

Die Literatur geht aber immer wieder auch auf die spezifische Verbindung von Erotik und Erdbeben ein, so etwa in Salman Rushdies *The Ground Beneath Her Feet* (2000) oder in Jonathan Franzens *Strong Motion* (2007). Eine besondere Rolle kommt dabei dem Motiv des Zitterns zu, da eine Analogie zwischen dem Zittern des Körpers im Erregungszustand und dem Zittern der Erde besteht. Karl Kraus nutzte diesen Zusammenhang für eine Zeitungsente, die er unter dem

Pseudonym *Herr Zivilingenieur J. Berdach* in der von ihm wenig geschätzten *Freien Presse* veröffentlichte und sich darin auf ein leichtes Erdbeben in Österreich vom 22. Februar 1908 bezog. Kraus spielt darin bewusst mit der sexuellen Konnotation von Erdbeben, wenn sowohl das „Zittern in der Hand" als auch die von der Frau des Verfassers verspürten „Stöße" mit der Doppeldeutigkeit von Erdbeben spielen:

> Ich las gerade Ihr hochgeschätztes Blatt, als ich ein Zittern in der Hand verspürte. Da mir diese Erscheinung von meinem langjährigen Aufenthalt in Bolivia, dem bekannten Erdbebenherd, nur zu vertraut war, eilte ich sogleich zu der Bussole, die ich seit jenen Tagen in meinem Hause habe. Meine Ahnung bestätigte sich, aber in einer Weise, die von meinen Beobachtungen seismischer Tatsachen in Bolivia durchaus abwich. Während ich nämlich sonst ein Abschwenken der Nadel nach Westsüdwest wahrnehmen konnte, war diesmal in unzweideutiger Weise eine Tendenz nach Südsüdost feststellbar. Allem Anscheine nach handelt es sich hier um ein sogenanntes tellurisches Erdbeben (im engeren Sinne), das von den kosmischen Erdbeben (im weiteren Sinne) wesentlich verschieden ist. Die Verschiedenheit äußert sich schon in der Variabilität der Eindrucksdichtigkeit. Bei dieser Art von Erdbeben kommt es vor, daß jemand, der im Nebenzimmer sich aufhält, nichts von all dem merkt, was sich uns unverkennbar offenbart. Meine Kinder, die um jene Zeit noch nicht eingeschlafen waren, hatten nicht das geringste gemerkt, während wieder meine Frau behauptet, drei Stöße gespürt zu haben. Hochachtungsvoll Zivilingenieur J. Berdach, Wien II., Glockengasse 17. (Kraus 2007)

Das Motiv des Zitterns stellt im zeitgenössischen erotischen Roman allgemein ein wiederkehrendes Element dar (vgl. De Felip 2017, S. 214). Für Juliane Blank kann das Motiv sogar auf eine zeitgenössische Ästhetik verweisen, wenn die Literatur etwa auf psychologisches Wissen der Ursachen für körperliche Reaktionen wie dem Zittern im Erregungszustand zurückgreift (vgl. Blank 2017, S. 11).

Als eine Sonderform des Zitterns kann der Höhepunkt beim Lustspiel bezeichnet werden, der als Orgasmus mit rhythmisierenden Kontraktionen einhergeht. In *Guillaume et Nathalie* ist diese Sonderform zentral. Sie steht in einem Zusammenhang mit der natürlichen Seismizität der Erde, die ebenfalls in regelmäßigen Abständen von einem lokalisierbaren Hypozentrum ausgehend ‚Kontraktionen' aussendet. Im Roman von Lahens bildet das Bild der kontrahierenden Körper das Gegenstück zur Seismizität der Erde.

In diesem Sinne ist auch der Zusammenhang von Erdbeben und Erotik im Roman von Lahens zu werten. Im Gegensatz zur Erotik, die im Roman vordergründig ist, spielen Erdbeben in der Romanhandlung von *Guillaume et Nathalie* eine weitgehend untergeordnete Rolle. Würde man ausschließlich den Text lesen und alle Paratexte ignorieren, würde man den Roman nicht unbedingt als einen Text über das Erdbeben lesen. So hat Laura Loth darauf hingewiesen, dass „[t]he reader of Guillaume et Nathalie would not necessarily know of the novel's intertextual relationship with *Failles*—nothing in the diegesis of Guillaume et Nathalie announces the pairing." (Loth 2015, S. 132).

Jedoch finden sich sehr wohl erdbebenspezifische Anspielungen, mitunter auch sehr direkte. So findet sich neben dem Epilog auch eine Passage, in der ein Spezialist im Radio zu Wort kommt und vor einem bevorstehenden Erdbeben warnt:

> Ce jour-là étaient venues s'ajouter des mises en garde contre l'imminence d'un séisme. Un spécialiste étayait ses prévisions de données scientifiques: les centimètres de déplacement des plaques tectoniques qui faisaient craindre le pire, le délai d'accumulation de l'énergie, les résultats des analyses des laboratoires américains et cubains sur les récents frémissements de ces plaques, etc. (Lahens 2013, S. 38)

Das Erdbeben wird aber auch in der Figurenkonstellation reflektiert. Guillaume ist Soziologe und hat sein ganzes Leben auf der Insel gelebt. Er arbeitet zusammen mit Nathalie an einem Bauprojekt zur Errichtung eines Mehrzweckzentrums, das von einer französischen NGO finanziert wird. Nathalie ist von Beruf Architektin. Sie lebte lange Zeit in Frankreich und ist erst vor Kurzem zurückgekehrt, um sich am Bauprojekt zu beteiligen. Mit ihrem Beruf steht sie in einem Zusammenhang mit der Erdbebensicherheit des Landes, ist sie als Architektin doch für erdbebensicheres Bauen verantwortlich, das den besten Schutz vor großer Zerstörung durch seismische Aktivitäten bietet. Anhand der beiden Figuren Nathalie und Guillaume, die für eine internationale Organisation arbeiten, wo sie sich auch kennenlernen und die Liebesgeschichte ihren Anfang nimmt, fokussiert Lahens auf die Zeit vor dem Beben. Sie interessiert sich in *Guillaume et Nathalie* nicht für das Spektakuläre am Erdbeben. Indem sie die Zeit bis zum Erdbeben erzählt, kann sie die Atmosphäre beschreiben, die zum Erdbeben geführt hat. Mit der Wahl von zwei Figuren aus Haiti gelingt es ihr zudem, die gute Zusammenarbeit mit ausländischen NGOs hervorzuheben und ein anderes Bild als jenes zu vermitteln, demzufolge NGOs in Haiti ohne Mitspracherecht der lokalen Bevölkerung arbeiten würden.

Lahens wendet sich gegen das Bild in der internationalen Berichterstattung aber auch anhand der Auswahl des Schauplatzes. Der Roman spielt in Pacot, einem wohlhaben Viertel der haitianischen Hauptstadt Port-au-Prince, das von der Zerstörung gleichermaßen betroffen wurde wie die ärmeren Viertel der Stadt. Pacot lieferte deshalb andere Bilder des Erdbebens als die Bilder aus den vom Erdbeben verwüsteten Slums, was von der internationalen Berichterstattung aber kaum wahrgenommen wurde.

Schon der Regisseur Raoul Peck machte das Viertel aus diesem Grund zum Schauplatz seines international erfolgreichen Films *Meurtre à Pacot* (2014), wie er in einem Interview gegenüber der französisch-kanadischen Tageszeitung *Le Devoir* erzählte (vgl. Daniel 2014). Der Film handelt von einem wohlhabenden Ehepaar in Pacot, deren Haus durch das Erdbeben schwer beschädigt wurde. Um die nötigen Geldmittel für die Renovierung aufzutreiben, vermieten sie das Zimmer einem Franzosen, der sich an der Katastrophenhilfe engagiert.

Indem auch Yanick Lahens ihren Roman in diesem wohlhabenden Viertel ansiedelt, wendet sie sich gegen die Bilder der internationalen Berichterstattung, wenn sie auf diese in korrigierender Absicht reagiert. Sie vermittelt ein anderes Bild der Zerstörung Haitis als jenes in der internationalen Berichterstattung, wo in erster Linie die weitläufige Armut hervorgehoben wurde, auf die das Unglück des Erdbebens traf.

Vonseiten des Verlages wurde der Zusammenhang von Roman und Erdbeben von Anfang an hervorgehoben. In der Buchvorstellung auf der Webseite des Verlags heißt es: „Guillaume est sociologue, Nathalie architecte. Ils se rencontrent à la veille du séisme qui a ravagé Haïti en janvier 2010, autour du projet d'un centre polyvalent dans les environs de Port-au-Prince." (Sabine Wespieser éditeur 2023) Dieser Zusammenhang wurde auch auf der Rückseite der Taschenbuchausgabe herausgestellt, wo es heißt: „Aimantés l'un par l'autre, ils résistent un temps et puis ... un séisme secoue les entrailles d'Haïti." (Lahens 2013 Buchrückseite). Das Buch wurde seitens des Verlags als eine Reaktion von Yanick Lahens auf das Erdbeben verbreitet.

Yanick Lahens schrieb mit *Guillaume et Nathalie* ein Buch über das Erdbeben, verzichtete aber weitgehend auf die Thematisierung des Erdbebens. Die Verbindung stellt sich insbesondere durch den Bezug auf die Tradition des erotischen Romans ein, mit dem sie in Frankreich auf eine beliebte Gattung trifft. Sie reagiert auf Darstellungen von Haiti in der internationalen Berichterstattung, gegen die sie sich wendet, indem sie in Frankreich alternative Bilder von Haiti anbietet. Diese korrigierende Absicht kann man auch an den Reaktionen eines weiteren Schriftstellers feststellen, der seit dem Erdbeben auf unterschiedliche Weise auf die internationale Berichterstattung geantwortet hatte: Louis-Philippe Dalembert.

4.2 Topos: Louis-Philippe Dalemberts historischer Roman *Avant que les ombres s'effacent* (2017)

Unter den Augenzeug*innen des Erdbebens von Haiti befand sich auch der Schriftsteller Louis-Philippe Dalembert. Er war zwar in Haiti geboren und aufgewachsen, anders als Yanick Lahens war Dalembert zu der Zeit des Erdbebens aber nicht in Haiti wohnhaft, sondern hielt sich seit 1986 an unterschiedlichen Orten in Europa auf. Er hatte u. a. an der Pariser Sorbonne ein Doktorat in Vergleichender Literaturwissenschaft abgeschlossen und war von 1994 bis 1995 Stipendiat der Villa Medici in Rom. 2010 wurde er als Stipendiat des DAAD in Deutschland erwartet. Anfang des Jahres war Dalembert allerdings für das Literaturfestival *Étonnants Voyageurs* nach Haiti gereist, wo er das Erdbeben aus nächster Nähe erlebte. Wie auch Yanick

Lahens reagierte Dalembert auf die internationale Berichterstattung und veröffentlichte eigene Texte dazu in Frankreich. Diese Strategie soll zuerst anhand zweier seiner Zeitungsartikel diskutiert werden. Anschließend wird die Fortsetzung dieser Strategie in zwei Buchveröffentlichungen des französischsprachigen Buchmarkts nachgegangen. Im Abstand einiger Jahre setzte sich Dalembert nämlich auch literarisch mit dem Erdbeben auseinander. Dabei greift er immer wieder auf einen Topos zurück, der in einem Zusammenhang mit der Art steht, wie das Erdbeben von Haiti 2010 lokal wahrgenommen und diskutiert worden war: die Ankunft mysteriöser Fremder. Sie lässt sich in einen Zusammenhang mit dem postkolonialen Setting bringen, das mit der Ankunft von Hilfskräften aus der ganzen Welt plötzlich in den Vordergrund getreten ist.

In Frankreich: „Et pourtant elle tourne"

Dalemberts Zeitungsartikel wurde mit dem Titel „Et pourtant elle tourne" (2010a) in das Sonderheft *Lignes de failles* aufgenommen. Darin greift Dalembert schon wenige Tage nach dem Erdbeben berichtigend auf das nach dem Erdbeben vermittelte Haitibild in Frankreich ein, wenn Dalembert als Augenzeuge auftritt, der im Gegensatz zur internationalen Berichterstattung in der Lage ist, ein wahres Bild von Haiti nach dem Erdbeben einzufangen.

Diese Abgrenzung wird bereits im Titel „Et pourtant elle tourne" unternommen. Der Titel bezieht sich auf den allgemein bekannten Spruch, den Galileo Galilei von sich gegeben hat, nachdem er zuvor seine Lehre öffentlich als Unwahrheit widerlegen musste. So soll Galilei leise mit dem Ausspruch *E pur si muove!* geantwortet haben. Heute wird dieser Ausspruch verwendet, um einer Person entgegenzutreten, die evidente Beweise leugnet. Diese Person stellt in Dalemberts Zeitungsartikel die Figur einer Bekannten dar, mit der sich der Autor über die Folgen des Erdbebens unterhielt. Dalembert erzählt, wie er mit der Redewendung auf eine Aussage von ihr reagierte, in der sie behauptete, nichts von der Solidarität gesehen zu haben, von der ihr der Autor zuvor erzählt hatte. Der Artikel setzt mit der Wiedergabe ihrer Aussage in der direkten Rede ein: „Ce qu'on ne peut pas voir, c'est la solidarité dont tu parles." (Dalembert 2010a, S. 4) Daraufhin erzählt Dalembert seine eigene Erfahrung als Augenzeuge des Erdbebens und greift auf einen literarischen Topos zurück, den *locus aemonus.*[54]

54 Dazu allgemein Giacomini (2007); siehe auch Curtius (vgl. 1948, S. 200–205). Dieser Topos wird auch in der Katastrophendarstellung oft verwendet, exemplarisch in der Novelle *Das Erdbeben in Chili* von Heinrich von Kleist (vgl. u. a. Oellers 1998, S. 92). Diese Passage wird kurz wiedergegeben: „Und in der Tat schien, mitten in diesen gräßlichen Augenblicken, in welchen alle irdischen

Louis-Philippe Dalembert erzählt von einem Ort, an dem sich Menschen gegenseitig mit dem Tausch oder der Weitergabe von Lebensmitteln, den Treffen auf öffentlichen Plätzen oder dem gemeinsamen Kochen helfen und wie sich, wie bei Kleist, die alte Gesellschaftsordnung kurzfristig auflöst: „Elle tourne entre individus de toutes les classes sociales, entre gens de peu et ceux des couches les plus aisées. Dans un va-et-vient à la fois vertical et horizontal." (Dalembert 2010a, S. 4)

Dalembert übt aber auch Kritik und stellt das solidarische Handeln der Zivilgesellschaft dem Handeln der Regierung und anderen staatlichen Organisationen wie der *Minustah*, der Stabilisierungsmission der Vereinten Nationen in Haiti, entgegen: „Elle s'est mise en branle d'autant plus vite que l'Etat [sic!] et la Mission de stabilisation des Nations unies pour Haïti (Minustah) ont répondu aux abonnés absents les premières vingt-quatre heures qui ont suivi le séisme.“ (Dalembert 2010a, S. 4) Solidarität in der Zivilgesellschaft wird für Dalembert damit zum Gegenbegriff für staatliches Aktivwerden: „La solidarité spontanée compense vite l'absence de l'Etat [sic!] et de secours organisé. Elle n'en a bien sûr pas l'efficacité. Mais c'est déjà ça.“ (Dalembert 2010a, S. 4)

Die von ihm beobachtete Solidarität stellt Dalembert auch in einen Zusammenhang mit der Todesrate, die ihm zufolge noch höher ausgefallen wäre, hätte sich die Zivilgesellschaft nicht solidarisch gezeigt: „N'était cette solidarité, les pertes en vie humaine auraient été encore plus élevées. Et on en serait déjà à l'émeute de masse.“ (Dalembert 2010a, S. 4)

Insgesamt zeichnet Dalembert also das Bild einer solidarischen Zivilgesellschaft in Haiti. Damit folgt er haitianischen Schriftsteller*innen, die sich ebenfalls gegen die in internationalen Medien zirkulierenden Bilder von Haiti ausgesprochen haben (vgl. Leak 2013, S. 396). Die internationale Berichterstattung war vielfach auf Plünderungsszenen und Aufnahmen von lokalen Aufständen reduziert worden. Dies dürfte auch der Grund sein, warum die Bilder des Autors von jenen der Bekannten, von deren Austausch Dalembert in seinem Zeitungsartikel erzählt, abweichen. Die Bekannte befindet sich nämlich an einem unbestimmten

Güter der Menschen zugrunde gingen und die ganze Natur verschüttet zu werden drohte, der menschliche Geist selbst wie eine schöne Blume aufzugehn. Auf den Feldern, so weit das Auge reichte, sah man Menschen von allen Ständen durcheinander liegen, Fürsten und Bettler, Matronen und Bäuerinnen, Staatsbeamte und Tagelöhner, Klosterherren und Klosterfrauen einander bemitleiden, sich wechselseitig Hilfe reichen, von dem, was sie zur Erhaltung ihres Lebens gerettet haben mochten, freudig mitteilen, als ob das allgemeine Unglück alles, was ihm entronnen war, zu *einer* Familie gemacht hätte.“ (Kleist 1984, S. 136). Nach dem Erdbeben flüchtet die Stadtbevölkerung in das Tal, woraufhin eine Phase der Ruhe und des Friedens einsetzt und alle Klassenverhältnisse temporär aufgelöst werden.

Ort außerhalb Haitis, wo sie lediglich die Bilder der internationalen Berichterstattung erreichen. Das Gespräch zwischen den beiden findet nicht persönlich, von Auge zu Auge, statt, sondern telefonisch bzw. medial vermittelt.

Mit der Nacherzählung eines Gesprächs zwischen zwei Diskutierenden greift Dalembert auf ein bekanntes Erzählmodell zurück, die Dialogform bzw. das Wechselgespräch. Dieser Rückgriff erlaubt Dalembert, die Figur der Bekannten als Stellvertreterin der internationalen Meinung gleichzusetzen, die es zu belehren gilt. Entsprechend ist von ihr durchgehend in der unbestimmten Wendung „cette amie" (Dalembert 2010a, S. 4) die Rede, womit eine gewisse Distanz vermittelt wird. Demgegenüber besitzt Dalembert als lokaler Augenzeuge eine gewisse Autorität, da ihm zugestanden wird, dass er das wahre Bild Haitis einzufangen in der Lage sei. Während die Gesprächspartnerin lediglich Bilder des Leids und der Armut auf der Insel in Zusammenhang mit Plünderungen und kriminellen Aktivitäten erreichen, kann Dalembert als Augenzeuge ein realitätstreues Bild liefern, das von der Solidarität der Zivilgesellschaft geprägt ist. Er stellt fest: „Ces actes de solidarité échappent à la plupart des médias internationaux. Peut-être ne les intéressent-ils pas. Raison pour laquelle cette amie ne les ‚voit' pas." (Dalembert 2010a, S. 4) Indem Dalemberts Artikel in *Libération* erscheint, greift er also schon wenige Tage nach dem Erdbeben korrigierend auf das vermittelte Haitibild in Frankreich ein. Im Gegensatz dazu steht ein Zeitungsartikel von Dalembert, der in einer deutschsprachigen Tageszeitung veröffentlicht wurde, in dem er sich weniger auf die internationale Berichterstattung bezieht.

In Deutschland: „Wenn die Mangobäume im Hof tanzen"

Dalembert war 2010 bereits einem kleinen deutschsprachigen Publikum bekannt. Seit 2007 wurden seine Romane *Le crayon du bon Dieu n'a pas de gomme* (2004) als *Gottes Bleistift hat keinen Radiergummi* (2008a), *L'Autre Face de la mer* (2005) als *Jenseits der See* (2008b) und *L'Ile du bout des rêves* (2007a) als *Die Insel am Ende der Träume* (2007b) von Peter Trier ins Deutsche übersetzt und in dem von ihm gegründeten Verlag *Litradukt*, ein 2006 gegründeter Kleinverlag für karibische Literatur, veröffentlicht. 2010 sollte er am *DAAD Berlin Exchange programme* teilnehmen, eine Information, die auch in der kurzen Autorenbox zum Zeitungsartikel „Wenn die Mangobäume im Hof tanzen" angeführt wird (vgl. Dalembert 2010b, S. 13).[55] Dalembert beschreibt darin seine ersten Eindrücke nach dem Erdbeben und rückt vier zentrale Momente in den Vordergrund: (1) die eigene Überraschung mit dem Eintreten des Erdbebens, (2) die Rettung der Schwiegermutter des Bruders, (3) Vorbereitungen auf die erste Nacht im Freien und (4) der Besuch der zerstörten Stadt am folgenden Tag gemeinsam mit dem Bruder.

Scheint der Artikel in *Libération* eine Reaktion auf stereotype Darstellungen in der internationalen Berichterstattung zu sein, so hält der übersetzte Artikel in der *taz* wesentlich an kulturellen Stereotypen fest und bleibt in ihnen gefangen. Dalembert spricht zum Beispiel von *Katastrophen* im Plural und stellt damit das Ereignis in einen Zusammenhang mit einer Reihe weiterer Ereignisse: „Am Tag danach werden wir andere Leute sehen, die, bewaffnet mit einer einfachen Schaufel, auf eigene Initiative versuchen, die Straßen zu reinigen. Das geschieht oft bei Katastrophen in Haiti: Die kleinen Leute reagieren immer als Erste." (Dalembert 2010b, S. 13) Damit spricht er dem Erdbeben seine Einzigartigkeit ab und zeichnet das stereotype Bild eines Landes, das immer wieder von ‚Katastrophen' heimgesucht wird.

Dieses Gefangensein in vorgängigen Stereotypen bringt auch schon der Titel „Wenn die Mangobäume im Hof tanzen" zum Ausdruck, der angesichts des Ausmaßes der Zerstörung sehr problematisch erscheint. Vor dem Hintergrund der weitläufigen Zerstörung und der hohen Zahl an Todesopfern ist die Verwendung eines haitibezogenen Stereotyps, wie es im Bild der tanzenden Mangobäume ausgedrückt wird, überaus zynisch, diminuiert der Titel des Zeitungsartikels doch die verheerenden Auswirkungen des Erdbebens. Es wird ein Bild vermittelt, demzufolge das Erdbeben lediglich die Obstbäume in den Innenhöfen erschüttert habe. Während die Obstbäume durch das Erdbeben lediglich zitterten, so sind bei dem Erdbeben eine Vielzahl an Gebäude eingestürzt und zerstört worden und haben die Menschen unter sich begraben.

Insgesamt stellt sich durch die Vielzahl an Stereotypen und die geringe Bezugnahme auf die mediale Berichterstattung der Eindruck ein, dass der Artikel in der *taz* vor dem Artikel in *Libération* verfasst, aber erst nachher veröffentlicht wurde. Die Vorbereitung einer Übersetzung beansprucht mehr Zeit als die Veröffentlichung eines Originaltextes, weshalb „Wenn die Mangobäume im Hof tanzen" nach „Et pourtant elle tourne" erschienen sein dürfte. Es lassen sich Ähnlichkeiten, aber auch Unterschiede der beiden Artikel feststellen.

---

55 Der Artikel wurde in deutscher Sprache veröffentlicht, wobei es sich um eine Übersetzung handeln dürfte. Wer die Übersetzung angefertigt hat, wird nicht erwähnt und konnte auch auf Anfrage nicht ermittelt werden.

Wie in dem in *Libération* veröffentlichten Artikel übt Dalembert auch im deutschen Medium Kritik am Ausbleiben staatlicher Katastrophenhilfe und weist auf die fehlende oder langsame politische Intervention hin: „Barack Obama soll eine Ansprache im Fernsehen gehalten haben, berichten in den USA lebende Haitianer. Auch Nicolas Sarkozy soll eine Rede gehalten haben. Auf einen Auftritt des haitianischen Präsidenten müssen wir bis zum Nachmittag des nächsten Tages warten." (Dalembert 2010b, S. 13) Stärker als im Artikel in *Libération* liegt der Blick in „Wenn die Mangobäume im Hof tanzen" aber auf eigenen Erfahrungen. Dies macht schon die Verwendung des Pronomens *ich* deutlich, das insbesondere im ersten Teil des Artikels überdurchschnittlich oft verwendet wird. Im ersten der drei Absätze wird insgesamt sechzehnmal das Pronomen *ich* und zweimal das Reflexivpronomen *mich* verwendet. Der Text verzichtet auch weitgehend auf die dramatische Wiedergabe der Ereignisse und verfällt nicht in ein Pathos, wie es oft von der internationalen Berichterstattung betrieben wird, um Mitleid zu erzeugen. Mitunter finden sich sogar komische Passagen im Text, zum Beispiel an einer Stelle, an der der Autor über einen Zaun springt und sich dabei verletzt: „Ich springe über den kleinen Zaun des Hofes. Da ich nicht Sotomayor, der kubanische Weltmeister im Hochsprung, bin, lande ich mit blutigem Schienbein und einer Schramme an der Hand auf dem Boden." (Dalembert 2010b, S. 13) Diese Slapstick-artigen Passagen lassen sich wie Alternativen zu den Bildern der internationalen Berichterstattung lesen, was Dalembert weiterentwickelt, vor allem in seinen literarischen Bearbeitungen des Erdbebens *Ballade d'un amour inachevé* und *Avant que les ombres s'effacent*.

Ballade d'un amour inachevé

Eine erste literarische Bearbeitung der Erfahrung des Erdbebens findet sich im Roman *Ballade d'un amour inachevé* (2013). Die Handlung des Romans spielt nicht in Haiti, sondern in der italienischen Stadt L'Aquila in der Zeit kurz vor, während und nach dem Erdbeben vom 6. April 2009. Mit dem Schauplatz drängt sich die Frage auf, wie sich Dalembert mit dem Erdbeben von L'Aquila auseinandersetzt, nachdem er Augenzeuge des Erdbebens von Haiti wurde. Dalembert hat, so die These, L'Aquila lediglich zum Handlungsort gemacht, um zu bearbeiten, was nach dem Erdbeben von Haiti in den Vordergrund getreten ist. Von dieser (nicht zuletzt an Heinrich von Kleists *Erdbeben* erinnernden) Strategie der Delokalisierung zeugt vielleicht am besten das Motiv des mysteriösen Fremden, von dem Dalembert in *Ballade d'un amour inachevé* Gebrauch macht.[56] Die Verwendung dieses spezifischen Motivs steht in einem Zusammenhang mit der Korrekturabsicht Dalemberts. Zunächst soll kurz der Plot erzählt und kontextualisiert werden.

Der Migrant Azaka und seine Frau Mariagrazia erwarten ein Kind. Die beiden haben sich in dem von ihm in der Innenstadt von L'Aquila betriebenen Kopiergeschäft kennengelernt. Der Roman zeigt über weite Teile den gemeinsamen Alltag von Azaka und Mariagrazia, die Harmonie einer Beziehung, die im Gegensatz zu der äußeren Abneigung steht, die Azaka als *„extracomunitario"* (Dalembert 2013, S. 30), also als ein Migrant aus einem Nicht-EU-Land, in einer Region erfährt, die tendenziell der Politik der weit rechts stehenden Partei *Lega Nord* verschrieben ist und mit neofaschistischen Tendenzen sympathisiert (vgl. McCormick 2013, S. 61). Der Roman behandelt also die Liebesgeschichte eines ungleichen Paares, eines Migranten und einer Ortsansässigen, und stellt mit dem Motiv der verbotenen Liebe eine Anspielung auf Werke der Weltliteratur dar; Shakespeares *Romeo and Juliet* drängen sich gleichermaßen ins Bewusstsein wie die beiden Liebenden Paolo und Francesca, die von Dante in seine *Commedia* aufgenommen wurden.

Höhepunkt des Romans bildet das Erdbeben in der Nacht vom 6. April. Dabei wird Mariagrazia von den Trümmern verschüttet. Ihr Körper kann nur noch leblos geborgen werden. Unmittelbar nach ihrem Tod geschieht aber etwas Unerwartetes, das einem medizinischen Wunder gleichkommt. In einer grotesken Passage wird erzählt, wie sich im Bauch der Verstorbenen etwas zu regen beginnt. Azaka ist anfangs verwirrt über die Bewegungen, bis die Einsatzleiterin ihm erklärt, dass das Kind im Bauch lebt und eine Überlebenschance hat: *„Il bambino! Si muove."* (Dalembert 2013, S. 271). Auf die Kindsbewegungen folgt eine spontane Frühgeburt in den Trümmern der zerstörten Stadt.

Diese Passage steht in einem Zusammenhang mit der internationalen Berichterstattung kurz nach dem Erdbeben von Haiti. Mit der im Buch in italienischer Sprache wiedergegebenen direkten Rede (*„Il bambino! Si muove."*) wird auf den bekannten Ausruf von Galileo Galilei Bezug genommen, der bereits Ausganspunkt in Dalemberts Zeitungsartikel „Et pourtant elle tourne" gewesen war. Anders als in „Et pourtant elle tourne", in dem der Spruch gegen die internationale Berichterstattung gerichtet war, bezieht sich der Spruch nun aber auf die Evidenz des Lebens, das sich entgegen den Erwartungen zu bilden beginnt. Das totgeglaubte Kind bewegt sich also doch!

---

56 Diese Strategie erinnert an Heinrich von Kleist, der die Handlung seiner Novelle über das *Erdbeben in Chili* räumlich und zeitlich nach Südamerika verlegt hatte, sich aber auf diskursive und metaphorische Zusammenhänge des Erdbebens von Lissabon 1755 bezog (vgl. u. a. Gamper 2008, S. 527).

Eine Wiederaufnahme von weiteren Elementen der ersten Phase der Diskursivierung des Erdbebens lassen sich aber auch auf narrativer Ebene von *Ballade d'un amour inachevé* beobachten, insbesondere mit dem Motiv des mysteriösen Fremden. Im vierten Kapitel („Deuxième Cri") erinnert sich Azaka an ein Erdbeben, in das er 25 Jahre zuvor als Kind geraten war (vgl. Dalembert 2013, S. 75–126). Azaka war damals verschüttet worden und war mehrere Tage unter den Trümmern gefangen, ohne Nahrung und ohne Wasser. Als er gerettet wurde, begegnete ihm im Krankenwagen eine italienische Rettungskraft aus den Abruzzen:

> Dans l'ambulance qui transporte Azaka vers l'hôpital provisoire planté en périphérie de la ville, un des secouristes lui apprend, avec son drôle d'accent, qu'il est natif d'une région de l'Italie dénommée Abruzzes, une contrée pleine de montagnes nues comme ici, à part que là-bas il neige et les gens parlent une autre langue. C'est la première fois qu'Azaka voit un Italien en vrai. (Dalembert 2013, S. 96)

Mit dem Eintreffen internationaler Rettungskräfte auf Haiti kurz nach dem Erdbeben im Januar 2010 waren Erinnerungen an koloniale Erfahrungen reaktiviert worden. Dalembert reagiert nun in seinem literarischen Werk auf diesen Erfahrungsraum, indem er ihn mit der Figur einer internationalen Rettungskraft zur Evidenz bringt. Dalembert hebt in seinem Roman die positive Seite des Rettungseinsatzes hervor, womit er auf das medial vermittelte Bild, internationale Rettungskräfte hätten schlecht gearbeitet, reagiert.[57]

Mit dem Motiv des Fremden nutzt Dalembert ein Motiv, das sich auch in Raoul Pecks Film *Meurtre à Pacot* (2014) oder in Yanick Lahens Roman *Guillaume et Nathalie* (2013) wiederfindet. Es ist die Ankunft einer fremden Person an einem Ort, wodurch sich die vorherrschende Ordnung verändert. Indem Dalembert auf die Herkunft der Rettungskraft aufmerksam macht und damit ihre Fremdheit akzentuiert, spielt er auf die eigene Erfahrung an, von internationalen Rettungskräften kurzfristig belagert zu werden. Das Motiv der Ankunft eines mysteriösen Fremden spielt auch in Dalemberts Folgeroman *Avant que les ombres s'effacent* (2017) eine Rolle. Nach einem kurzen Überblick in die Handlung des Romans wird das Motiv noch einmal im Kontext des Erdbebens untersucht.

57 Der Roman zielt deshalb nicht nur auf ein französisches Publikum ab, wo der Roman im Avantgarde-Verlag *Le Mercure de France* zuerst im Jahr 2013 erschien. Im Jahr darauf wurde der Roman auch im haitianischen Verlag *C3 Édition* verlegt.

Avant que les ombres s'effacent

In *Avant que les ombres s'effacent* (Dalembert 2017) wird die Ankunft einer fremden Person auf narrativer Ebene zum zentralen Motiv. Das Erdbeben von 2010 und dessen Auswirkungen werden in der Rahmenerzählung erzählt. Mit dem Erdbeben kommen internationale Rettungskräfte nach Haiti. Unter ihnen ist Deborah, Ärztin in Israel und Nichte zweiten Grades des in Port-au-Prince lebenden jüdischen Arztes Ruben Schwarzberg, der während des Zweiten Weltkriegs aus Deutschland nach Haiti geflüchtet war. Während es in der Rahmenerzählung zu einer Aussprache der beiden Verwandten kommt, wird in der Binnenerzählung die Geschichte der Flucht von Schwarzberg erzählt. Schwarzberg hatte sie bis zu diesem Zeitpunkt verschwiegen und verdrängt und niemandem erzählt. Dies ändert sich erst mit der Ankunft von Deborah. Damit greift Dalembert erneut auf das Motiv der mysteriösen Fremden zurück, die durch ihre Ankunft die vorherrschende Ordnung verändert. Folglich lässt sich auch *Avant que les ombres s'effacent* als Reaktion auf die nach dem Erdbeben reaktivierte Erfahrung der kolonialen Vergangenheit Haitis lesen.

Das Buch beginnt mit einem Prolog, in dem die Figur Ruben Schwarzberg eingeführt wird. Das Buch folgt dann der Flucht vom ersten mit „Berlin" überschriebenen Kapitel über „Paris" nach „Haïti, Haïti", um in einem Epilog im Berlin des Jahres 2014 zu schließen. Dazwischen finden sich zwei mit dem Wort „Répit" überschriebene Zwischenkapitel, die den Rahmen der Binnenerzählung bilden. Vom Erdbeben wird ausschließlich in der Rahmenerzählung erzählt, wo Ruben Schwarzberg auf seine Enkelin Deborah trifft, nachdem das Erdbeben die Stadt weitgehend verwüstet hat.

Die Gliederung in eine Rahmen- und eine Binnenerzählung bildet ein traditionelles Erzählmodell von Katastrophenerzählungen. Sei es die Binnenerzählung der Pechbrenner in Adalbert Stifters Erzählung „Granit" (vgl. Stifter 1959, S. 37–45) oder die weitaus bekanntere Rahmenerzählung in Boccaccios *Decamerone*, in der der Pestausbruch im 14. Jahrhundert thematisiert wird (vgl. Boccaccio 1965, S. 5–21) – Katastrophenerzählungen werden häufig in komplexe Erzählsysteme überführt. *Avant que les ombres s'effacent* folgt dieser Erzählstruktur.

Der Roman stellt eine Variation des Wechselgesprächs dar, jener Erzählsituation also, wie sie Dalembert bereits in seinem Zeitungartikel „Et pourtant elle tourne" entwickelt hatte. Jedoch handelt es sich nicht mehr um das Gespräch zwischen zwei Bekannten, sondern zwischen zwei Personen, die einen Verwandtschaftsgrad aufweisen und sich im Alter unterscheiden. Ein gutes Beispiel dieser Erzählsituation aus der Literatur ist eine bekannte Passage in Adalbert Stifters Erzählung „Granit". In der Passage weist der Großvater seinen Enkel in die Landschaft ein, indem „ein Element nach dem anderen in einer durch den Lauf der

Rede festgelegten Richtung optisch eingelesen [wird]." (Koschorke 1989, S. 3 f.) Bei Dalembert ist es aber kein kleines Kind, sondern eine professionelle Ärztin, die in die Landschaft eingewiesen wird, die aber nicht die reale Landschaft ist, sondern die Gedächtnislandschaft von Schwarzberg.

Mit Deborah wird eine internationale Rettungshelferin zu einer Hauptfigur des Romans. Diese Entscheidung steht auch in einem Zusammenhang mit dem Motiv der Ankunft des mysteriösen Fremden, das bereits in Dalemberts früheren Roman *Ballade d'un amour inachevé* auftritt. War es dort noch ein Rettungshelfer aus den Abruzzen, der als Nebenfigur eingeführt wurde, so gehört nun eine Rettungshelferin zu den Hauptfiguren. Ihre Ankunft verändert die vorherrschende Ordnung. Schwarzberg hatte sein Leben lang über seine Flucht geschwiegen und auch engeren Familienmitgliedern nie davon erzählen wollen. Die plötzliche Bereitschaft Schwarzbergs zur Aussprache ist einerseits auf die Erdbebenerfahrungen zurückzuführen, wie die Erzählinstanz sagt: „Sans doute aussi la présence massive de la mort autour de lui. Jamais, depuis Buchenwald, il n'avait senti l'odeur de la mort d'aussi près." (Dalembert 2017, S. 200) Nicht unproblematisch erinnert Schwarzberg die Präsenz des Todes in der Stadt Port-au-Prince an die eigene Erfahrung im Konzentrationslager Buchenwald. Zum anderen – und dies ist entscheidend – steht die Bereitschaft zu erzählen in einem Zusammenhang mit der Ankunft von Deborah. Dalembert unterstreicht dabei die Wirkung der Medien, die großen Einfluss auf Hilfsleistungen ausüben. Deborah hatte die Bilder des Erdbebens im Fernsehen und im Internet gesehen. Sofort war sie von Israel aus aufgebrochen, um sich als Freiwillige zu engagieren: „Elle faisait partie, dit-elle, des médecins israéliens qui, à peine les premières images diffusées sur Internet et à la télévision, s'étaient portés volontaires pour venir dans l'île." (Dalembert 2017, S. 118) Medien spielen auch nach Deborahs Ankunft auf der Insel eine Rolle. Sofort nach ihrer Ankunft nimmt sie telefonisch Kontakt zu ihrem Verwandten auf (vgl. Dalembert 2017, S. 118). Aufgrund ihres unermüdlichen Einsatzes kommt es erst drei Tage nach dem Anruf zu einem ersten Treffen, als er sie im Krankenhaus in Tabarre besucht, wo sie stationiert ist. Zu der Aussprache kommt es aber erst rund eine Woche nach ihrer Ankunft. Sie treffen sich in Schwarzbergs Haus im Bezirk Montagne Noire. Indem Deborah Schwarzberg bei ihm zu Hause besucht, greift Dalembert erneut auf das Motiv der Ankunft einer Fremden zurück. Ihre Ankunft in Haiti verändert die alte Ordnung, sodass nichts mehr ist wie zuvor.

Dabei wird der deutschen Sprache eine besondere Rolle zuteil. Deborah und Schwarzenberg unterhalten sich nämlich auf Deutsch, nicht auf Französisch, Englisch oder einer anderen Sprache. Dass sie auf Deutsch miteinander sprechen, hatte sich spontan ergeben und war nicht abgemacht, da Deborah auch Französisch spricht (vgl. Dalembert 2017, S. 201). Deutsch ist die Sprache, mit der

Schwarzberg mit seiner Cousine Ruth, der Mutter von Deborah, gesprochen hatte und nun diese „langue de la lacération du tissu familial“ (Dalembert 2017, S. 201) wiederaufnimmt.

Bei der Überblendung von Shoah und Haiti handelt es sich um eine problematische Fiktion, da sie einen fragwürdigen Zusammenhang zwischen politischem Massenmord und dem Tod durch ein Naturereignis herstellt. Dennoch entwickelt der Roman ein alternatives Bild des Landes, indem er es als Fluchtort darstellt. Walsh betont: „I contend that *Avant que les ombres s'effacent* simultaneously gives voice to memories at the margins of the Holocaust and rehabilitates an alternative idea of Haiti, not as a site of poverty and disaster but as a place of refuge.“ (Walsh 2019, S. 165). Dalembert reagiert auf das französische und internationale Bild Haitis nach dem Erdbeben mit einer Fiktion, die letztendlich problematisch bleibt. Er widerspricht gängigen Stereotypen und präsentiert Port-au-Prince nicht als Stadt des Elends und der Armut, sondern als einen Ort wie jeden anderen, an dem sich unabhängig von Land und Kultur ‚Katastrophen‘ ereignen können.

5 Marginalisierung von Katastrophen: Das Erdbeben in Christchurch vom 22. Februar 2011

Tabelle 7: Eckdaten zum Christchurch-Erdbeben (eigene Darstellung). Daten aus EERI (2011).

Datum, Uhrzeit	22.02.2011, 23:51:42 UTC (12:51 Ortszeit)
Epizentrum	Christchurch, Canterbury, Neuseeland (43.583°S 172.680°O)
Magnitude	6.3 M_W
Herdtiefe	5 km

Am Dienstag, den 22. Februar 2011, ereignete sich um 12:51 Uhr in Neuseeland ein Erdbeben, dessen Epizentrum im Businessviertel Lyttelton der Stadt Christchurch lokalisiert wurde (vgl. Tabelle 7). Nur wenige Monate zuvor war im September 2010 im selben Gebiet ein Erdbeben aufgetreten, das Schäden an Gebäuden verursacht hatte, von denen nach weiteren Erdbeben viele zur Gänze zerstört worden waren (vgl. McSaveney 2017a; b). Bei dem Erdbeben vom 22. Februar 2011 kamen laut dem offiziellen Bericht der neuseeländischen Polizei insgesamt 185 Menschen ums Leben (vgl. New Zealand Police 2012). Aus dem Bericht geht ebenfalls hervor, dass die meisten Opfer im Canterbury Fernsehgebäude CTV verzeichnet wurden, wo insgesamt 115 Menschen ums Leben kamen. Überdurchschnittlich viele junge Menschen hatten sich zu der Uhrzeit des Erdbebens im Gebäude aufgehalten, wo sie entweder gearbeitet hatten oder eine Mittagspause gemacht hatten. Damit wurde der CTV zu einem zentralen Symbol des Erdbebens. Neben dem Fernsehgebäude wurde auch die anglikanische Kirche *ChristChurch Cathedral* zum Symbol des Erdbebens. Zwar ist bei dem Erdbeben vom 22. Februar 2011 lediglich deren Spitze abgebrochen, durch eine Reihe von Nachbeben wurden aber auch weitere Teile der Kirche beschädigt.

Erfahrungsraum

Da sich seismischen Ereignisse in Neuseeland in regelmäßigen Abständen von wenigen Jahrzehnten wiederholen, sind Erdbeben eine prägende Grunderfahrung des Landes. So hatte sich wenige Monate vor dem Beben vom 22. Februar bereits das seismologisch stärkere Darfield-Erdbeben in Christchurch am 4. September 2010 ereignet. Bei dem Erdbeben vom 22. Februar 2011 handelte es sich um ein Nachbeben

https://doi.org/10.1515/9783111709321-010

des sog. Darfield-Erdbebens. Mit einer Stärke von 7,1 M_W war es zwar stärker, aber hatte keine Todesopfer gefordert (vgl. Buchanan et al. 2010).

Aufgrund der hohen Seismizität in Neuseeland überrascht es nicht, dass es in der Sprache der indigenen Bevölkerung ein eigenes Wort für dieses Phänomen gibt: Die Māori sprechen von *rū whenua* und führen das Auftreten von Erdbeben einerseits auf den Gott Rūaumoko (oder Rūamoko), der Sohn von Ranginui (dem Himmel) und dessen Frau Papatūānuku (der Erde), zurück und andererseits auf die Wut der drachenähnlichen Monster der *taniwha* (vgl. McSaveney 2017c).

Die Erdbeben von 2010 und 2011 weisen zu früheren Erschütterungen aber einen signifikanten Unterschied auf, da sie als sog. „Internet earthquake[s]" (McSaveney 2017a) erstmals in sozialen Medien verbreitet wurden.

Diskursentwicklung

Ein Jahr nach dem Erdbeben veröffentlichte die neuseeländische Polizei eine Liste der 185 bei dem Erdbeben umgekommenen Opfer (vgl. New Zealand Police 2012). Die Liste wurde alphabetisch nach Nachnamen sortiert und enthielt auch den Vornamen, gegebenenfalls den akademischen Titel, das Alter und den Herkunftsort der Personen. Dabei wurde deutlich, dass überdurchschnittlich viele Menschen aus Japan bei dem Erdbeben ums Leben kamen, insgesamt 29 Personen. Gleichzeitig geht aus der Aufstellung durch die neuseeländische Polizei hervor, dass es unter den Opfern nur wenige Menschen außerhalb des asiatischen Raums gab. Obwohl das Erdbeben in Europa wahrgenommen wurde und in den Medien diskutiert wurde, führte es nicht zu einer umfassenden Auseinandersetzung. Zwar wurden nach dem Erdbeben Nachrichten mit dem Hashtag *#eqnz* auf sozialen Medien wie *Twitter* gepostet und der Hashtag wurde als Zeichen internationaler Solidaritätsbekundung genutzt,[58] das Erdbeben führte aber nicht zu einer umfassenden Diskussion und geriet bald wieder in den Hintergrund. Dieser als Marginalisierung der ‚Katastrophe' bezeichnete Prozess soll im Folgenden anhand der Reaktionen nach dem Erdbeben weiter untersucht werden.

58 Der Hashtag wurde bereits nach dem Erdbeben vom 4. September 2010 eingeführt, um Informationen zu Erdbeben in Neuseeland rasch über soziale Medien zu verbreiten. Der Hashtag ist auch mehr als ein Jahrzehnt nach dem Erdbeben noch in Verwendung. Auf der Webseite *EQNZ NZ Earthquake Twitter Monitor* (https://eqnz.nz/) von Andrew Drake (2023) werden Tweets über Erdbeben unter diesem Hashtag angezeigt.

Reaktionen

Unter dem Begriff der Marginalisierung versteht man laut Duden die „Abschiebung ins Abseits“ (Dudenredaktion o. J.). Der Begriff wird in erster Linie im Kontext von Politikwissenschaft und Soziologie verwendet, wo er als Form der Unterdrückung die Verdrängung von Bevölkerungsgruppen an den Rand der Gesellschaft bezeichnet (vgl. Young 2002). Das Konzept der Marginalisierung lässt sich auch gut zur Aufnahme bzw. Verweigerung langfristiger Diskursivierung verwenden, wie anhand der unterschiedlichen Reaktionen gezeigt werden soll. Es geht also nicht um die „randständige Position der Literatur in unserer Gesellschaft“ (Schuh 1990, S. 6), wie es Franz Schuh in seinem Essay „Über Literatur am Rande“ unternommen hatte, sondern um die Literatur in unserer Gesellschaft, die gesellschaftlichen Randstellungen Ausdruck verleiht.

Nach dem Erdbeben war es insbesondere das lokale *Museum of New Zealand Te Papa*, das unterschiedliche Initiativen startete. Entstanden ist eine Sammlung, die sog. *Canterbury Earthquake Collection*, die Objekte und Aufnahmen von den beiden Erdbeben von 2010 und 2011 sammelt. Angesprochen wird dabei explizit ein neuseeländisches Publikum, weniger ein internationales, wie u. a. aus der Projektbeschreibung ersichtlich wird, wo es heißt: „From precious jewellery to tea-towels, these objects and their makers tell a multitude of stories from those at the epicentre to the rest of New Zealand.“ (Museum of New Zealand 2011) Unter den Objekten findet sich etwa die von der neuseeländischen Designerin Rebecca Lovell-Smith entworfene Grafik *Christchurch Sure To Rise* (Lovell-Smith 2011). Sie zeigt eine in den Farben Orange und Gelb gefärbte Dose mit einem Bild der noch stehenden Kathedrale. Darüber stehen das Datum des Erdbebens und der Spruch „Christchurch Sure To Rise“.

Ein anderes Kunstwerk aus der Sammlung, das sich mit der Kathedrale auseinandergesetzt hat, ist das Bild *Tweet Cathedral* des niederländischen Künstlers Jeroen van der Most (2011). Er sammelte Tweets, die unter dem Hashtag *#eqnz* platziert wurden, und stellte diese Textbeiträge in einem Bild zusammen, das eine Reminiszenz an eines der bekanntesten Bilder von Vincent Van Goghs darstellt: *The Starry Night*. Der niederländische Künstler verleiht die für Van Gogh typische emotionale Bildsprache (vgl. MoMA 2019) der Kathedrale von Christchurch, nicht wie Van Gogh der Natur. Er zeigt damit, wie sich durch soziale Medien die Wahrnehmung der Welt und damit auch von Erdbeben verändert hat.

Im Ausland erzielte das Erdbeben vorwiegend im angloamerikanischen Raum größere Beachtung, da sich eine Reihe bekannter Persönlichkeiten zu Wort meldeten. Der neuseeländische Regisseur Peter Jackson erklärte gegenüber der Fachzeitschrift *The Hollywood Reporter* am 23. Februar 2011, dass er sich zusammen mit dem Filmteam von *The Hobbit* an der Rettungsaktion beteiligen würde (vgl. Bulbeck 2011). Der neuseeländische Schriftsteller Witi Ihimaera, der erste auf Englisch schreibende Māori-Schriftsteller, sprach am 26. Februar 2011 im Programm *Today* des nationalen Hörfunkprogramms *BBC Radio 4* seine Gedanken zum Erdbeben aus (vgl. etnobofin 2011). Eine weitere Reaktion auf das Erdbeben kommt von der amerikanischen Musikgruppe *Foo Fighters*, die am 22. März 2011 in der *Auckland Town Hall* in Neuseeland ein Benefizkonzert spielte und den Erlös an die Opfer von Christchurch spendete.

Auch der neuseeländische Bestsellerautor Paul Cleave reagierte auf das Erdbeben, das er als Augenzeuge in Christchurch erlebte. Der auf der Blogging-Plattform *Facebook* aktive Schriftsteller setzte Blogposts ab, in denen er über die Erfahrung des Erdbebens schrieb und sie öffentlich einzuordnen versuchte. Trotz seiner zahlreichen Reaktionen im Internet fehlt das Erdbeben aber in den Büchern von Cleave. Lediglich in der „Authors Note" zu einem seiner Romane findet sich eine Erklärung, warum das Erdbeben nicht in den Plot aufgenommen wurde. So könnte man sagen, dass die Marginalisierung des Erdbebens bei Cleave wortwörtlich abläuft, indem er es an den Rand seines Buches stellt.

Im Folgenden soll zunächst die digitale Aktivität von Cleave in den Blick genommen werden, um sich dann seiner „Authors Note" als Ausdruck der Marginalisierung von ‚Katastrophen' in einem literaturwissenschaftlichen Kontext zuzuwenden.

5.1 Randständigkeit: Paul Cleaves Beiträge in sozialen Medien (2011)

Paul Cleave ist Autor einer Reihe erfolgreicher Thriller-Romane, deren Schauplatz die neuseeländische Stadt Christchurch ist. Sein Debüt war sein 2006 veröffentlichter Thriller *The Cleaner,* der erste der beiden sogenannten *Joe-Middleton-Romane.* Das Buch wird von einem Ich-Erzähler erzählt, der tagsüber als Reinigungskraft in einem Polizeirevier arbeitet und nachts brutale Morde begeht. Der Ich-Erzähler begleitet die Aufdeckungsarbeiten der Polizei und ist ihr immer einen Schritt voraus. In regelmäßigen Abständen folgten weitere Titel wie *The Killing Hour* (2007), *Cemetery Lake* (2008), *Collecting Cooper* (2011a) oder *Joe Victim* im Jahr 2013. Charakteristisch für Paul Cleaves Bücher ist laut Barbara Pezzotti die Einführung des Serienmörders in die lokale Kriminalgeschichte und die Schilderung eines Stadtbildes, das im Gegensatz zum offiziellen Bild der Stadt Christchurch steht (vgl. Pezzotti 2011, S. 128 f.). Interessanterweise hat ihm dieser Schreibstil insbesondere in Europa einen Namen gemacht, wo Übersetzungen seiner Bücher erscheinen, die regelmäßig auf den Bestsellerlisten stehen. Insbesondere in Deutschland gehört der Autor zu den erfolgreichsten Autoren seines populären Genres. Tobias Wenzel von *Deutschlandfunkkultur* zufolge hat er in keinem anderen Land so viele Leser*innen wie in Deutschland, sogar mehr als in Neuseeland (vgl. Wenzel 2012). Wie also reagierte Cleave, ein international wahrgenommener Schriftsteller, auf das Erdbeben, das er als Augenzeuge selbst miterlebte?

Paul Cleave kommentierte das Erdbeben zunächst wiederholt auf *Facebook* und verknüpfte damit sein Autorenprofil mit der Erfahrung des Erdbebens. Zwei Tage nach dem Erdbeben, am 23. Februar 2011, veröffentlichte Paul Cleave einen Post auf der Blogging-Plattform *Facebook*, in dem er das Erdbeben thematisierte und sich für die zahlreichen bei ihm eingegangenen Nachrichten bedankte: „Thanks for all the emails to see if I'm ok. I am fine, though the city is not. The earthquake has been devestating [sic!].“ (Cleave 2011b) Die Nachricht zeigt, wie neue soziale Medien zu einem Ort der kollektiven Anteilnahme und Solidaritätsbekundung werden.

In seinem Beitrag stellt er einen Bezug zu seinen Büchern her, wenn er schreibt: „I say a lot of mean things about Christchurch in the books, but I love this city, it's my home, and it's extremely upsetting to see the death toll rising and the damage that has been done.“ (Cleave 2011b) Seinen kurzen Beitrag schließt er mit einem vorläufigen Fazit und drückt seinen Wunsch über den Erfolg des Rettungseinsatzes aus: „Yesterday was New Zealand's darkest day – let's hope the rescue workers can pull more survivors from the rubble.“ (Cleave 2011b) Mit der Verwendung des Superlativs („darkest day“) weist er dem Ereignis einen exzeptionellen Status zu, denn Neuseeland kennt in seiner kolonialen Vergangenheit schon viele Tage, die man als ‚dunkel‘ bezeichnen kann. Auch Wörter wie *extremely* oder *more* verstärken den Eindruck der Überhöhung des Ereignisses. Insgesamt ergibt sich ein Bild der Anteilnahme, das mit den Mitteln neuer sozialer Medien vermittelt wird. Damit wird das Autorenprofil von Cleave auf *Facebook* mit der Erdbebenerfahrung verknüpft.

Paul Cleave begann nicht erst nach dem Ereignis im Februar mit der Kommentierung der Erdbebenserie in sozialen Medien. Schon in seiner jährlichen Weihnachtsbotschaft an seine Leser*innen am 24. Dezember 2010 äußerte er sich auf Nachfrage zu einem Erdbeben: „We had a 4.9 quake yesterday morning which has damaged more buildings in town. We have now had 3500 + aftershocks since the big one in September.“ (Cleave 2010) Genau ein Jahr später, am 24. Dezember 2011, verfasste Cleave erneut eine Weihnachtsbotschaft, in der er über die Erfahrung eines jüngeren Erdbebens schrieb: „We're all okay after the new quakes – I was upstairs in the office writing when the 6.0 struck and I stood in the doorway waiting to see from which direction the house was going to collapse so I'd know where to run, but thankfully it didn't come to that. My three cats disappeared but all came back." (Cleave 2011c) In diesen Beiträgen verknüpft Cleave das Erdbeben weiter mit seinem Autorenprofil.

Die Regelmäßigkeit, mit der Cleave neben Lesereisen und Informationen bezüglich seiner literarischen Karriere fast beiläufig das Erdbeben erwähnt und stets das eigene Wohlbefinden bekräftigt, geht mit einer Marginalisierung des Erdbebens einher. Das Auftreten von Erdbeben wird zu einer Art Dauerzustand des Alltags, nicht zu einem einmaligen Ereignis. Als Reaktion auf diese Alltagserfahrung stellte sich der neuseeländische Bestsellerautor zunehmend die Frage, das Erdbeben in seinen in Christchurch angesiedelten Büchern aufzunehmen oder nicht. Wie geht Cleave also literarisch mit dem Erdbeben um?

5.2 Randstellung: Paul Cleaves Vorbemerkung in *Joe Victim* (2013)

„[T]o write or not to write?" (Cleave 2017: Authors Note) – diese Frage stellt sich Paul Cleave in Anspielung an die Frage *To be, or not to be* aus William Shakespeares Tragödie *Hamlet* in einer wenig bekannten „Authors Note" zu seinem 2013 erstmals erschienenem Thriller *Joe Victim* (2017). *Joe Victim* ist die 2013 erschienene Fortsetzung seines 2006 erschienen Debüts *The Cleaner*, die Geschichte des Hausmeisters und Serienkillers Joe Middleton, die besonders in Deutschland großen Erfolg hatte und auf den Bestsellerlisten landete. Cleave spielt mit der Hamlet-Frage darauf an, ob er sich literarisch mit dem Erdbeben beschäftigen solle oder nicht. Diese Frage nimmt bereits die Antwort vorweg, denn indem er sie stellt, befasst sich Cleave mit dem Erdbeben, unternimmt dies allerdings nur am Rande.

Die Strategie der Marginalisierung manifestiert sich schon allein darin, dass die „Authors Note" zu seinem Buch selbst nur wenigen bekannt sein dürfte, obwohl das Buch *Joe Victim* durchaus erfolgreich war. Jedoch wurde die „Authors Note" ausschließlich in der neuseeländischen *Penguin*-Buchausgabe abgedruckt. In der internationalen Ausgabe sowie in den Ausgaben für den europäischen Buchmarkt z. B. der deutschen Ausgabe (Cleave 2013) oder der französischen (Cleave 2016) fehlt die „Authors Note". Somit drängt sich die Frage auf, wie Cleave das Erdbeben in die neuseeländische Buchausgabe überführt.

Am 8. August 2012 verkündete Paul Cleave auf *Facebook* die Fertigstellung des ersten Entwurfs seines neuen Romans *Joe Victim*, ein Folgeroman seines 2006 veröffentlichten Debüts *The Cleaner*. In den Kommentaren antwortet Cleave auf die Nachricht einer Facebook-Userin, ob Paul Cleave das Erdbeben von Christchurch thematisieren würde, folgendermaßen:

> Hey Amy – no, no earthquake. Because of the timeline of the books, it can't have happened. I wrote Collecting Cooper the year before the quake, and it's set in Feb/March, so there's no mention of it. The Laughterhouse is set in April, and had to be because events from Collecting Cooper affect it. Next year's book is set in May/June, and it has to be set then because of what happens in The Cleaner – so the quake is impossible to fit into that timeline. North and South Magazine suggested by not writing about it, readers would feel the books were out of joint, thereby suggesting I should write about it – but I believe my NZ readers are far more intelligent than North and South give them credit for – plus it's not up to N&S anyway. To be honest, it's all still very raw and I'm just not ready to include it and, quite possibly, never will. I prefer my version of Christchurch where the quakes never hit. As for being in CHCH soon – yes, quite possibly. I'm hoping to be home for the CHCH writer's festival at the end of this month – am working on flights – will hopefully know on Monday. Cheers! (Cleave 2012)

Cleave führt das Fehlen des Erdbebens primär auf die Chronologie des Thrillers zurück. Sie würde es ihm nicht erlauben, das Erdbeben in irgendeiner Form zu thematisieren. Daneben gibt er eine Reihe anderer Gründe an, wie zum Beispiel die geringe zeitliche Distanz zum Geschehen („it's all still very raw").

Seine Entscheidung, das Erdbeben nicht in den Plot seines Buches aufzunehmen, erweitert Cleave in der „Authors Note" zur neuseeländischen Fassung. Darin führt er diese erstmals auf *Facebook* verbreitete Aussage weiter aus:

> Over the last two years I've been asked a lot about whether the earthquakes will be in the books. You should do it. You shouldn't do it. People have opinions. Last year a New Zealand reviewer questioned why I hadn't included the quake in Collecting Cooper. So I thought it might be helpful to share some of the timeline here. (Cleave 2012)

Wie im Facebook-Post thematisiert Cleave, dass er wiederholt auf das Erdbeben angesprochen und gefragt wurde, ob er es aufnehmen werde oder nicht. Die Argumentation, warum er sich schlussendlich dagegen entschieden hätte, erinnert an den *Facebook*-Post:

> I wrote *Collecting Cooper* in 2010. By the time the February quake struck in 2011, *Collecting Cooper* had gone through editing. It was wrapped up and ready to go. That book would come out in the US later in 2011, but wouldn't come out in New Zealand until 2012. So people in New Zealand were thinking – why is there no earthquake in there? Well, it was simply this – I wrote the book before the earthquake. Okay, so what about *The Laughterhouse*? Well, I'd written half of *The Laughterhouse* before the quake. Could I go back and rewrite it to put the quake in it? No. I couldn't. Because the quake was in February, *Collecting Cooper* is set in March and *The Laughterhouse* in April. I can't have the quake in *The Laughterhouse* and not in *Collecting Cooper* – I couldn't have the characters suddenly walk past a fallen building and say 'Oh, remember that earthquake none of mentioned in the last book?' Could I set it a year later, let February roll around again, then have the quake? No. The same,

> folks, is for *Joe Victim*. *Joe Victim* is set a month or so after *The Laughterhouse*. So again, no earthquake. There can't be. The timeline doesn't allow for it. And why not? Because *Joe Victim* is set in June – and it's set one year after *The Cleaner* – and once you've read *Joe Victim* you'll understand why. The books are set across the period of one year. (Cleave 2017: Authors Note)

Wie schon in seinem *Facebook*-Post argumentiert Cleave die Abwesenheit des Erdbebens mit der Chronologie seines Thrillers. Er könne das Erdbeben nicht aufnehmen, da seine bereits veröffentlichten oder geschriebenen Bücher nach Februar 2011 spielen, *Collecting Cooper* im März, *The Laughterhouse* im April und *Joe Victim* im Juni.

Obwohl Cleave in Interviews und in neuen sozialen Medien wiederholt gefragt wurde, welche Rolle das Erdbeben in seinen Büchern spielen wird, bleibt das Erdbeben literarisch unverarbeitet, was ihm mitunter den Ruf eines „[e]rdbebenfeste[n] Schriftsteller[s]" (Wenzel 2012) gegeben hat. Jedoch hatte Cleave sehr wohl an eine literarische Verarbeitung des Erdbebens gedacht, wie er in der „Authors Note" bekennt:

> In the few years leading up to the quake, I'd been working on a horror novel. Why? Well, I always wanted to write a horror. Still do. So what was my book about? Well, it was about an earthquake. Yes – an earthquake would hit the city, destroy half of it, and chapter one was set in ChristChurch Cathedral. The cathedral was destroyed while a wedding ceremony was taking place (the groom was praying for a natural disaster so he could escape – and that's what he got) – the floor would open up and beneath it would be ... well ... skeletons. Of course there were skeletons – this was a horror. The cathedral, as we know, was damaged beyond repair in the February quake. So where is this novel now? It's exactly where it was before the quake – unfinished, and it will remain unfinished. I don't want to write a book about an earthquake in Christchurch; not to try and entertain people. (Cleave 2017: Authors Note)

Cleave hatte an einem Titel geschrieben, jedoch gelang es ihm nicht, das Buch abzuschließen. Cleave verteidigt seinen Misserfolg mit einem Topos, die den Ereignissen eine gewisse Unsagbarkeit zuschreibt.[59] Als Grund gibt er an, dass er keinen Unterhaltungsroman über ein Erdbeben schreiben wollte. Diese Aussage legt das literarische Selbstverständnis von Paul Cleave frei, der Literatur ausschließlich als ein Unterhaltungsmedium betrachtet. Jedoch lässt sich auch anhand des Fehlens einer literarischen Bearbeitung eine Lücke feststellen. Obwohl das Erdbeben mediale Aufmerksamkeit erregt hat, wurden keine langfristigen Diskurse darüber etabliert. Diese Marginalisierung von ‚Katastrophen' spiegelt sich genau im

59 Siehe auch das Kapitel über Christine Rinderknecht.

Ausbleiben von Bearbeitungen wider. In einem literaturwissenschaftlichen Kontext bezieht sich die Marginalisierung von ‚Katastrophen' darauf, dass Darstellungen bestimmter ‚Katastrophen' wie des Erdbebens von Christchurch 2011 in der Literatur weniger Beachtung oder Anerkennung finden als andere Ereignisse. Als ein Mitgrund für diese Dynamik kann das schwere Erdbeben im Nordosten von Japan vom 11. März 2011 angesehen werden, das die Einzigartigkeit des neuseeländischen Bebens in den Hintergrund gestellt hat.

6 Globalisierung von Katastrophen: Das Tohoku-Erdbeben vom 11. März 2011

Tabelle 8: Eckdaten zum Tohoku-Erdbeben (eigene Darstellung). Daten aus Hayes et al. (2017).

Datum, Uhrzeit	11.03.2011, 05:46:24 UTC (14:46 Ortszeit)
Epizentrum	Tohoku, Honshu, Japan (38.297°N, 142.372°O)
Magnitude	9.1 M_W
Herdtiefe	29 km

Mit einer Stärke von 9.1 auf der Momenten-Magnituden-Skala (vgl. Tabelle 8) gehört das Tohoku-Erdbeben vom 11. März 2011 zu den fünf stärksten der vom amerikanischen Erdbebendienste (USGS) gemessenen Erdbeben (vgl. Earthquake Hazards Program 2019) und liegt nur knapp hinter dem Sumatra-Andamanen-Erdbeben im Indischen Ozean vom 26. Dezember 2004 (M_W von 9.1), dem großen Alaska-Erdbeben vom 28. März 1964 (M_W von 9,2) und dem Valdivia-Erdbeben in Chile vom 22. Mai 1960 (M_W von 9,5). Dank der baulichen und technischen Präventivmaßnahmen in Japan waren die Schäden durch das Erdbeben von 2011 relativ gering; die meisten Opfer und materiellen Schäden waren hingegen auf den Tsunami zurückzuführen, der durch das Erdbeben ausgelöst wurde (vgl. Iwata-Weickgenannt/Geilhorn 2016, S. 1). Durch das Erdbeben wurde das Tsunami-Warnsystem in Teilen der betroffenen Gebiete außer Kraft gesetzt, weshalb das System nicht richtig funktionierte und zu einer Fehleinschätzung sowohl der Größe als auch der Geschwindigkeit des Tsunamis führte (vgl. Iwata-Weickgenannt/Geilhorn 2016, S. 2). Die Wellen erreichten das Festland schon nach etwa fünfzehn Minuten, schlugen mit einer Höhe von bis zu fünfzehn Metern auf und drangen bis zu zehn Kilometer in das Landesinnere vor (vgl. Luke/Karashima 2012a, S. 15; Amano 2015, S. 19). Laut einem Bericht der Internationalen Atomenergie-Organisation (IAEA) verloren dabei mehr als 15.000 Menschen ihr Leben, 6.000 Menschen wurden verletzt und rund 2.500 Menschen galten im Jahr 2015 als vermisst (vgl. Amano 2015, S. 19). Ähnliche Zahlen liefert der Amerikanische Erdbebendienst und spricht von mindestens 15.703 Opfern, 4.647 Vermisstenanzeigen und 5.314 Verletzten; darüber hinaus sollen 130.927 Menschen aufgrund der Zerstörung oder Beschädigung von 332.395 Gebäuden umgezogen sein (USGS o. J.).

Unter den beschädigten Gebäuden war auch das Atomkraftwerk *Fukushima-Daiichi*, das von der *Tokyo Electric Power Company* (TEPCO) geführt wird. Es liegt etwa 100 Kilometer südöstlich der Stadt Fukushima und keine 300 Kilometer von Tokyo entfernt. Im IAEA-Bericht von Yukiya Amano wird die Beschädigung des Kraftwerks auf die Auswirkungen des Tsunamis zurückgeführt, nicht auf die pri-

https://doi.org/10.1515/9783111709321-011

mären Folgen des Erdbebens (vgl. Amano 2015, S. 19). Als Grund wird oft die Topografie des Reaktors an der Küste nur wenige Meter über dem Meeresspiegel genannt (vgl. Coulmas/Stalpers 2011, S. 51; 67). Durch die mit voller Wucht auf das Gebäude einschlagenden Tsunamiwellen wurde das Untergeschoss überflutet, wodurch insbesondere die Stromversorgungsleitungen am Standort beschädigt wurden. Dies führte zu Störungen in den Reaktoren, da sie nicht mehr ausreichend gekühlt werden konnten. Drei von vier Reaktorblöcke von Fukushima I explodierten und lösten eine Kernschmelze aus. Die vorläufige Einstufung auf Stufe 5 auf der internationalen Bewertungsskala für nukleare Ereignisse INES wurde bald nach oben korrigiert auf Stufe 7, der höchsten INES-Stufe, was bisher ausschließlich dem Reaktorunfall in Tschernobyl 1986 vorbehalten war: „An event resulting in an environmental release corresponding to a quantity of radioactivity radiologically equivalent to a release to the atmosphere of more than several tens of thousands of terabecquerels of I." (IAEA 2013, S. 17)

Erfahrungsraum

Die Ereignisse vom 11. März sind in die japanische Sprache als *Higashi-Nihon daishinsai* 東日本大震災 (dt. Große Erdbebenkatastrophe Ostjapans) eingegangen (vgl. Draschan/Vögel 2012, S. 9). Mit der Ausdrucksweise *daishinsai* 大震災 liegt der Fokus auf den Ursachen und Folgen des Erdbebens und geht weder auf den Tsunami ein noch auf die Havarie der Atomreaktoren. Damit steht der 11. März im Erfahrungsraum anderer großer Erdbeben in der Geschichte Japans wie dem Erdbeben von Kōbe 1995 (*Hanshin Awaji daishinsai* 阪神淡路大震災) oder dem Kantō-Erdbeben 1923 (*Kantō daishinsai* 関東大震災). Sie werden ebenfalls als *daishinsai* 大震災 bezeichnet.

Ein anderer Erfahrungsraum wurde in einem eher anglo-amerikanischen Kontext eröffnet, wo das Ereignis in einen Zusammenhang mit den terroristisch motivierten Anschlägen auf die beiden World Trade Centers vom 11. September 2001 gebracht wurde. Die Rede von ‚3/11' stellte das Ereignis in eine Reihe mit „der Chiffre ‚9/11', einem anspielungsreichen Kürzel für das Datum der Anschläge, den 11. September 2001" (Blank 2021, S. 407). Das Ereignis wird als internationale Zäsur dargestellt, dem nicht nur der Charakter eines lokalen Höhepunkts zugesprochen wird, wie Iwata-Weickgenannt und Geilhorn in ihrer Einleitung zum Sammelband *Fukushima and the Arts* anmerken: „In an obvious analogy to the 9.11 terrorist attacks in the USA a decade earlier, the triple disaster of March 11 was soon referred to as 3.11, suggesting that both catastrophes made a comparable impression not only on the respective societies, but also internationally." (Iwata-Weickgenannt/Geilhorn 2016, S. 3)

Ein weiterer Erfahrungsraum wird mit dem Wort *Fukushima* aufgerufen. ‚Fukushima' wurde insbesondere in Europa zum Synonym für die Ereignisse in Japan. Laut Google Trends wurden die häufigsten Google-Suchanfragen mit dem Wort *Fukushima* in den Ländern (1) Deutschland, (2) Österreich, (3) Luxemburg, (4) Schweiz und (5) Frankreich verzeichnet, allesamt Länder in Europa (Google Trends 2022). Besonders auffällig ist dabei die Präsenz amtlich deutschsprachiger Länder, da Deutschland, Österreich und die Schweiz unter den ersten fünf Ländern vertreten sind. Dieser andere Umgang mit dem atomaren Risiko besonders in Deutschland wird auch in der von Iwata-Weickgenannt und Geilhorn zitierten Studie vom *NHK Broadcasting Culture Research Institute* angesprochen, wenn „the accident at the Fukushima Daiichi Nuclear Power Plant, too, was taken up in large amounts of news from each country, but only Germany reported in detail about energy policy including nuclear power generation." (Kowata et al. 2012, S. 51)

Fukushima ist ein Toponym und bezeichnet sowohl die Großstadt als auch die gleichnamige Präfektur in der Region Tōhoku auf der japanischen Hauptinsel Honshū, ca. 250 Kilometer nördlich der Landeshauptstadt Tokyo. Etwa 90 Kilometer südöstlich der Stadt Fukushima befindet sich das Kernkraftwerk Fukushima-Daiichi. Iwata-Weickgenannt und Geilhorn bemerkten, dass das Interesse außerhalb Japans auf den Reaktorunfall gerichtet war, während das Erdbeben und der Tsunami weniger Aufmerksamkeit erhielten (vgl. Iwata-Weickgenannt/Geilhorn 2016, S. 4).

In Europa allgemein und in einem deutschsprachigen Kontext im Speziellen werden mit der Bezeichnung *Fukushima* mindestens zwei Erfahrungsräume verbunden. Am 26. April 1986 ereignete sich in der Nähe der heute in der Ukraine liegenden Stadt Prypjat ein schweres Reaktorunglück im Kernkraftwerk Tschernobyl. In der kurzen Geschichte der Atomenergie handelt es sich um das bis heute schwerste Reaktorunglück. Heute wird mit dem Toponym *Tschernobyl* dieses Ereignis aufgerufen. Analog dazu wird mit dem Toponym *Fukushima* das Ereignis aufgerufen.

Gleichzeitig steht das Wort *Fukushima* – wie auch *Tschernobyl* – in einem Spannungsverhältnis zum Holocaust-Diskurs. Beide Begriffe sind nicht nur Bezeichnungen für konkrete Ereignisse, sondern fungieren als gesellschaftliche Mahnungen. Diese symbolische Aufladung entspringt einem kulturellen Diskurs, der bestimmte Ortsnamen moralische und erinnerungspolitische Bedeutungen zuweist und sie zu Symbolen für historische Zäsuren macht. In Deutschland hat sich durch die Aufarbeitung der NS-Verbrechen eine spezifische Form des Gedenkens etabliert, in der bestimmte Katastrophenorte in eine moralisch aufgeladene Erzählung eingebettet werden. So zum Beispiel der Ort Auschwitz: „In Deutschland und weltweit steht Auschwitz symbolisch für die Ermordung der Juden.“ (Lehnstaedt 2017, S. 8) Toponyme wie *Auschwitz*, aber auch *Birkenau*, *Dachau* und *Mauthausen* sind untrennbar mit dem durch die Nazis durchgeführten Massenmord verbunden. *Fukushima* hingegen wurde in Debatten über Verantwortung, Schuld und Prävention häufig in einem erweiterten Rahmen diskutiert, der über die rein technische oder naturwissenschaftliche Betrachtung einer Nuklearkatastrophe hinausgeht. Damit reiht sich *Fukushima* in eine Tradition ein, in der Ortsnamen nicht nur geografische Bezüge haben, sondern zu globalen Chiffren werden.

Neben dem Reaktorunglück einerseits und dem politischen Massenmord andererseits eröffnet die Bezeichnung *Fukushima* einen weiteren, dritten Erfahrungsraum, auf den immer wieder auch in der sprachlichen und philosophischen Auseinandersetzung mit dem Ereignis hingewiesen wurde. Der Name *Fukushima* setzt sich aus *fuku* und *shima* zusammen. Die Rede von *Fukushima* stellt die Ereignisse vom 11. März in den Erfahrungsraum der Bombenabwürfe auf Hiroshima und Nagasaki vom 6. und 9. August 1945. Auf diese „Äquivalenz der Katastrophen“ (Nancy 2013) machte der französische Philosoph Jean-Luc Nancy in einem Vortrag aufmerksam, den er am 17. Dezember 2011 am *International Research Center for Philosophy* der Universität Tokyo hielt und der in Buchform veröffentlicht wurde (vgl. Nancy 2013, S. 23). Auch die japanisch-deutsche Schriftstellerin Yoko Tawada nahm die Namensähnlichkeit zum Anlass und ließ ihre erste Hamburger Poetikvorlesung mit dem Hinweis beginnen: „Hiroshima endet genau wie Fukushima auf ‚Shima‘, und das Wort ‚Shima‘ bedeutet Insel.“ (Tawada 2012a, S. 49)

Diskursentwicklung

Das Erdbeben in Japan im Jahr 2011 ereignete sich etwas mehr als sechs Jahre nach dem Erdbeben im Indischen Ozean. Wurde das Ereignis im Dezember 2004 vor allem von Hobbyfilmer*innen mit frühen Handys und Digitalkameras festgehalten, im Fernsehen ausgestrahlt und auf DVDs archiviert, so wurden die Ereignisse in Japan 2011 mit fortschrittlichen Technologien dokumentiert. Dank des technischen Fortschritts dieser Zeit und der hohen digitalen Vernetzung vor Ort konnten sie in Echtzeit gefilmt, fotografiert, geteilt und weltweit unmittelbar miterlebt werden. Das Erdbeben generierte sofort einen weltweiten, medienübergreifenden Austausch, der sowohl in alten traditionellen Medien (Rundfunk, Fernsehen und Zeitung) als auch in den neuen Medien des Internets ausgetragen wurde. Florian Coulmas und Judith Stalpers erinnern in einer der ersten Buchpublikationen zu den Ereignissen vom 11. März an die Rolle der Videoplattform *You-*

Tube und der Mikroblogging-Plattformen *Facebook* und *Twitter* bei der sofortigen Distribution von Informationen (vgl. Coulmas/Stalpers 2011, S. 127). Die Aktualität dieser Medien beweist nicht zuletzt die Firma Tepco selbst, die noch im März 2011 einen Account auf Twitter einrichtete, um rasch Informationen auf Japanisch, Chinesisch, Koreanisch und Englisch bereitzustellen und die Diskurshoheit zurückzugewinnen (vgl. Coulmas/Stalpers 2011, S. 55–58).

2011 war es in bisher unbekanntem Ausmaß möglich, in Sekundenschnelle auf ein Ereignis zu reagieren und die Weltöffentlichkeit teilhaben zu lassen. Ein gutes Beispiel liefern die Ereignisse des Arabischen Frühlings im Jahr 2011. So wären die spontanen Versammlungen der Menschen auf den Plätzen ohne Twitter nicht denkbar gewesen (vgl. Lotan et al. 2011, S. 1377). Für die Diskursivierung von ‚Katastrophen' wie ‚Fukushima' führte diese Entwicklung aber zu einer paradoxen Umverteilung des Wissens, worauf auch Coulmas und Stalpers hingewiesen haben: „Während man in Frankfurt, Los Angeles und Nairobi Bilder von dem überschwemmten Flughafen von Sendai betrachtete, war davon zehn Kilometer weiter, wo der Strom ausgefallen war, noch nichts bekannt." (Coulmas/Stalpers 2011, S. 128)

Das Internet generierte neue Orte der Austragung von Katastrophendiskursen, aber auch neue Formate der medialen Vermittlung. Eines dieser neuen Formate journalistischer Berichterstattung ist der Liveticker, ein Format, das „bei besonders dramatischen und unübersichtlichen Nachrichtenlagen eingesetzt wird, wenn sich die Ereignisse überstürzen" (Niggemeier 2014), wie der deutsche Medienjournalist Stefan Niggemeier schreibt. Neue Informationen werden in Sekundenschnelle verbreitet, was Liveticker nicht nur informativ macht. Sie sind laut Stefan Niggemeier „paradoxerweise unscharf und detailreich" (Niggemeier 2014) zugleich, da sie „aus einem Kaleidoskop von Tweets unterschiedlichster Leute, Augenzeugenberichten, Korrespondenteneinschätzungen, Agentur- und Amateurfotos ein Bild von einer komplexen Situation zu malen" (Niggemeier 2014) versuchen. Auch Coulmas und Stalpers weisen auf die Unübersichtlichkeit hin: Die „Kombination alter und neuer Medien führte zu einer unübersehbaren Informationsflut, die zu verarbeiten hohe Ansprüche an die Konsumenten stellte." (Coulmas/Stalpers 2011, S. 127)

Die mediale Verschränkung traditioneller und neuer Medien und Formate rief sofort zahlreiche internationale Reaktionen hervor. Nirgendwo zeitigte das Ereignis so viele Folgen wie in Deutschland. Deutschland steht exemplarisch dafür, welche Auswirkungen ein scheinbar fernes Katastrophenereignis auf lokale Problemstellungen zeitigen kann. In einer Art Kehrtwende zur Energiepolitik der vorherigen Jahre leitete die deutsche Kanzlerin Angela Merkel in einer am 14. März gehaltenen Ansprache den Ausstieg aus der Atomenergie ein (SWR2 2011). Drei Tage nach ‚Fukushima' sprach die deutsche Bundeskanzlerin davon, dass das Unglück im Kernkraftwerk nukleare Folgen für die ganze Welt und damit auch für Europa und Deutschland habe, nicht nur für Japan. Sie setzte ein dreimonatiges Moratorium an, nach dessen Ende am 6. Juni 2011 Deutschlands Atomausstieg bis 2022 verkündet wurde. Deshalb ist ‚Fukushima' ein gutes Beispiel für die Globalisierung und den Transfer von Katastrophendiskursen.

Im Gegensatz zu Deutschland ist Frankreich ein Land, das sehr stark, nach wie vor, an der Atomenergie festhält, sie befürwortet und einen Großteil des eigenen Energiebedarfs mit Kernkraftwerken deckt. ‚Fukushima' hatte in Deutschland rasch eine Debatte mit radikaler Kehrtwendung in Sachen Energiepolitik zur Folge, sodass die ursprünglich geplante Verlängerung der Laufzeiten der deutschen AKWs nur wenige Tage nach ‚Fukushima' zurückgenommen und der endgültige Ausstieg bis 2023 verkündet wurde. Nicht so in Frankreich. Zwar setzte Frankreich auf eine ausführliche und detailreiche Berichterstattung. Mit Karena Kalmbach war dies aber Teil einer spezifisch französischen Strategie, Atomkraft als eine sichere Technologie darzustellen, die lediglich durch den Tsunami sabotiert worden sei, im Prinzip aber verlässlich funktioniere (vgl. Kalmbach 2015, S. 87 f.).

In der französischen Öffentlichkeit trat bald ein anderes Thema in den Vordergrund der Aufmerksamkeit. Am 17. März 2011 wurde die Resolution 1973 des UN-Sicherheitsrates verabschiedet, die auf den Bürgerkrieg in Libyen reagierte und eine Flugverbotszone und eine Waffenruhe forderte. Der Sicherheitsrat bestand zu diesem Zeitpunkt aus zehn gewählten Mitgliedern und den fünf ständigen Mitgliedern China, den Vereinigten Staaten, Frankreich, dem Vereinigten Königreich und der Russischen Föderation. Im Gegensatz zu Frankreich, das der Resolution zustimmte, erklärte Deutschland seine Enthaltung, was in Frankreich stark kritisiert wurde. Deutschland beteiligte sich, wie alle nord- und mitteleuropäischen EU-Mitgliedsstaaten außer Frankreich, nicht am Militäreinsatz in Libyen. Obwohl sich auch in Deutschland die Aufmerksamkeit bald weg von Japan hin zum NATO-Einsatz in Libyen richtete (vgl. Coulmas/Stalpers 2011, S. 132), blieb ‚Fukushima' in Deutschland noch länger relevant. In Frankreich hingegen lässt sich ein anderer Umgang in Bezug auf das atomare Risiko feststellen.

Reaktionen

Es haben sich zahlreiche Schriftsteller*innen über die Erfahrung und die Ereignisse in Japan zu Wort gemeldet. Einen guten Überblick über die Fülle der Wortmeldungen, Anthologien und Schlüsseltexte der Literatur und der Literaturwissenschaft hat Lisette Gebhardt zehn Jahre nach der ‚Dreifachkatastrophe' zusammengestellt. In ihrem Buch *Japanische Literatur nach Fukushima* (2021) hat sie versucht, die verschiedenen Beiträge zu ordnen, wobei sie chronologisch vorgegangen ist und eine „Frühphase“ (von 2011 bis 2012), eine „zweite Phase“ (zwischen 2013 und 2014), eine „dritte Phase“ (zwischen 2015 und 2016), eine „Endphase“ (zwischen 2017 und 2018) und eine (mit der seit Mai 2019 begonnenen Reiwa-Ära[60] einsetzenden) „letzte Phase“ unterscheidet (vgl. Gebhardt 2021, S. 122–123).

Gebhard beschränkt sich in ihrer Analyse ausschließlich auf die sogenannte ‚japanische Literatur‘. Ein sprechendes Beispiel sind etwa die Gedichte des in Fukushima lebenden Dichters Wagô Ryôichi, der Kurzgedichte aus der Stadt über die Mikroblogging-Plattform *Twitter* verbreitete und dadurch weltweit Bekanntheit erlangt hat.[61] Diese Gedichte wurden bald in japanischen Zeitungen wie der *Asahi Shimbun* 朝日新聞 abgedruckt und sind noch im Mai 2011 in Buchform erschienen, wodurch der Dichter zu einer wichtigen Person des Diskurses über ‚Fukushima‘ insbesondere bei Veranstaltungen avancierte (vgl. Beret 2016, S. 21).

Da ‚Fukushima‘ aber als weltweit wahrgenommene Katastrophenerfahrung betrachtet werden muss und über die Grenzen Japans hinaus von Bedeutung ist, ist es wichtig, den Diskurs über die ‚Katastrophe‘ auch außerhalb der japanischen Literatur zu betrachten und die Art und Weise der Berichterstattung und Vermittlung jenseits von Japan einzubeziehen. So wurde gerade in Deutschland die mediale Vermittlung der Ereignisse in Japan ein wichtiges Thema der Literatur. Die Schriftstellerin Elfriede Czurda erinnert sich etwa folgendermaßen: „Unsere Echtzeit-Medien ersparten uns nicht das mindeste Detail an menschlichem Leid und materiellem Verlust. Tag für Tag mit gieriger Unersättlichkeit rollte die Sturzflut der Bilder über die Displays, wir sahen Menschen in den Trümmerbergen nach Menschen graben“ (Czurda 2012, S. 49). Es folgt eine Aufzählung der unterschiedlichen Bilder: „sahen lebenslang strahlende Helden in Schutzanzügen im Inneren des explodierten Reaktors um Schadensbegrenzung kämpfen; sahen immer wieder dieselben Menschen verzweifelt und ratlos vor den Schuttbergen ihrer Existenz“ (Czurda 2012, S. 49). Die anaphorische Satzwiederholung mit demselben Verb (*sehen*) ohne Angabe des Personalpronomens *wir* übermittelt auch auf der Satzebene die Variation immer desselben Bildes, was auch in den Folgesätzen fortgesetzt wird: „sahen auf allen Kanälen immer wieder dieselben Häuser und

60 Mechthild Duppel-Takayama und Thomas Pekar haben in ihrer Buchbesprechung kritisch angemerkt, dass ein Begriffs- oder Personenverzeichnis „in einer an ein Fachkollegium gerichteten Untersuchung verzichtbar sein [dürfte], weniger aber – unterstellt man eine breitere Wirkungsabsicht – im Hinblick auf ein nicht Japanisch sprechendes Publikum“ (Duppel-Takayama/Pekar 2022, S. 48). Dies gilt auch für den Begriff der *Reiwa-Zeit*. Sie hat am 1. Mai 2019 die sogenannte Heisei-Zeit abgelöst, die vom 8. Januar 1989 bis zum 30. April 2019 dauerte.

61 Wagô Ryôichi führt seinen Twitter-Account (@wago2828) seit Januar 2011. Mit Stand 11. Mai 2022 zählte sein Account 29.586 Follower.

Autos und Busse und Schiffe und Bäume und Trümmer über die Monitore ihrem Untergang zurasen.“ (Czurda 2012, S. 49)

Von der medialen Vermittlung der ‚Katastrophe‘ spricht auch ein Text der Schriftstellerin Sabine Scholl: „Auch dort schwappt im Fernsehen die zähe schwarze Masse über japanisches Land, schluckt Boote und Busse, Telefon- und Strommasten knicken wie Mikado, Häuser, Futons, Schränke, Fotoalben verwandeln sich sekundenschnell in Haufen von Müll.“ (Scholl 2012, S. 125)

Mit der Medialität von ‚Katastrophen‘ hat sich vor allem Elfriede Jelinek intensiv auseinandergesetzt. Sie exponiert in ihrem am 21. Dezember 2011 veröffentlichten Text *Kein Licht* (2011) die mediale Katastrophenvermittlung und ergänzt den Text, der auf ihrer Webseite dem Bereich *Theatertexte* zugeordneten ist, mit sechs Bildern, die der unmittelbaren Berichterstattung deutschsprachiger Medien über ‚Fukushima‘ entstammen. Diese Strategie, Texte durch Pressefotos zu erweitern, hatte sie bereits in ihrem auf ihrer Webseite veröffentlichten Theatertext *Bambiland* (2003) angewandt, wo der Text um Pressefotos aus Abu-Ghraib erweitert wurde, womit sie auf die Medialität dieser Ereignisse hinweist. In *Kein Licht* exponiert die Anordnung der Bilder die mediale Stereotypisierung. Die Bilder lassen sich zwar voneinander unterscheiden, sie zeigen aber immer auch dasselbe: Menschen in Schutzanzügen, die mit Geigerzähler die Verstrahlung anderer Menschen messen oder im Kontrollraum gegen den drohenden SuperGAU kämpfen. Dies bestätigt das, was Constanze Baum und Alexander Košenina am Ende ihres Vorworts zur Ausgabe der *Zeitschrift für Germanistik* mit dem Schwerpunkt ‚Katastrophen‘ festgestellt haben: „Die Literatur hat umgekehrt das Wissen über und die Berichterstattung von Katastrophen aufgegriffen und sie in eigene literarische Inszenierungen überführt.“ (Baum/Košenina 2019a, S. 479)

Eine der ersten, die sich in Deutschland zu ‚Fukushima‘ zu Wort gemeldet hat, war die in Berlin lebende Autorin Yoko Tawada. Sie war am 11. März nicht vor Ort in Japan, sie hat die ‚Katastrophe‘ zunächst in Deutschland aus der Ferne ihrer Berliner Wohnung wahrgenommen. Im Gegensatz zu vielen anderen Menschen war Tawada jedoch in der Lage, sowohl die japanische Berichterstattung als auch die deutsche und internationale Berichterstattung zu den Ereignissen zu verfolgen, zu vergleichen und Schlüsse daraus zu ziehen. Die folgenden Kapitel zeichnen nach, wie Tawada aus dieser Position die Erfahrung verarbeitet hat. An ihren Reaktionen lässt sich die Diskursivierung von ‚Fukushima‘ gut in den Blick nehmen, da Tawada zu den „langfristigen Kommentatorinnen von 3.11“ (Gebhardt 2021, S. 294) gehört. Sie wurde zunächst von mehreren deutschsprachigen Zeitungen um eine Stellungnahme gebeten. Auf die ersten Anfragen folgten rasch Aufträge für die insbesondere im Folgejahr 2012 einsetzende Anthologisierung der ‚Dreifachkatastrophe‘ weltweit. Für die französische Anthologie *L'Archipel des séismes* (Quentin/Sakai 2012) schrieb Tawada den längeren Text „Franchir la barrière de Shirakawa“ (2012b), in dem sie sich mit der Geschichte der Beziehung von Fukushima und Tokyo auseinandersetzt. Darüber hinaus erschien Tawadas auf Japanisch geschriebene Kurzgeschichte „The Island of Eternal Life“ (2012c) in der Anthologie *March was made of yarn* (Luke/Karashima 2012b), die gleichzeitig auf Japanisch als *Soredemo sangatsu wa mata* それでも三月は, また (Kōdansha 2012) herauskam. Neben einer Kurzgeschichte arbeitete Tawada an Gedichten, die sie das erste Mal im Deutsch-Japanischen Zentrum in Berlin las. Außerdem arbeitete sie an einem Roman in japanischer Sprache, der im japanischen Verlag *Kōdansha* unter dem Titel Kentōshi 献灯使 (2014) erschien. Die Übersetzungen für den amerikanischen Buchmarkt als *The Emissary* (2018a), für den englischen Buchmarkt als *The Last Children of Tokyo* (2018b) und die deutschsprachige Übersetzung als *Sendbo-o-te* (2019) erschienen erst im Abstand einiger Jahre.

Im Folgenden sollen diese Arbeiten vor dem Hintergrund der Globalisierung von ‚Katastrophen‘ untersucht werden, wobei besonderer Fokus auf mediale und materielle Praktiken im Kontext von Kulturtransfers gelegt wird. Bevor sich das dritte Kapitel mit den in unterschiedlichen Gattungen verfassten ‚globalen‘ Arbeiten von Tawada befasst, wird die transkulturelle Bearbeitung in Deutschland anhand des Zeitungsartikels „Die Ruhe im Sturm“ und in Frankreich anhand der Anthologie *Journal des jours tremblants* untersucht.

6.1 Bilateral: Yoko Tawadas Zeitungsartikel „Die Ruhe im Sturm“ (2011)

Die in Berlin lebende deutsch-japanische Schriftstellerin Yoko Tawada gehörte zu den ersten, die sich nach dem Erdbeben vor der Küste Sendais, dem Tsunami und der Havarie der Reaktoren des Atomkraftwerks *Fukushima-Daiichi* in Deutschland öffentlich zu Wort meldeten.[62] Ihre erste Stellungnahme erschien unter dem Titel „Die Ruhe im Sturm“ am Montag, dem 14. März 2011, online auf der Webseite der deutschen Tageszeitung *Der Tagesspiegel*, nur drei Tage nach ‚Fukushima‘. Wie lässt sich die Eingliederung von Tawadas Beitrag am Ort seines Erscheinens, in Deutschland, näher beschreiben? Zur Beantwortung dieser Frage wird ein besonderes Augenmerk auf den Prozess des Redigierens gelegt. In den redaktionellen Entscheidungen, so lautet die nachstehend ausgearbeitete These, werden spezifische

62 Bei diesem Kapitel handelt es sich um die Ausarbeitung eines Vortrags, der beim Kongress der AGES in Clermont-Ferrand 2021 gehalten und unter dem Titel *Der Ort der Katastrophe* (2023b) in der aus dem Kongress hervorgegangenen Publikation *Catastrophes, menaces et risque naturels. Natur und Umwelt: Risiken, Gefahren und Katastrophen* (Platelle et al. 2023) aufgenommen wurde.

Rezeptionshaltungen manifest, was vor dem Hintergrund der Katastrophenrezeption in einem globalen Kontext eine Form von Kulturtransfer darstellt.

Redigieren

Vor der Publikation eines Zeitungsartikels wird ein Text von der Redaktion druckfertig gemacht, er wird redigiert. Der in der Publizistik und im Verlagswesen Verwendung findende Fachterminus *redigieren* wurde laut dem *Digitalen Wörterbuch der deutschen Sprache* um 1800 aus dem Französischen *rédiger* (für ‚zusammenstellen', ‚ordnen', ‚abfassen', ‚ausarbeiten', ‚zu Papier bringen') entlehnt, was auf das Lateinische *redigere* (für ‚zurücktreiben', ‚zurückbringen', ‚eintreiben') zurückgeht (DWDS). *Redigieren* bezeichnete bis zur ersten Hälfte des 16. Jahrhunderts aber auch etwas „mit Gewalt (zusammen)treiben, in eine Ordnung bringen, ordnen", wie das *Digitale Wörterbuch der deutschen Sprache* weiter erklärt. Heute zählen dazu unterschiedliche Arbeitsschritte wie eine typografische Anpassung, die Harmonisierung der Schreibweise oder das lektorierende Durchsehen auf orthografische wie grammatische Fehler. Außerdem werden in diesem Prozessschritt ein Titel gesetzt, ggf. auch ein Untertitel sowie eine Unter- oder Dachzeile, und der Artikel wird oft mit Bildern ergänzt. Ausgangspunkt dieser unterschiedlichen Arbeitsschritte bildet stets der individuelle Leseprozess des Textes, auf dessen Basis redigiert wird. Redigieren kann deshalb als eine spezifische Form der Rezeption beschrieben werden.

Der Titel

Schon in der Setzung des Titels wird auf eine Reihe möglicher Rezeptionshaltungen hingewiesen. Der Titel spielt auf das deutsche Sprichwort ‚Die Ruhe vor dem Sturm' an, das eine angespannte Atmosphäre vor dem Eintritt eines oft als unangenehm empfundenen Ereignisses wie einem heftigen Sommergewitter beschreibt. Tawadas titelgebender *Sturm* ist dann ein anderes Wort für ein anderes Naturereignis und könnte metonymisch für das Erdbeben stehen.

Der *Sturm* könnte aber auch metaphorisch für die in digitalen Medien stattfindende Debatte stehen, die auf das Ereignis folgte. Die Rede des drohenden Super-GAUs hat die Menschen weltweit in eine angespannte Lage versetzt, insbesondere in Deutschland, wo schon nach wenigen Tagen der endgültige Atomausstieg beschlossen wurde (vgl. Vondung 2020, S. 9 f.). Diese Lesart des Titels schreibt dem Text die Funktion zu, durch einen ruhigen, nicht ins Apokalyptische einstimmenden Ton an der Bewältigung und dem Umgang mit der drohenden ‚Katastrophe' teilzuhaben.

Der Titel „Die Ruhe im Sturm" weist nicht zuletzt auf eine poetologische Ausrichtung von Tawada hin, die sie in der Bearbeitung des Ereignisses verfolgen wird. In ihrer literarischen Bearbeitung von ‚Fukushima' greift Tawada immer wieder auf das Werk von William Shakespeare zurück, wie zum Beispiel in ihrem Gedicht *Hamlet No See.*[63] So könnte der Titel auf ein zentrales Motiv im Werk Shakespeares hinweisen, der Sturm, was eine spontane Reaktion auf die Ereignisse vom 11. März darstellen würde.

Der Text

Tawadas Text thematisiert eine Reihe unterschiedlicher Aspekte des weltweiten Umgangs mit dem Phänomen ‚Fukushima'. Entgegen einer eindeutigen Schwerpunktsetzung spricht Tawada verschiedene Erfahrungen an, ohne dass ein bestimmter Aspekt dominieren würde. Neben einer Auseinandersetzung mit dem ‚deutschen' Wort *Katastrophe*, dem Kompositum *Naturkatastrophe* und der angeblichen Unübersetzbarkeit ins Japanische handelt der Text von der Wahrnehmung der Ereignisse in Deutschland und in Japan und stellt erste Reflexionen über langfristige Auswirkungen an. Insgesamt erweckt der Text den Anschein, als ob ihm eine eindeutige Intention fehlen würde. Er verharrt weder in einem Pathos, das typisch für postkatastrophische Solidaritätsbekundungen ist, noch spricht sich Tawadas Text eindeutig für schnelle Hilfeleistung aus oder drängt zu weiteren Aktionen im Zusammenhang der Katastrophenhilfe. Das mag damit zusammenhängen, dass die Autorin nicht freiwillig die Stellung der Katastrophenvermittlerin bezogen hat, sondern von journalistischen Medien „weniger als Schriftstellerin denn als namhafte Japanerin" (Gutjahr 2012a, S. 33) um eine Stellungnahme gebeten und in den Stand der Vermittlerin erhoben wurde. Ein weiterer Grund könnte die Tatsache sein, dass Tawada – im Gegensatz zum Großteil der Menschen in Deutschland – sowohl der japanischen als auch der internationalen Medienberichterstattung folgen und Widersprüche wahrnehmen konnte. Tawada hat anfangs Informationen aus deutschen Zeitungen ins Japanische übertragen und ins Internet gestellt, wie sie in einem Interview mit Franziska Buhre (2011) in der *taz* erzählt hat. Diese Position mag sie in eine Lage versetzt haben, von der nicht zuletzt ihr erster Text Zeugnis ablegt. Es ist der Versuch, sich zu positionieren.

---

63 Vgl. dazu insbesondere den Artikel „Weltliteratur im globalen Zeitalter ‚Hamlet No See' von Yoko Tawada als Beispiel transkultureller Literatur" von Christine Frank.

Gerade hier, in der ersten Phase der Diskursivierung, kommt dem Prozess des Redigierens eine wichtige Rolle zu. Nicht alle von der Zeitungsredaktion vorgenommenen Textänderungen lassen sich auf formale oder stilistische Aspekte zurückführen. Die Vergabe eines Titels durch die Redaktion lässt sich vielleicht als das stärkste rezeptionssteuernde Mittel bezeichnen. Er führt den Text an die Lesenden heran, indem er vorliegendes Wissen aktiviert und Interesse weckt. Es lassen sich aber auch die auf der Textebene vorgenommenen Änderungen als eine ‚Gewalt des Redigierens' lesen. Textgrundlage des folgenden Vergleichs bildet die im *Tagesspiegel* erschienene Journalfassung des Artikels „Die Ruhe im Sturm" (Tawada 2011a, S. 23), im Folgenden als *Jf* bezeichnet, und die auf den 13. März datierte Buchfassung aus dem „Tagebuch der bebenden Tage", das in dem von Bernard Banoun und Christine Ivanovic herausgegebenen Band *Eine Welt der Zeichen* (Tawada 2015, S. 281 f.) aufgenommen wurde, im Folgenden als *Bf* bezeichnet.

Mit dem „Tagebuch der bebenden Tage" erschienen Tawadas verstreut veröffentlichte Texte zum ersten Mal im deutschsprachigen Raum in Buchform, allerdings als Addendum einer wissenschaftlichen Publikation. Mit dem Wort *Finale* eingeleitet versammelt das „Tagebuch" die fünf von Tawada im März 2011 geschriebenen und in deutschsprachigen Tageszeitungen veröffentlichten Texte, die bereits auf dem Buchcover als „Tagebuch der bebenden Tage" beworben werden (Tawada 2015, S. 279–291). Im Gegensatz zu einem in einer Zeitung erschienen Text verzichtet der Sammelband auf Bilder, Titel sowie Ober- und Untertitel. Die fünf im Blocksatz formatierten Texte werden lediglich von in zwei Klammern stehenden Angaben angeführt, einer Datumsangabe sowie dem kursiv gesetzten Publikationsort.

Vergleicht man die Zeitungstexte mit den Texten im Sammelband, so fallen die voneinander abweichenden Datumsangaben auf. Der Artikel „Die Ruhe im Sturm" wurde am 15. März im *Tagesspiegel* veröffentlicht, im „Tagebuch" wird der Text aber mit dem 13. März angegeben. Darüber hinaus fällt auf, dass auch die Textfassungen nicht identisch sind. Syntaktische Umstellungen und typografische Korrekturen führen zu der Annahme, dass es sich bei dem Abdruck im Sammelband um die von Tawada am 13. März geschriebene oder abgegebene Fassung handelt, die redaktionell überarbeitet und am 15. März veröffentlicht wurde. Wie wurde der Text also redaktionell überarbeitet und an den Erscheinungskontext angepasst?

Tabelle 9: Unterschiede zwischen Bf (links) und Jf (rechts); Hervorhebung des Verfassers.

Wenn ich das Wort „Naturkatastrophe" höre, werde ich **schon** ganz ruhig.	**Schon** wenn ich das Wort „Naturkatastrophe" höre, werde ich ganz ruhig.

Der Unterschied zwischen den beiden Fassungen liegt in der Platzierung des Wortes *schon*. In der Journalfassung steht das Wort *schon* als Abtönungspartikel an der ersten Position und verstärkt den Konditionalsatz und die Junktion *wenn*. Die Platzierung des Wortes *schon* könnte ausdrücken, dass die Ruhe bereits bei oder sogar vor dem Hören des Begriffs eintritt.

In der Buchfassung hingegen steht das Wort *schon* im Hauptsatz und bezieht sich auf das Ruhigwerden, das als Temporaladverb oder als Abtönungspartikel gelesen werden kann. Die Verwendung des Wortes impliziert, dass die Ruhe erst nach dem Hören des Begriffs eintritt. Es könnte darauf hindeuten, dass das Hören des Begriffs eine unmittelbare Reaktion auslöst.

Während die Buchfassung Offenheit anstrebt, steuert die Journalfassung in Richtung Eindeutigkeit. Abtönungspartikel drücken laut Duden „sehr differenziert Einstellungen, Annahmen, Bewertungen und Erwartungen des Sprechers bezüglich des geäußerten Sachverhalts, teilweise auch seine Erwartungen an den Hörer aus." (Duden 2009, S. 591) Durch die Erststellung von *schon* arbeitet der Satz in der Journalfassung mit den Mitteln der Übertreibung und verfällt gleich zu Beginn in einen aufgeregten Ton, der von Panikmache geprägt ist. Er verstärkt den Kontrast, der in Yoko Tawadas Aussage entscheidend ist. Damit entspricht die redigierte Journalfassung dem angespannten Gefühl in Deutschland.

Tabelle 10: Unterschiede zwischen Bf (links) und Jf (rechts); Hervorhebung des Verfassers.

Am 11.3. gleich nach dem Aufstehen rief mich eine deutsche Bekannte an und fragte, ob meiner Familie in **Tokyo** nichts passiert sei.	Am 11. März, gleich nach dem Aufstehen, rief mich eine deutsche Bekannte an und fragte, ob meiner Familie in **Tokio** etwas passiert sei.
Was ich dann versuchte, war, von Berlin aus meine Mutter in **Tokyo** anzurufen, aber sehr bald stellte ich fest, dass man telefonisch nicht durchkommt.	Was ich dann versuchte, war, von Berlin aus meine Mutter in **Tokio** anzurufen, aber sehr bald stellte ich fest, dass man telefonisch nicht durchkommt.
Seit meiner Kindheit habe ich immer wieder gehört, dass es noch zu meinen Lebzeiten zu einem großen Erdbeben in **Tokyo** kommen wird.	Seit meiner Kindheit habe ich immer wieder gehört, dass es noch zu meinen Lebzeiten zu einem großen Erdbeben in **Tokio** kommen wird.

Ein anderes Beispiel ist die Schreibweise von *Tokio* und *Tokyo*. Für Tawada als „Repräsentantin zeitgenössischer exophoner Literatur" (Ivanovic 2010, S. 171) spielt die Bezeichnung von Orten und Räumen keine Nebenrolle, im Gegenteil. Der aus der Ortsnamenkunde stammende Begriff *Exophonie* wurde in den Neunzigerjahren erstmals als kulturwissenschaftliche Beschreibungskategorie verwendet, um auf eine bestimmte Schreibweise aufmerksam zu machen, die eine andere Sprache adaptiert und sich damit von der Literaturgemeinschaft distanziert, in der sie sich bewegt (vgl. Ivanovic 2010, S. 171 f.). In der Buchfassung wird *Tokyo* verwendet und nicht die in Deutschland etablierte Schreibweise als *Tokio*, der deutschen Transkription des japanischen Namens. Diese in internationalen Kontexten verwendete Schreibweise überspringt die redigierte Journalfassung und passt sich mit der deutschen Schreibweise an den deutschsprachigen Erscheinungskontext an.

Tabelle 11: Unterschiede zwischen Bf (links) und Jf (rechts); Hervorhebung des Verfassers.

Am 11.3. gleich nach dem Aufstehen rief mich eine deutsche Bekannte an und fragte, ob meiner Familie in Tokyo **nichts** passiert sei.	Am 11. März, gleich nach dem Aufstehen, rief mich eine deutsche Bekannte an und fragte, ob meiner Familie in Tokio **etwas** passiert sei.

Ein letztes Beispiel bezieht sich auf die Änderung des indirekten Fragesatzes. In der Buchfassung hat sich eine Anruferin danach erkundigt, ob der „Familie in Tokyo nichts passiert sei." (Tawada 2015, S. 281) Mehr oder weniger beiläufig erkundigt sich die Anruferin nach der Situation der Familie. In der Journalfassung erkundigt sie sich hingegen, ob der „Familie in Tokio etwas passiert sei." (Tawada 2011a, S. 23) Mit der Substitution von *nichts* gegen *etwas* wird aus dem negativen Fragesatz ein positiver, wodurch der Satz an den deutschen Erfahrungshorizont herangeführt wird. Denn natürlich muss der Familie etwas zugestoßen sein, sie befinde sich doch in *Tokio*! Die als ‚eine deutsche Bekannte' auftretende Anruferin zeigt mit der vorgenommenen Änderung mehr Empathie, mehr Mitleid und mehr Anteilnahme. Sie entspricht damit ihrer anteilnehmenden Rolle.

Im Anschluss an die Beschäftigung mit einigen textuellen Strategien des Redigierens soll der Fokus nun auf der grafisch-visuellen Gestaltung liegen, mit denen die Journalfassung arbeitet.

Die Journalfassungen

Die DFG-Forschungsgruppe *Journalliteratur* hat sich intensiv mit der Journalseite und ihrer spezifischen Materialität als „graphische Encodierung sprachlichen Sinns" (Beck et al. 2019, S. 10) auseinandergesetzt. Eine gewöhnliche hermeneutische Textexegese weiterführend, hat sie sich insbesondere mit sinnlichen Erfahrungen auseinandergesetzt, ohne dabei die Gestaltung der Journalseite jemals im Kontext von Katastrophendiskursen angesprochen zu haben. Dies soll nachstehend vorgenommen werden.

Der Artikel wurde am linken oberen Rand der Seite 23 platziert, aufgeteilt auf zwei Spalten. Die Platzierung des Artikels im hinteren Teil der Zeitung gibt Aufschluss über die Wahrnehmung des Beitrags. Er wird weniger als ‚Artikel der Stunde' wahrgenommen, der auf den ersten Seiten platziert worden wäre, sondern als ein Beitrag unter vielen. Außerdem teilt sich der Artikel die Journalseite mit anderen Elementen und steht oberhalb von Werbeanzeigen und links neben einem auf vier Spalten aufgeteilten Artikel, der ebenfalls von den Ereignissen in Japan handelt.[64] Von den Gefahren der Kernenergie handelnd wird der auf derselben Zeitungsseite angesiedelte Artikel von einer großformatigen Fotografie mit einer bemerkenswerten Komposition ergänzt. Zwei Personen bewegen sich, die eine links und die andere rechts einer Eisenbahntrasse, einem Tunnel zu, das Gesicht der Kamera zugewandt. Dieser Augenblick wird von der Kamera aus dem Tunnel eingefangen, den die beiden gerade zu betreten scheinen. Ihr Gang ist ruhig und unaufgeregt, ihr Blick ist nach vorne gerichtet, gegen den Blick der Kamera, der bei genauerer Betrachtung an den beiden vorbeizuführen scheint. Er folgt der Trasse weiter in den Hintergrund, wo der Fluchtpunkt des Bildes liegt. Dort in der Dunkelheit lässt sich bis auf einige Umrisse nichts erkennen. Während der Blick also in den Tunnel gerichtet ist, verläuft der Weg der beiden Personen in die entgegengesetzte Richtung, weg von der Blickrichtung. Aus dieser inneren Spannung entsteht die Wirkung der Fotografie, die sie weniger aus dem Dargestellten bezieht als aus der Art und Weise der Nicht-Darstellung. Was sich hinter dem Rücken der beiden Personen aber abspielt, das wird auch in der Bildunterschrift nicht genannt. Denn sie gibt Aufschluss über das eigentliche Thema des Bildes: „Auf der Flucht. Zwei Frauen in einem Eisenbahntunnel nahe der Stadt Kesennuma". Das Thema ‚Frauen auf der Flucht' hat für Deutschland eine eigene Bedeutung und schließt damit an vorgängigen Katastrophenerfahrungen an.

Interessanterweise wurden der Artikel wie auch „Die Ruhe im Sturm" dem Kulturteil zugeordnet, nicht der Rubrik *Gesellschaft* oder der Rubrik *Meinung*. Dies entspricht der Beobachtung Ortrud Gutjahrs (vgl. Gutjahr 2012a, S. 33), gemäß der Tawada unmittelbar nach dem Erdbeben von deutschsprachigen Medien mehr als Japanerin denn als Schriftstellerin wahrgenommen worden sei. Dagegen würde die am Ende des Artikels platzierte Autorinnenbiografie sprechen: *„Yoko Tawada, 1960 in Tokio geboren, lebt seit 1982 in Deutschland. Sie schreibt Prosa, Lyrik und Theaterstücke in deutscher und japanischer Sprache. Im Tübinger Konkursbuch Verlag Claudia Gehrke erschien zuletzt ihr Gedichtband ‚Abenteuer der deutschen Grammatik'."* (Tawada 2011a, S. 23) Indem ihr Arbeitsfeld und ihre

64 Es handelt sich um den von Marcel Viëtor verfassten Text, der laut Beschreibung zum damaligen Zeitpunkt „wissenschaftlicher Mitarbeiter für Energie- und Klimapolitik im Alfred-von-Oppenheim-Zentrum für Europäische Zukunftsfragen der Deutschen Gesellschaft für Auswärtige Politik in Berlin" war (Viëtor 2011, S. 23).

zuletzt erschienene Arbeit genannt werden, wird sie von der Zeitung explizit als Schriftstellerin vorgestellt. Dafür spricht auch das Bild, mit dem der Artikel von Tawada ergänzt wurde. Es zeigt eine Porträtaufnahme der Autorin, die mit einem stoischen Blick knapp an der Kamera vorbeischaut. Es handelt sich jedoch um kein klassisches Autorinnenbild. Dafür wirkt das Bild zu ausdruckslos. Als Bildquelle wird die deutsche Bildagentur *ddp* angegeben. Die niedrige Qualität des Bildes legt die Vermutung nahe, dass es sich lediglich um einen Ausschnitt aus einem Foto handelt, ein Schnappschuss, womöglich während einer Literaturveranstaltung aufgenommen und auf das richtige Format zugeschnitten, um es von der Zeitung für den Artikel zu verwenden. Der Kopf ist leicht aus der Frontalperspektive nach links geneigt, sodass der Kamera die rechte Gesichtshälfte zugewandt wird, die linke aber leicht abgewandt wird. Das Bild erweckt den Anschein, als sei die Aufnahme leicht von unten aufgenommen worden, wodurch eine gewisse Distanz generiert wird.

Der Literaturtheoretiker Roland Barthes hat in „Le visage écrit", ein Text aus der Sammlung *L'Empire des signes*, auf die Mechanismen des west-östlichen Kulturtransfers aufmerksam gemacht (Barthes 1993, S. 346–438). Er hat die in einer japanischen Zeitung abgedruckte Aufnahme des Gesichts eines Dozenten der Darstellung des japanischen Schauspielers Teturo Tanba gegenübergestellt und dabei angemerkt, dass dem Dozenten die Augen lang gezogen und die Pupillen geschwärzt wurden, nur um sein Bild an den japanischen Veröffentlichungskontext heranzuführen, während der Schauspieler seine angeblich ‚asiatischen' Augen verloren hat, um in einem westlichen Kontext weniger fremd zu wirken (vgl. Barthes 1993, S. 418–421). Tawada kennt diese Stelle sehr gut, wird sie doch von ihr in ihrer dritten in Tübingen gehaltenen Poetik-Vorlesung zitiert: „Die Erwartungen der Betrachter erzeugen Masken, und die wachsen ins Fleisch der Fremden hinein. So werden stets die Blicke der anderen ins eigene Gesicht eingeschrieben." (Tawada 2001a, S. 53)

Ähnlich ließe sich das Verfahren im *Tagesspiegel* beschreiben, wo ebenfalls die Erwartungen der Betrachtenden in das Gesicht der Autorin eingeschrieben werden. Die Platzierung eines visuellen Elements in einer Zeitung stellt es in den Dialog mit anderen Elementen, allen voran den Bildern und den Texten (vgl. Beck et al. 2019, S. 23). Der ausdruckslose Blick im Autorinnenbild läuft geradewegs auf das Bild von „GAU und Glaube" zu. Das Gefühl der Ausdruckslosigkeit wird auch durch die Mundpartie verstärkt. Die geschwungene Oberlippe liegt ruhig auf der Unterlippe. Der verschlossene Mund verschließt sich auch vor jedem Wort, das aus dem Inneren entweichen und von den ruhig aufeinanderliegen Lippen geformt werden könnte. Das Bild inszeniert eine Sprachlosigkeit, die Hand in Hand mit der Ausdruckslosigkeit des Blickes geht. Dadurch wird auf der Ebene der Layoutgestaltung mit einem kulturellen Stereotyp gearbeitet, das nach dem

11. März im deutschsprachigen Raum wiederholt aufgegriffen wurde: Die Disziplin und die vermeintliche Schicksalsergebenheit der Opfer in Japan (vgl. Coulmas/ Stalpers 2011, S. 101). Die Darstellung des Gesichts, das mit ruhigem Blick den Auswirkungen der ‚Katastrophe' folgt, entspricht diesem Stereotyp. Mit der im Titel genannten *Ruhe* wird schon auf ein Verhalten angespielt, das die Menschen außerhalb Japans beeindruckt hat, als sie die Medienbilder aus Japan sahen: Die betroffenen Menschen in Japan hätten sich ausgesprochen ruhig ihrem Schicksal überlassen, ein Verhalten, das auf eine spezifisch japanische Resilienz zurückgeführt wurde. Dass es sich dabei aber um ein Stereotyp handelt, das schon in den Jahren vor 2011 sowohl in Japan als auch außerhalb an Virulenz erfahren hat (vgl. Formanek 2014, S. 49), ist mehr als bemerkenswert und kommt nicht zuletzt in der Bildauswahl und -anordnung zur Geltung.

Die digitalen Fassungen

Der Artikel „Die Ruhe im Sturm" wurde am 14.03.2011 um 20:14 Uhr auf *tagesspiegel.de* freigeschaltet (Tawada 2011b). Damit erschien die Onlineausgabe noch vor der Printausgabe. Wie die Printausgabe exponiert die Onlineausgabe Prozesse der Katastrophendiskursbildung und manifestiert in ihrem digitalen Erscheinen die ‚Gewalt des Redigierens'. Zwischen der Onlineausgabe und der Printausgabe gibt es eine Reihe von Gemeinsamkeiten. Der Artikel wird ebenfalls dem Ressort *Kultur* zugeordnet. Wie die Printausgabe besteht auch die Onlineausgabe aus einem Titel und einem Untertitel. Nicht zuletzt wurde auch der Onlineartikel mit dem Autorinnenbild ergänzt, das sich nun im Unterschied zum Printartikel anklicken und vergrößern lässt. Ein weiterer Unterschied zur Printausgabe ist die Dachzeile, mit der der Onlineartikel ergänzt wurde. Die Dachzeile „Yoko Tawada über deutsche Sprache" gibt dem Artikel der Onlineausgabe eine weitere Leserichtung vor. Mit der Dachzeile wird der Fokus eindeutig auf den deutschsprachigen Raum und den Umgang mit den Ereignissen in Japan gelegt.

Eine andere Perspektive nimmt die Veröffentlichung des Artikels auf *Zeit Online* ein, der Onlineplattform der deutschen Wochenzeitung *Die Zeit* (Tawada 2011c). Nur wenige Stunden nach der Veröffentlichung des Artikels auf *tagesspiegel.de*, um 0:00 Uhr, stellte auch die *Zeit*-Redaktion eine Version online. Anders als auf *tagesspiegel.de* trägt der Artikel die Dachzeile „Japanische Kultur", womit der Fokus auf Japan und den dortigen Umgang mit den Ereignissen gelegt wird.

Für diese globale Eingliederung spricht auch die den Artikel ergänzende Infografik, die über die Ursachen und die Folgen des Erdbebens, des Tsunamis und des Unfalls im Kraftwerk informiert. Aber auch die Schlagwörter, die im Seitenquelltext in der Zeile 473 definiert werden, sprechen für eine stärkere Ausrichtung auf

Japan: *Kultur, Japanische Kultur, Atomkraftwerk, Buch, Energie, Erdbeben, Internet, Katastrophe, Natur, Naturkatastrophe, Presse* und *S-Bahn*. Interessant ist ebenfalls, dass der Untertitel geringfügig geändert wurde, sodass das Wort *Katastrophe* „in japanischen Ohren anders als in deutschen" (Tawada 2011c) klingt, nicht mehr ‚für'. Außerdem wurde die Unterüberschrift um einen Satz ergänzt, der Tawada mit Rückgriff auf Stereotype in ihrer Autorinnenfunktion anspricht: „Die Schriftstellerin Yoko Tawada erklärt die Gelassenheit, mit der Japaner dem Unglück begegnen." (Tawada 2011c) Tawadas Artikel auf *zeit.de* wird stark auf die Diskursivierung des Ereignisses in Deutschland ausgerichtet. Dieser Lesart entspricht auch das Bild, mit dem der Artikel auf *zeit.de* ergänzt wurde.

Das Bild zeigt eine Situation in Japan unmittelbar nach dem Erdbeben und dem Tsunami: Im Vordergrund fährt jemand auf seinem Fahrrad an der Kamera vorbei, im Hintergrund des Bildes liegen die Trümmer zusammengestürzter Gebäude sowie zwei havarierte Fahrzeuge, die wahrscheinlich aufgrund der enormen Tragkraft der Tsunamiwellen aufeinander zu liegen gekommen waren. Die Kamera hat jenen Moment eingefangen, an dem sich die Person aufrichtet, um kurzfristig kräftiger in die Pedale des Fahrrads zu treten. Dabei sieht sie aber nicht wesentlich angestrengt aus, sondern fokussiert und macht insgesamt einen gelassenen Eindruck.

Das Bild lässt unterschiedliche Lektüren zu, die von einer Hervorhebung der japanischen Anpassungsfähigkeit bis hin zu einer Technikkritik reichen können, wenn motorisierte Fahrzeuge nicht mehr funktionieren, sodass man zurückgeworfen wird auf traditionelle Fortbewegungsmittel. Alle diese Lesarten haben gemeinsam, dass sie Japans Anpassungsfähigkeit, Ruhe und Gelassenheit unterstreichen, was, wie schon mehrmals besprochen, einen Rückgriff auf bestehende Stereotype darstellt. Noch viel mehr als der Artikel im *Tagesspiegel* greift der Zeit-Artikel auf dieses spezifisch deutsche Diskurselement zurück, was sich nicht zuletzt an der Bildadresse zeigt, wo eine angeblich japanische Differenz im Umgang mit den Ereignissen angeführt wird:

> https://img.zeit.de/gesellschaft/2011-03/**japan-gelassenheit/japan-gelassenheit**-540x304.jpg/imagegroup/wide__822x462. (Tawada 2011c; Hervorhebung des Verfassers.)

Das Bild bringt primär eine ‚Japan-Gelassenheit' zur Evidenz – und eben nicht die durch das Erdbeben oder den Tsunami zerstörten Gebiete bzw. die potenzielle Gefährdung durch die austretende Radioaktivität. Dargestellt werden nicht die zerstörten Gebiete, sondern eine Gelassenheit im Umgang mit diesen Ereignissen, die als spezifisch japanisch wahrgenommen wird.

Interessant ist dabei aber auch, dass weniger die Gefahr durch die Radioaktivität im Vordergrund zu stehen scheint als vielmehr die Auswirkungen durch den Tsunami. Im Gegensatz zum *Tagesspiegel*, wo die Fotografie die Flucht vor einer unsichtbaren Gefahr darstellt, zeigt die Fotografie auf *zeit.online* eine Situation im Kontext des Tsunami. Während die regionale Zeitung *Der Tagesspiegel* auf die Atomkraft rekurriert, verweist die überregionale Zeitung *Die Zeit* auf den Tsunamis. Diese Beobachtung wirft die Frage auf, ob ein Text an unterschiedlichen Orten unterschiedliche Funktionen erfüllen kann, was im Folgenden anhand der französischen Rezeption dieser frühen Texte Tawadas untersucht werden soll.

6.2 Trilateral: Die Anthologie *Journal des jours tremblants* (2012) von Yoko Tawada

Der Text *Die Ruhe im Sturm* war nicht Tawadas einzige Reaktion auf ‚Fukushima'. In deutschsprachigen Zeitungen sind zahlreiche Texte erschienen, die sowohl über den Umgang mit dem Ereignis in Japan als auch in Europa sprechen und dabei immer auch die Abfolge von Erdbeben, Tsunami und Reaktorunglück vor Augen führen. Zu den in deutschsprachigen Zeitungen veröffentlichten Texten gehören die Artikel „Die Ruhe im Sturm" (*tagesspiegel.de*, 14.03.2011; *zeit.de*, 15.03.2011; *Tagesspiegel*, 15.03.2011), „Mein Japan" (*Christ&Welt*, Zeit-Beilage vom 17.03.2011), „Die Stadt existiert im Kopf" (*SonntagsBlick*, 20.03.2011) und „Erst die Tränen, dann ein Reisbällchen" (*Christ&Welt*, Zeit-Beilage vom 24.03.2011). Darüber hinaus hat sich Tawada auch in anderen Ausdrucksformen mit der ‚Katastrophe' beschäftigt. Sie hatte Auftritte im Fernsehen und gab Interviews. Außerdem beschäftigte sie sich anlässlich ihrer drei Poetikvorlesungen in Hamburg mit ‚Fukushima' (Gutjahr 2012b). Kurzum, Tawada wurde gerade in der ersten Phase nach dem Erdbeben von der deutschsprachigen Öffentlichkeit als Vermittlerin wahrgenommen und um zahlreiche Stellungnahmen gebeten. Eine Auswahl dieser außergewöhnlichen Auseinandersetzung mit dem Katastrophenherd wurde jedoch erstmals in Frankreich in Buchform veröffentlicht, nicht in Deutschland oder in Japan. Unter dem Titel *Journal des jours tremblants. Après Fukushima* (2012d) erschien im französischen Verlag *Editions Verdier* ein Buch, das die Zeitungstexte Tawadas sowie ihre Vorträge in französischer Übersetzung beinhaltet. Dieser Verlag hat sich u. a. auf Übersetzungen aus dem deutschsprachigen Raum spezialisiert, die in der Reihe *Der Doppelgänger* erscheinen. Mehr noch als die Übertragung vom Medium Zeitung in das Medium Buch wirft die Übertragung vom deutschsprachigen in den französischsprachigen Raum eine Reihe von Fragen in Bezug auf die diskursive Übertragbarkeit auf. Mit Frankreich treffen Tawadas Texte auf einen völlig anderen Diskursraum als in Deutschland. Im Folgenden wird deshalb untersucht, wie die Buchpublikation in den französischen Raum übertragen wurde und welche Rolle die Übertragung deutschsprachiger Texte nach Frankreich in Bezug auf die Globalisierung der ‚Katastrophe' spielt. Um die Unterschiede dieser beiden Diskursräume herauszuarbeiten, werden zunächst die Titelseiten anlässlich des zehnten Jahrestages von ‚3/11' in deutsch- und französischsprachigen Tageszeitungen miteinander verglichen. Anschließend wird das Buchprojekt im Kontext seines französischen Veröffentlichungskontexts besprochen. Abschließend wird auf Tawadas Frankreichbezüge im Kontext von ‚Fukushima' verwiesen.

Frankreich als Dritter Raum

Anlässlich des zehnten Jahrestags lautete die Schlagzeile der französischen Tageszeitung *Le Monde* auf ihrer Titelseite vom 10. März 2021: „Fukushima une décennie de traumatismes" (Le Monde 2021, S. 1). In der Ausgabe wird auf insgesamt fünf Seiten von den langfristigen Auswirkungen des Erdbebens, des Tsunamis und des Reaktorunfalls im Gebiet berichtet. Das Titelbild zeigt eine Person, die der Kamera den Rücken zukehrt, im Takata-Matsubara-Erinnerungspark in Rikuzentakata, einem der am stärksten betroffenen Gebiete in der Region im Nordosten Japans. Somit werden alle drei Katastrophentypen gleichrangig nebeneinander dargestellt.

Einen anderen Schwerpunkt setzten die deutsche Wochenzeitung *Die Zeit* oder das Nachrichtenmagazin *Der Spiegel*. In der *Zeit* vom 4. März 2021 heißt es: „Atomkraft! Wie bitte?" (Die Zeit 2021, S. 1). Mit der von Dennis Vernooij illustrierten Titelseite wird damit auf die Anti-Atomkraft-Bewegung und ihren bekannten Slogan ‚Atomkraft? Nein danke' Bezug genommen. Auch zehn Jahre danach wird das japanische Ereignis in Deutschland vorwiegend in einen Zusammenhang mit lokalen Herausforderungen gestellt. Einen ähnlichen Schwerpunkt setzte auch die deutsche Wochenzeitung *Der Spiegel* in der Ausgabe vom 6. März 2021 und widmete der sich zum zehnten Mal jährenden ‚Nuklearkatastrophe von Fukushima' zwei Artikel, in der Atomenergie vor dem Hintergrund nachhaltiger Energieträger diskutiert wird (Der Spiegel 2021, S. 85–87).

Im Vergleich zu den deutschsprachigen Zeitungen hat sich *Le Monde* also nicht ausschließlich auf die Nuklearkatastrophe konzentriert, sondern hat sich mit allen drei Katastrophentypen auseinandergesetzt – dem Erdbeben, dem Tsunami und dem Reaktorunglück. Darin könnte ein Grund liegen, warum sich Tawadas unmittelbar verfasste Texte in Frankreich gut integrieren ließen. Auch Tawada hat sich anders als in Deutschland üblich weniger auf einen Katastrophentyp beschränkt, sondern die gesamte Bandbreite des Umgangs mit der Ereignisfolge in den Vordergrund gestellt. Sie spricht vom Erdbeben gleichermaßen wie vom Tsunami und dem Reaktorunglück; sie thematisierte aber auch die Rolle der Medien und Reaktionen sowohl innerhalb als auch außerhalb Japans und wendete sich damit gegen die Diskursivierung in Deutschland, wo in erster Linie das Interesse dem drohenden Reaktorunglück galt.

Ein weiterer Grund war die gute Vernetzung Tawadas in Frankreich. Sie hatte bereits vor März 2011 unterschiedliche Berührungspunkte mit dem französischen Raum. So erscheinen ihre Texte bereits seit 2001 in französischer Übersetzung durch Bernard Banoun bei *Verdier*. Weitere von Bernard Banoun aus dem Deutschen wie aus dem Japanischen übertragene Werke Tawadas sind *Narrateurs sans âmes* (2001b), *Opium pour Ovide* (2002), *L'Œil nu* (2005a), *Train de nuit avec suspects* (2005b), *Le Voyage à Bordeaux* (2009), *Histoire de Knut* (2016a) und *L'ange transtibétain* (2023).

Neben dem Transfer *nach* Frankreich lässt sich aber auch ein Transfer *aus* Frankreich beobachten. Tawada hatte immer wieder Begriffe, Konzepte oder Ideen aus Frankreich in ihr eigenes Schaffen integriert. So haben Bernard Banoun und Christine Ivanovic beobachtet, dass „die Ambivalenz von Ost und West in späteren Texten Tawadas immer wieder gerade hier, in Frankreich, ausgetragen [wird]" (Banoun/Ivanovic 2015a, S. 1), weshalb sie von Frankreich als ‚dritter Raum' im Sinne von Homi K. Bhabha sprechen, den sie konträr zu Japan und Deutschland stellen (vgl. Banoun/Ivanovic 2015a, S. 1).

Ein gutes Beispiel ist der Begriff der *Exophonie*. Bevor der Begriff *Exophonie* in den kulturwissenschaftlichen Diskurs in Deutschland eingeführt wurde, verwendete Tawada diesen aus der Auseinandersetzung mit dem Konzept der Frankophonie entstandenen Begriff bereits im Titel eines ihrer Bücher (vgl. Ivanovic 2010, S. 172). Tawadas Werk zeichnet sich damit immer schon durch eine ihr spezifische Transkulturalität aus.[65]

Frankreich spielt auch in Tawadas Bearbeitung der ‚Katastrophe' vom 11. März 2011 eine Rolle, um sie global zu denken, nicht wie zumeist üblich als nationale ‚Katastrophe'. Anhand der französischen Buchausgabe *Journal des jours tremblants* (Tawada 2012d) lässt sich dieser Aspekt gut untersuchen.

Nach Frankreich

Übersetzt wurden die Texte im *Journal des jours tremblants* von zwei Personen, Cécile Sakai und Bernard Banoun. Cécile Sakai ist die Mitherausgeberin des 2012 erschienenen Sammelbandes *L'archipel des séismes: Ecrits du Japon après le 11 mars 2011* (Quentin/Sakai 2012) und langjährige Übersetzerin aus dem Japani-

65 Vgl. dazu insbesondere „Weltliteratur im globalen Zeitalter: ‚Hamlet No See' von Yoko Tawada als Beispiel transkultureller Literatur" von Christine Frank (2023).

schen. Bernard Banoun ist Tawadas langjähriger Übersetzer in Frankreich. Mit dem Titel *Journal des jours tremblants* wird der seismische Charakter des Ereignisses in den Vordergrund gestellt. Mit dem Untertitel *Après Fukushima* wird hingegen das Erdbeben mit dem Reaktorunglück verschränkt. Diese Verschränkung von Erdbeben und Reaktorunglück steht ganz im spezifischen Interesse in Frankreich „an den Überlegungen der Diskursszene [...] zur Dreifachkatastrophe, welches so ausgeprägt im anglophonen Raum [und auch anderswo] nicht gegeben ist“ (Gebhardt 2021, S. 97), wie Lisette Gebhardt bemerkt hat. Sie verweist auch auf den bereits erwähnten Band *L'archipel des séismes* (Quentin/Sakai 2012), an dessen Titel ebenfalls die in Frankreich typische Präferenz des Erdbebens gegenüber dem Reaktorunglück beobachtbar ist, im Gegensatz zu der Vordergrundstellung der nuklearen Bedrohung in Deutschland.

Der Titel *Journal des jours tremblants* stellt Tawadas Texte aber auch in eine spezifische Tradition der Darstellung von ‚Katastrophen‘, nämlich dem diaristischen Schreiben. Tawada hatte nicht von Anfang an vor, ein Tagebuch zu schreiben. Mit dem Titel *Journal des jours tremblants* wird ihren verstreut veröffentlichten Texten nachträglich die diaristische Gattung zugewiesen.

Eine Frühform dieser subjektiven Gattung im Zusammenhang mit Katastrophendarstellungen stammt von Daniel Defoe, der im Jahr 1722 einen fiktiven Dokumentationsbericht des Pestausbruchs in London im Jahre 1665 unter dem Titel *A Journal of the Plague Year* (Defoe 2020) veröffentlichte. Wie in seiner weithin bekannteren Schiffbruchgeschichte *Robinson Crusoe* (vgl. Iser 2003, S. 222) greift Defoe in *A Journal of the Plague* auf eine Herausgeberfiktion zurück: „Written by a CITIZEN who continued all the while in *London*. Never made publick before“ (Defoe 2020). Die Erzählinstanz erzählt in der ersten Person Singular die Entwicklung der Ereignisse aus der eigenen Perspektive.

Aus heutiger Sicht ist der Text allerdings nicht als Tagebuch erkennbar. Neben der „weekly bill of mortality“ (Defoe 2020), dem wöchentlichen Sterbeverzeichnis aus der Zeitung, besteht Defoes Werk vorwiegend aus reinem Fließtext und verzichtet auf die Strukturierung einzelner Einträge mit einer Datierung, wie es in der Tagebuchliteratur üblich ist (vgl. Schwieren 2015, S. 538; Dusini 2005, S. 167–188).

Mit dem Einsatz digitaler Medien erlebte das diaristische Schreiben am Anfang des 21. Jahrhunderts eine Renaissance. Das Verfassen eines eigenen Blogs stellte nur den Anfang einer Entwicklung dar, die mit sozialen Medien den Stellenwert diaristischen Erzählens in der Gegenwart veränderte. Der Buchmarkt reagierte auf diese Entwicklung, indem er die ursprünglich digital verfassten Texte nachträglich in die Form eines Buches überführte. Stefanie Sargnagels erstes Buch *Binge Living. Callcenter-Monologe* (2013) lässt sich stellvertretend für diese Dynamik anführen.

Das Diaristische wurde immer wieder auch zur dokumentarischen Darstellung von ‚Katastrophen' verwendet. So trägt das von Yanick Lahens nach dem Erdbeben von Haiti 2010 verfasste Buch *Failles* in der deutschen Übersetzung von Jutta Himmelreich den Untertitel *Ein Journal* (Lahens 2011). Andere Bespiele sind Kathrin Rögglas *really ground zero* (2001), eine Serie von Texten, die Röggla nach den Anschlägen verfasste, und das *New York Tagebuch* (2002) von Else Buschheuer, einer der ersten deutschsprachigen Blogs, der die Anschläge von 9/11 dokumentierte (vgl. Blank 2021, S. 426). Die gattungsspezifische Nähe zu ‚Katastrophen' nutzt aber eben auch das *Journal des jours tremblants* (2012d).

Anders als im *New York Tagebuch* von Else Buschheuer handelt es sich bei Tawadas *Journal des jours tremblants* um eine spätere Überführung von verstreut publizierten Texten in die Gattung *Tagebuch*. Einführend wird zwar kurz darauf hingewiesen, dass die Texte ursprünglich in deutschsprachigen Zeitungen erschien sind: „Les textes datés du jour ont été publiés par Yoko Tawada dans plusieurs journaux d'Allemagne et de Suisse alémanique en mars 2011." (Tawada 2012d, S. 90) Jedoch gibt es keine Anzeichen für einen Gattungswechsel. Durch die Überführung in das neue Genre erhalten die für das Feuilleton geschriebenen Texte einen stärker dokumentarischen Charakter.

Die Gattungszuweisung erfolgt dabei explizit über den Titel *Journal des jours tremblants*. Außerdem wird eine diaristische Ästhetik in der visuellen Darstellung der einzelnen Texte verfolgt. Diese Ästhetik wird editorisch durch konsequente Überschreibung jedes einzelnen Eintrags mit einem Datum realisiert. Anders als ein Zeitungsartikel, der sich durch eine Überschrift und eine Unterschrift ausweist, sowie Angaben zur Autorin und einem Bild, verzichten die nun als Tagebucheinträge dargestellten Texte auf Bild und Zusatzinformationen. Jeder Eintrag enthält lediglich eine hervorgehobene Datumsangabe.

Im Vergleich zu den einzelnen Zeitungsartikeln fällt auf, dass die Datumsangaben im Journal von jenen der tatsächlichen Veröffentlichung in den Zeitungen abweichen. Ausgehend von dieser Beobachtung lässt sich schließen, dass Übersetzungsgrundlage wohl die von Tawada geschriebenen Erstfassungen der Texte darstellen, nicht die von den Zeitungen redigierten Texte. Dies ist insofern wichtig, als dass die französische Übersetzung mit dem Tagebuch einen eigenen Rahmen aufmacht und weniger am diskursiven Setting in Deutschland interessiert ist.

Anhand der chronologischen Auflistung der einzelnen Zeitungsartikel lassen sich einige interessante Beobachtungen anstellen. So beziehen sich die beiden am 13. März verfassten Texte „Die Ruhe im Sturm" und „Mein Japan" auf den angeblich japanischen Umgang mit der ‚Katastrophe' und die starke Identifizierung mit dem Land. Während in den beiden Texten also Stereotypisierungen im Vorder-

Tabelle 12: Voneinander abweichende Datumsangaben in der Bf (links) und in der Jf (rechts).

„Die Ruhe im Sturm“	13. März 2011	15. März 2011[66]
„Mein Japan“	13. März 2011	17. März 2011
„Die Stadt existiert im Kopf“	19. März 2011	20. März 2011
„Erst die Tränen, dann ein Reisbällchen“	20. März 2011	24. März 2011
„Als Inselbewohner sicher“	26. März 2011	28. März 2011[67]

grund stehen, so lässt sich in den späteren Beiträgen Tawadas zunehmend eine Positionierung gegen stereotype Darstellungen feststellen. Auf die ersten, noch weitgehend in Stereotypen gefangenen Texte folgt eine zweite Phase der medialen Reflexion. Dies bringt vor allem die Überschrift „Erst die Tränen, dann ein Reisbällchen“ vom 20. März zum Ausdruck. Sie reflektiert die Medienberichterstattung bei gleichzeitiger ironischer Distanzierung.

Neben den Zeitungstexten wurden auch drei von Tawada im Frühjahr 2011 gehaltene Poetikvorlesungen ins Französische übertragen und in die Buchpublikation *Journal des jours tremblants* aufgenommen. Im Gegensatz zum deutschsprachigen Raum, wo eine Zusammenstellung dieser Texte für eine breitere Öffentlichkeit bislang fehlt, kann man im Französischen diese Texte schon früh an einem Ort versammelt lesen.[68]

Tawada hatte 2011 die Hamburger Gastprofessur für Interkulturelle Poetik inne. In diesem Rahmen hielt sie die drei Poetik-Vorlesungen (1) „Tanegashima – Die Europäer landen an“, (2) „Dejima – Die Seefahrt der Sprachen“ und (3) „Uraga – Die schwarzen Schiffe der Moderne“. In den drei Vorträgen setzt sie sich erstmals mit der historischen Isolationsphase Japans während der Edo-Zeit auseinander, ein Thema, das sie im Folgenden weiter beschäftigen sollte und literarische Ausarbeitung findet, indem es in einen Zusammenhang mit Katastrophenerfahrungen gebracht wird.

66 Online bereits am 14. März 2011.

67 Nicole Sixdorf (2013) gibt das Programm „Als Inselbewohner sicher“ im *Arte Journal* vom 28.03.2011 an, das allerdings nicht mehr abrufbar ist. Vermutlich handelt es sich um den von Tawada am 26.03.2011 für den *Süd-West-Rundfunk* verfassten Text, der nicht aufgefunden werden konnte.

68 Der Konkursbuchverlag hatte zwar in der Verlagsvorschau von 2014/15 einen neuen Band von Tawada für 2015 „mit neuen literarischen Essays und Geschichten [angekündigt]. Ein Lyrikband: Fukushima-Gedichte und Bilder, die die Zeit nach dem Tsunami und der Nuklearkatastrophe dokumentieren.“ (Konkursbuch Verlag Claudia Gehrke 2014) Im November 2022 erschien *Portrait eines Kreisels* (2022), ein Band, der auch Texte zu ‚Fukushima‘ beinhaltet.

Die drei Poetikvorlesungen wurden im Deutschen nur in den wissenschaftlichen Sammelband *Fremde Wasser*, herausgegeben von Ortrud Gutjahr (2012b), aufgenommen.[69] Auch die Zeitungstexte wurden lediglich in dem wissenschaftlichen Sammelband *Eine Welt der Zeichen* (Banoun/Ivanovic 2015b) als „Tagebuch der bebenden Tage" (Tawada 2015) aufgenommen und einem wissenschaftlichen Publikum vorgelegt. Diese Texte erscheinen jedoch zunehmend in anderen Sprachen, insbesondere auf Französisch. Wenn diese Texte aus der deutschen Sprache ins Französische übersetzt werden, stehen sie im Zeichen der Transkulturalität, da sie die Erfahrungen der japanischen ‚Katastrophe' in Deutschland reflektierten.

Abschließend soll in diesem Zusammenhang auch Tawadas deutschsprachige Essaysammlung *akzentfrei* (Tawada 2016b) genauer untersucht werden, um die Bewegung von Deutschland nach Frankreich im Gegensatz zur vorherigen Bewegung von Frankreich nach Deutschland zu betrachten.

Aus Frankreich

Schon auf dem Umschlagbild von *akzentfrei* wird die Erfahrung der globalen Wahrnehmung von ‚Katastrophen' visualisiert. Es zeigt den Rücken einer Frau, ein Detail des Freskos *Villa dei Misteri* aus Pompeji, das eine Verbindung zu einer der weltweit bekanntesten Untergangsszenen herstellt, nämlich der Stadt Pompeij, die durch einen Vulkanausbruch im Jahr 79 zerstört wurde. Pompeij steht symbolisch für den späteren Untergang des römischen Reichs.

Die Buchgestaltung, die bei Tawada „über ihre visuellen Qualitäten hinaus kritischen Eigenwert beanspruchen kann" (Ivanovic 2011, S. 153), schafft eine Verbindung zur Romania, einem Kulturraum, der sich vom deutschen und dem japanischen Raum unterscheidet. Damit ist auch diese „Darstellungsstrategie darauf ausgerichtet, die Begegnung, Konfrontation oder Durchdringung einander frem-

---

69 Dort stehen Tawadas Vorträge neben wissenschaftlichen Beiträgen zum Werk Tawadas und werden außerdem durch drei im Vorfeld geführte Gespräche der Autorin mit Ortrud Gutjahr eingeleitet. Die wissenschaftlichen Beiträge zum Sammelband kreisen um unterschiedliche Themen, spielen auf ‚Fukushima' und die Auswirkungen aber nicht an. Anders die Gespräche, die zum Teil unter dem unmittelbaren Eindruck der Dreifachkatastrophe geführt wurden. Am 14. März führte Tawada in der Tea Lounge in der Hafencity in Hamburg das zweite der insgesamt drei Gespräche anlässlich ihrer Poetikvorlesungen (Gutjahr 2012a). Dieses Gespräch, das im Abstand von nur drei Tagen zu den Ereignissen in Fukushima stattgefunden hat, steht maßgeblich unter dem Eindruck der Dreifachkatastrophe. Gutjahr spricht einleitend die Rolle an, die Tawada in Deutschland zugeschrieben wurde, aber auch kulturelle Unterschiede im Umgang mit solchen Ereignissen und der Zusammenhang von Kultur und Natur kommen zur Sprache, wobei Tawada größtenteils die in ihren ersten Reaktionen verfassten Ideen wiederholt oder weiter ausführt.

der Systeme buchstäblich sichtbar werden zu lassen.“ (Ivanovic 2011, S. 153) In *akzentfrei* wird die Verflechtung der drei Sprachräume Deutsch, Japanisch und Romanisch thematisiert.

Das Buch beinhaltet mehrere auf Deutsch geschriebene Essays zu gewöhnlichen Alltagserfahrungen. Abschluss des Buches bilden zwei Essays, die unter dem Titel „Französischer Nachtisch“ angeführt werden. Der erste Essay, „Roland Barthes als Spielbühne“, stellt eine Auseinandersetzung mit dessen Buch *Mythen des Alltags* dar, während der zweite Essay, „Claude Lévi-Strauss und der japanische Hase“, von Lévi-Strauss’ Japanreise und seinen Vorträgen über die japanische Kultur handelt. Interessanterweise verweist Tawada in beiden Essays auf die „dreifache Katastrophe in Japan im Jahr 2011“ (Tawada 2016b, S. 131) bzw. den „Tsunami und Super-GAU 2011“ (Tawada 2016b, S. 139). Sie versucht also, das Erfahrene aus einer französischen Perspektive heraus zu erklären.

In „Roland Barthes als Spielbühne“ tastet Tawada behutsam die Frage ab, wie es möglich war, dass Menschen nach dem 11. März 2011 Mitleid mit ihr empfinden konnten, nachdem sie die Zeitung gelesen hatten (vgl. Tawada 2016b, S. 131). Zentraler Referenzpunkt bleibt Barthes’ *Mythen des Alltags* (2010), auf dessen Verdienst, die Ideologie der Natürlichkeit unermüdlich zu kritisieren, sie hinweist (vgl. Tawada 2016b, S. 130). Tawada liest den Text „Zwei Mythen des Jungen Theaters“ (vgl. Barthes 2010, S. 139–142) und überträgt ihn auf den zeitgenössischen Fußball. Wie das Junge Theater (vgl. Barthes 2010, S. 140) würde der Fußball mit der Verausgabung seiner Spieler*innen rechnen, weshalb das Fußballspiel „eines der erfolgreichsten Theater der Leidenschaft“ (Tawada 2016b, S. 130) sei. Dies wurde ihr bewusst, nachdem der Sieg der japanischen Nationalmannschaft im Frauenfußball wenige Monate nach dem 11. März von deutschen Medien in einen Zusammenhang mit ‚Fukushima‘ gebracht worden war und als Tröstung nach dem Leid gewertet wurde (vgl. Tawada 2016b, S. 131). Diese Verknüpfung aus Individualität und Nationalität interessiert Tawada nun besonders. Sie war nach ‚Fukushima‘ bemitleidet worden, obwohl sie kein Opfer der ‚Katastrophe‘ war. Sie schließt somit mit folgender Beobachtung: „Erst werden Emotionen für eine Nation durch die Medien geschürt, dann werden sie auf einen Menschen gegossen, der dieser Nation zuzuordnen ist, selbst wenn er kein Opfer ist.“ (Tawada 2016b, S. 131) Mit Roland Barthes gelingt es Tawada, die eigene Diskriminierungserfahrung zu reflektieren und in einen größeren Zusammenhang einzuordnen.

Auch in „Claude Lévi-Strauss und der japanische Hase“ analysiert Tawada die Medienberichterstattung, allerdings die internationale, nicht die deutsche. Tawada behauptet, dass „[n]ach dem Tsunami und Super-GAU 2011 […] ein Japanbild zurück[gekehrt war], in dem ein Samurai freiwillig für seinen Herrn stirbt und dabei keine Angst vor dem Tod hat.“ (Tawada 2016b, S. 139) Damit bezieht sie sich auf Medienbilder von Mitarbeitenden des Kernkraftwerks, die in das Kernkraftwerk geschickt worden waren, um im kontaminierten Gebäude sicherheitstechnische Arbeiten durchzuführen und damit ihr Leben riskiert hatten. Während diese Männer medial als Helden gefeiert wurden, werden sie von Tawada mit dem weißen Hasen von Inaba verglichen, „ein hilfloser Hase [...], der leichtsinnig mit den Krokodilen umging und [...] am Strand stirbt“ (Tawada 2016b, S. 139). Sie widersetzt sich damit dem medial vermittelten Bild, wenn sie die Mitarbeiter ebenso als hilflos und leichtsinnig darstellt. Tawada war auf diese Geschichte im Zuge von *Die andere Seite des Mondes* (2012), der Neuübersetzung Claude Lévi-Strauss' *Schriften über Japan* durch Eva Moldenhauer, aufmerksam geworden. Darin findet sich das Kapitel „Der weiße Hase von Inaba“ (Lévi-Strauss 2012, S. 70–80), in dem Lévi-Strauss die südostasiatische Tiergeschichte in vielen amerikanischen Mythen aufspürt (vgl. Lévi-Strauss 2012, S. 70). Tawada resümiert das von Lévi-Strauss dargestellte Verfahren ‚kultureller Triangulation‘:

> Dabei gilt das Szenario als wahrscheinlich, wonach Japan aus zwei Strömungen von Menschen, Sprachen und Kulturen entstanden ist: Die eine Strömung ging von Sibirien aus nach Osten: wenn Japan eine ihrer Endstationen war, war der amerikanische Kontinent eine andere Endstation dieser Völkerwanderung. Die andere Strömung kam aus dem südlichen Pazifik, wo die Krokodile zu Hause sind. Lévi-Strauss spricht von der kulturellen Triangulation, die aus dem Malaiischen Archipel, Amerika vor der Entdeckung und Japan besteht. (Tawada 2016b, S. 138 f.)

Tawada setzt nun die Krokodile mit den Gefahren im Atomkraftwerk gleich und deutet darauf hin, dass die Erfahrungen weltweit ausgetauscht werden und sich an unterschiedlichen Räumen absetzen können, so wie die aus dem südlichen Pazifik ansässigen Krokodile in japanischen und amerikanischen Mythen. Damit stellt sie die kulturelle Triangulation durch ‚Fukushima‘ in Aussicht, denn mit dem weltweiten Austausch wird sich die Erfahrung der drohenden Gefahr in unterschiedlichen Sprachen und Räumen absetzen. Sie verweist nicht zuletzt auf ihre eigene Tätigkeit, wenn sie an unterschiedlichen Orten weltweit ihre Erfahrung in Form von Erzählungen absetzt.

Zusammenfassend lässt sich festhalten, dass Tawada den Versuch unternimmt, die Erfahrung aus der Perspektive Frankreichs bzw. der französischen Theorie zu beleuchten. Damit zeigt sich, wie Frankreich einmal mehr der Ort wird, wo die Ambivalenz zwischen Ost und West verhandelt wird, worauf ja schon Bernard Banoun und Christine Ivanovic hingewiesen haben (vgl. Banoun/Ivanovic 2015a, S. 1). Tawada erweitert ihre deutsche und japanische Perspektive, indem sie eine weitere Sichtweise einbezieht und von dort aus reflektiert. Dadurch nimmt sie eine Position ein, die als ‚global‘ bezeichnet werden kann. Dies ist zum einen auf die Bedeutung der französischen Sprache als eine der weltweit am weitesten verbreiteten Sprachen zurückzuführen. Zum anderen wird die strukturalistische Theorie von Roland Barthes und Claude Lévi-Strauss längst außerhalb Frankreichs und der französischen Sprache rezipiert, da sie als grundlegend für die postmoderne Auseinandersetzung mit der Welt angesehen wird. Tawada überträgt somit ihre lokale Erfahrung von Deutschland aus in einen globalen Kontext. Dieser globale Ansatz zeigt sich auch immer wieder in ihrer Arbeit, wie im folgenden Kapitel am Beispiel der englischen Sprache erläutert wird.

6.3 Multilateral: Eine Kurzgeschichte, ein Roman und eine Gedichtsammlung von Yoko Tawada (2011–2020)

Im Folgenden werden drei englischsprachige Texte von Yoko Tawada als Grundlage verwendet, um zu zeigen, wie die Autorin ihre Erfahrung der Ereignisse vom 11. März aus der Perspektive der englischen Sprache verarbeitet. Dies kann als ein weiteres Beispiel für ein Verfahren transkulturellen Schreibens betrachtet werden. Die Kurzgeschichte „The Island of Eternal Life" (2012c), der Roman *The Emissary* (2018a) und die Gedichtsammlung *Out of Sight* (Parodi/Tawada 2020) dienen als Untersuchungsobjekte für transkulturelle Aspekte im Werk von Tawada im Zusammenhang mit ‚Fukushima'. Es wird noch einmal deutlich, dass ‚Fukushima' nicht ausschließlich als eine nationale ‚Katastrophe' des japanischen Nationalstaats betrachtet werden kann, sondern dass Tawada ‚Fukushima' unter dem Eindruck globaler Auswirkungen als eine ‚Katastrophe' globalen Ausmaßes bearbeitet. Tawada nutzt dafür unterschiedliche Stereotype, Motive und Modelle.

German Angst in der Kurzgeschichte „The Island of Eternal Life"

2012 erschien die von Elmer Luke und David Karashima herausgegebene Anthologie *March Was Made of Yarn*, „eine erste anglophone Anthologie literarischer, d. h. fiktionaler Texte" (Gebhardt 2021, S. 98), die anlässlich des ersten Jahrestags der Dreifachkatastrophe veröffentlicht wurde. Die Anthologie basiert auf dem bei Kodansha zur selben Zeit herausgegebenen japanischen Band *Soredemo sangatsu wa, mata* それでも三月は, また (‚Trotzdem ist der März wieder um') (2012), der um drei englischsprachige Beiträge ergänzt wurde (vgl. Gebhardt 2021, S. 98). Die Anthologie lässt sich aber nicht erst durch die Eingliederung der englischsprachigen Beiträge im Kontext von Globalisierung untersuchen, wird doch bereits mit der Kurzgeschichte „The Island of Eternal Life" von Yoko Tawada die Erfahrung der japanischen ‚Katastrophe' unter dem Eindruck weltweiter Wahrnehmung behandelt. Tawada greift in ihrer auf Japanisch geschriebenen Kurzgeschichte auf ein deutsches Fremdbild zurück: die German Angst. Sie wurde nach der Wiedervereinigung in den neunziger Jahren als eine Reaktion auf die Mobilisierung der Angstkultur aus den achtziger Jahren erfunden und avancierte insbesondere im Amerikanischen zu einem Fachbegriff (vgl. Biess 2019, S. 416–421). Damit ergibt sich für die Kurzgeschichte ein Verfahren, das als transkulturell bezeichnet werden kann, da es eine Triangulation dreier Sprach- und Kulturräume darstellt: des deutschen, japanischen und englischen.

Die Erzählung spielt in einer nahen Zukunft, die von den geopolitischen Auswirkungen zweier verheerender Erdbeben geprägt wird, dem historisch realen „Fukushima Earthquake" (Tawada 2012c, S. 5) vom 11. März 2011 und einem fiktiven „Great Pacific Earthquake" (Tawada 2012c, S. 7) im Jahr 2017. So hatte das Erdbeben von 2011 zu einem Machtwechsel in Japan geführt, infolgedessen sich das Land immer weiter vom Rest der Welt abzuwenden begann, bis es sich nach dem Erdbeben von 2017 und einer weiteren Nuklearkatastrophe völlig abschottete und jeglichen Kontakt zur Außenwelt abbrach. Außerhalb Japans wird seitdem alles Japanische als potenziell gefährlich wahrgenommen.

Diese Fiktion steht in einem engen Zusammenhang mit Tawadas eigener Erfahrung in Deutschland unmittelbar nach der Dreifachkatastrophe, darf aber nicht allein darauf reduziert werden. Tatsächlich lassen sich einige Parallelen zwischen der Kurzgeschichte und den deutschsprachigen Zeitungstexten der Schriftstellerin ziehen, die sie veröffentlicht hatte. So wie die Autorin im Zeitungsartikel „Die Stadt existiert im Kopf" (2011d) wird auch die intradiegetische Ich-Erzählerin in ein Gespräch am Flughafen verwickelt und findet sich in einer „Diskriminierungssituation" (Gebhardt 2021, S. 294) wieder. Die Erzählung setzt mit der Reaktion einer Flughafenmitarbeiterin ein, die sich als *ängstlich* qualifizieren lässt. Die Erzählerin händigt ihr ihren japanischen Reisepass aus, wonach die Beamtin zögert, den Pass entgegenzunehmen: „The hand that reached out to take my passport froze in midair. The young blonde inspector's face hardened into a frown, her lips quivering slightly as if she were searching for something to say." (Tawada 2012c, S. 3) Beim Anblick des japanischen Reisepasses erstarrt die Beamtin und der Schockzustand äußert sich in ihrem Gesicht, das sich verhärtet und ihre Lippen zu beben beginnen. Kurzum, die Angst ist der Beamtin ins Gesicht geschrieben.

Die Erzählerin selbst scheint die Reaktion der Beamtin aber bereits vorhergesehen zu haben und rechtfertigt sich ihr gegenüber, dass sie seit dreißig Jahren in Deutschland lebe und seit dem großen Erdbeben von 2017 nicht mehr in Japan gewesen sei.[70] Diese Aussage scheint die Beamtin soweit zu beruhigen, dass sie

70 Die Ich-Erzählerin hält an ihrer japanischen Identität fest, oder besser: sie schafft es nicht, sich von ihr zu lösen. Dies zeigt das Motiv des japanischen Reisepasses. Da die Erzählerin mehr

den Reisepass doch entgegennimmt, wenngleich immer noch mit „nervous fingers“ (Tawada 2012c, S. 3).

Tawada thematisiert in ihrer Kurzgeschichte also die Angst von Menschen außerhalb Japans, für die von allen mit Japan assoziierten Dingen eine potenzielle Gefahr ausgeht. Neben der Angst vor dem japanischen Reisepass wird auch eine Angst vor japanischem Essen thematisiert. Die Erzählerin kommt aus New York, da sie von einer kleinen Fluggesellschaft gehört hatte, die aus einem kleinen Büro in New York operiert und Flüge nach Japan durchführt. In New York musste sie aber feststellen, dass es die Fluggesellschaft nicht mehr gab. Als Ersatz besorgte die Erzählerin japanisches Essen, das man in Europa nicht mehr finden konnte: „In downtown Manhattan I'd loaded up with Japanese food that wasn't available in Berlin, such as soba noodles made from mountain potato, fermented soybeans, seaweed in vinegar, and spicy fish roe, all of which I'd packed in my suitcase.“ (Tawada 2012c, S. 4) Nachdem ihr Koffer in Berlin nicht angekommen war und sie sich beim Fundbüro gemeldet hatte, kommt ihr die Idee, dass das Essen vielleicht konfisziert worden sei, um es aus Angst vor einer Kontamination zu einer Anlage zur Entsorgung radioaktiver Abfälle zu bringen.

Der wiederholte Verweis auf das Thema der Angst in der Kurzgeschichte von Tawada, insbesondere im Zusammenhang mit dem Handlungsort der Erzählung am Berliner Flughafen in Deutschland, wirft die Frage nach der Funktion des Motivs auf. Denn die Tatsache, dass die Erzählung auf Japanisch geschrieben und ins Englische übersetzt wurde, ist interessant, wird mit der Angst doch auch ein in Deutschland verbreitetes Stereotyp aufgerufen, das besonders im anglophonen Raum verbreitet ist und als *German Angst* bezeichnet wird. Auf die Verwendung dieses spezifischen Stereotyps im Kontext transkultureller Verfahren Tawadas nach ‚Fukushima' soll im Folgenden weiter eingegangen werden.

Angst spielte bereits in Tawadas unmittelbar nach dem 11. März erschienen Zeitungstexten eine überdurchschnittlich wichtige Rolle. Tawada wies ausdrücklich auf die mediale Darstellung von Angst in den Medien hin und führte damit die angesprochene Angst nicht auf eine kulturell verankerte Angst zurück. So schreibt sie in „Die Ruhe im Sturm“, dass sie „durch die dramatischen Aufnahmen von Tsunami-Wellen und anderen Szenen, die man im Internet sehen kann, [...] plötzlich mit einer optisch geprägten, überdimensionalen Angst konfrontiert“ war (Tawada 2011a).

als 30 Jahre in Deutschland lebt, wäre es ein Leichtes für sie, einen europäischen Reisepass zu beantragen, jedoch schafft sie es aus für sie unerklärlichen Gründen nicht, einen solchen Pass zu beantragen: „If I got an EU passport I wouldn't need to think about Japan every time I crossed a national border, but somehow I couldn't bring myself to apply for one. It seemed strange even to me the way I hung on to my old passport just when having one had become such a bother.“ (Tawada 2012c, S. 4)

Als Motor dieser Ängste schreibt sie der Visualität der Katastrophendarstellung eine wichtige Rolle zu. Darauf hat sie insbesondere in ihrem Zeitungsartikel „Die Stadt existiert im Kopf" (2011d) hingewiesen. Hier erzählt Tawada, wie sie am Flughafen mit einer Frau über die Ereignisse in Japan ins Gespräch kommt, nachdem sie offensichtlich als Japanerin angesprochen worden war: „Die Frau sagte, es mache keinen Sinn, dort die Hauptstadt wieder aufzubauen, alle Häuser seien zerstört und das Gebiet dort sei weiter durch Erdbeben gefährdet." (Tawada 2011d) Trotz des gemeinsamen Gesprächsthemas – Japan unmittelbar nach der ‚Katastrophe' – muss die Autorin aber feststellen, dass die Bilder Tokyos der beiden signifikant voneinander abweichen, sodass sich die Autorin sogar dazu veranlasst sieht, sie zu berichtigen: „Ich musste sie korrigieren und sagen, die Bilder von vollkommen zerstörten Häusern stammen aus Nord-Japan und nicht aus Tokio." (Tawada 2011d) Die Ursache der alternativen Wahrnehmung wird ihr erst später im Flugzeug bewusst, als sie eine deutschsprachige Zeitung mit Berichten zur Hand nimmt, wo der Bericht über Tokyo neben Fotos aus Nordjapan steht und damit ein Zusammenhang generiert wird: „Der Bericht über Tokio steht oft neben den Fotos aus Miyagi und Fukushima. Nach der Flut von Katastrophenfotos in den Teitungen [sic!] könnte jemand, der Japan nicht gut kennt, auf die Idee kommen, dass alle Häuser in Tokio zerstört wären." (Tawada 2011d)[71] Angst wird damit zu einem Produkt des Medialen, das sich besonders in deutschsprachigen Medien finden lässt. In der Kurzgeschichte befindet sich die Erzählerin in einer ähnlichen Situation, nämlich auf einem deutschen Flughafen, wo sie von einer Flughafenmitarbeiterin angesprochen wird.

Auch bei der Figurencharakterisierung wird auf ein Stereotyp zurückgegriffen, wenn das Gesicht der Beamtin als „young blonde inspector's face" (Tawada 2012c, S. 3) bezeichnet wird. Die blonde Haarfarbe wird zu einer Qualität des Gesichts umfunktioniert, was sich kulturgeschichtlich einordnen lässt. In der Vergangenheit hatte blondes Haar stets unterschiedlichste Bedeutungen. Otto Hauser, ein in Wien lebender Rassentheoretiker, hatte das Blondsein in seinem Buch *Der blonde Mensch* als ein physiologisches Rassenmerkmal des nordischen Menschen bezeichnet (vgl. Junkerjürgen 2009, S. 165). Im Dritten Reich wurde es zum rassischen Merkmal germanischer Herkunft schlechthin, zu einem Ideal, das

71 Diese Reflexion führt sie auch in anderen Stellungnahmen weiter. Zum Beispiel wird in „Erst die Tränen, dann ein Reisbällchen" von „der lärmenden Wirkung der Bilder" gesprochen (Tawada 2011e). Gleichzeitig spricht sie darin von der Wichtigkeit von Klischeebildern und weist darauf hin, dass sie nicht die Realität abbilden, sondern eine Funktion haben: „Auf einem Foto bleibt das Gesicht einer weinenden Frau ewig in Tränen. Wenn das Foto gut ist, kann der Betrachter seine Gedanken über die Katastrophen entfalten, aber die Frau selbst hat wahrscheinlich längst aufgehört zu weinen, um sich ein Reisbällchen zu holen." (Tawada 2011e)

nach dem Ende der NS-Herrschaft zum Ausdruck der NS-Ideologie wurde, worauf nicht zuletzt Paul Celan in seinem Gedicht *Todesfuge* mit der Gegenüberstellung vom goldenen Haar Margartes und dem aschenen Haar Sulamiths anspielt (vgl. Junkerjürgen 2009, S. 182).

In der Kurzgeschichte wird Blondsein mit einem weiteren Stereotyp verknüpft, der Angst. Im Vorwort zu einer Sonderausgabe der französischen Germanistikzeitschrift *Revue d'Allemagne et des pays de langue allemande* zum Thema *Le catastrophisme environnemental* fragt der deutsche Germanist und Kulturwissenschaftler Klaus Vondung, ob „sich die Deutschen mehr Sorgen um Klima und Umwelt als andere Nationen" machen würden (Vondung 2020, S. 9). Er bejaht diese Frage nicht ausdrücklich, stellt aber die Zustimmung in Aussicht, wenn er schreibt: „Das ist nicht sicher. Aber es gibt Indizien." (Vondung 2020, S. 9) Als solche ‚Indizien' führt er neben deutschen Reaktionen auf das Reaktorunglück von Tschernobyl 1986 auch den Umgang mit der Reaktorkatastrophe von Fukushima in Deutschland an (vgl. Vondung 2020, S. 9–10). Nur wenige Tage nach dem Erdbeben hatte die deutsche Bundeskanzlerin Angela Merkel den endgültigen Ausstieg aus der Atomenergie verkündete. Ein empirisch wahrnehmbarer Charakterzug der Angst unter ‚den Deutschen', wie es Vondung in Aussicht stellt, soll aber abgelehnt werden. Es handelt sich vielmehr um das, was der Imagologe Joep Leerssen ein „effet de typique" (Leerssen 2016, S. 17) bezeichnet hat, „the characteristics presented as being meaningfully representative of the nation as a type" (Leerssen 2016, S. 17). Im Falle ‚der Deutschen' ist es zum Beispiel eine ihnen diskursiv zugeschriebene Angst.

Indem Tawada einen vermeintlich deutschen Charakterzug als ein zentrales Motiv in ihre Kurzgeschichte aufnimmt, lässt sich beobachten, wie Tawada an einer Wahrnehmung der ‚Katastrophe' im globalen Maßstab interessiert ist. Neben der deutschen und der japanischen Sprache ist es insbesondere auch die englische Sprache, deren Inventar sie verwertet.

Indem sie auch die Angst der aus Japan stammenden Erzählerin adressiert und nicht nur einseitig die Angst der deutschen Beamtin herausstellt, schreibt sie die Stereotype aber nicht kulturell fest, sondern setzt sie als ein Verfahren ein, die ‚Katastrophe' unter globalen Maßstaben zu betrachten, ohne dabei verallgemeinernd vorzugehen. Diese Präsenz der anderen Sprache im Schreiben Tawadas nach ‚Fukushima' ist auch in weiteren Texten von Bedeutung.

Yoko Tawadas Roman *The Emissary*

Ursprünglich auf Japanisch geschrieben und 2014 im japanischen Verlag *Kodansha* 講談社 unter dem Titel *Kentoshi* 献灯使 veröffentlicht, erschien die englische

Übersetzung erst rund vier Jahre nach der Erstveröffentlichung, im Jahr 2018. Die von Margaret Mitsutani angefertigte und mit dem renommierten *National Book Award* ausgezeichnete Übersetzung wurde unter dem Titel *The Emissary* (2018a) im amerikanischen Verlag *New Directions* veröffentlicht. Lisette Gebhardt hat bemerkt, dass dieser Roman an viele Motive anknüpft, die Tawada bereits in der Kurzgeschichte *Fushi no shima* entwickelt hatte (vgl. Gebhardt 2021, S. 294). Diese Beobachtung weiterführend könnte man den Roman auch als eine Fortsetzung der Erzählung einordnen, insofern, als er an der erzählten Welt anknüpft und die darin entworfene Fiktion weiterführt. Während die Kurzgeschichte die Außenwahrnehmung auf Japan behandelt, so wird im Roman die Welt im Inneren des isolierten Japans erzählt und ausgearbeitet. Es handelt sich ebenfalls um eine Zukunftsfiktion, wenngleich die Erzählung in einer weit ferneren Zukunft angesiedelt ist als in der nahen Zukunft der Kurzgeschichte. Außerdem – und dies lässt den Roman besonders als ein Fortsetzungswerk erscheinen – wird auch in *The Emissary* die medial vermittelte Katastrophenerfahrung in Deutschland fiktionalisiert, was den Roman zu einem weiteren Beispiel transkultureller Literatur macht. Tawada greift wieder deutschlandspezifische Elemente auf, überlagert sie in der Fiktion aber mit dem Bild von Japan. Das Verfahren deutete sie bereits in *akzentfrei* an, wo sie ein Zitat von Roland Barthes aus seinem *Reich der Zeichen* modifiziert hat, indem sie das Wort *Japan* durch das Wort *Frankreich* ersetzt hat (vgl. Tawada 2016b, S. 132). Aus Tawadas Verfahren erwächst so ein hybrides Gebilde globaler Katastrophendiskurse.

Wie in der Kurzgeschichte *Fushi no shima* hat sich Japan nach zwei Erdbeben und den damit verbundenen Folgen von Reaktorkatastrophen komplett von der Außenwelt abgeschottet. Der Roman eröffnet eine größere zeitliche Distanz zur Buchveröffentlichung im Jahr 2014 von ungefähr drei Generationen und spielt nicht mehr in einer nahen Zukunft. Auch die Erzählperspektive ist eine andere. In *Fushi no shima* lebt die intradiegetische Erzählerin in Deutschland, von welchem Außerhalb sie über die innere Situation in Japan reflektiert. In *Kentoshi* 献灯使 erzählt eine extradiegetische Erzählinstanz von Yoshiro, einem in Japan lebenden Schriftsteller, der mit der von ihm erlebten neuen Normalität nach den Erdbeben, der Nuklearkatastrophe und der vollkommenen Isolation vom Rest der Welt nicht wirklich zurechtkommt, sich aber resigniert mit seiner Situation abgefunden hat.

Anhand der Figurencharakterisierung von Yoshiro lässt sich das Verfahren der Überblendung beschreiben. Yoshiro erinnert an jene Schriftsteller*innen während der Zeit der NS-Diktatur, die zwar nicht das Land verließen, aber auch nicht mit den Nazis kooperierten und sich daher kaum bis gar nicht schriftstellerisch betätigen konnten, wofür sich in der Forschung der Begriff der *Inneren*

Emigration etabliert hat.[72] Tawada zeichnet Yoshiro als einen Schriftsteller der inneren Migration, der allerdings nicht unter der NS-Herrschaft lebt, sondern unter den postapokalyptischen Verhältnissen Japans. So unterliegt er als Schriftsteller ebenfalls der staatlichen Zensur. Der von ihm geschriebene historische Roman – *Ken-to-shi, Sendbote nach China* – wurde von Yoshiro aufgrund der zu hohen Frequenz fremdsprachiger Ortsnamen als nicht zu veröffentlichen eingestuft (vgl. Tawada 2018a, S. 35). Yoshiro erwägt zwar die Verbrennung seines Manuskripts, was eine Parallele zu der Bücherverbrennung 1933 darstellt, entscheidet sich aber doch für die Bestattung des Buches im eigenen Garten.

Auch der von ihm geschriebene fiktive Essay *Japan Was Not Isolated* unterlag der staatlichen Zensur. Weil er in seinem Essay das gängige Narrativ der Isolation während der Edo-Zeit widerlegte und den Kulturkontakt Japans thematisierte, wurde der Essay als Leugnung historischer Tatsachen wahrgenommen und folglich nicht publiziert (vgl. Tawada 2018a, S. 90). Seitdem erhielt Yoshiro auch keine Anfragen mehr. Ähnlich erging es ihm auch mit einer Kindergeschichte, die von seinem Verlag mit der Begründung abgelehnt wurde, dass der Inhalt für Kinder unverständlich sei (vgl. Tawada 2018a, S. 91). Folglich zog sich Yoshiro mehr und mehr aus der Öffentlichkeit zurück.

Zur neuen Lebensaufgabe machte sich Yoshiro die Pflege seines Ur-Enkels Mumey. Aufgrund der radioaktiven Verstrahlung vorangegangener ‚Katastrophen' kommen alle Kinder mit unterschiedlichen Krankheiten zur Welt und sind auf die Hilfe der Erwachsenen angewiesen. So auch Mumey. Fieberausbrüche treten mit einer Regelmäßigkeit auf, so wie Erschöpfungszustände, die bereits nach einer kleinen Anstrengung eintreten. Indem Yoshiro die gesamte Betreuung für Mumey übernimmt, handelt er in dieser Hinsicht subversiv. Er widersetzt sich den gesellschaftlichen Gendernormen, die traditionell Frauen die Verantwortung für die Kinderbetreuung zuweisen. Dies schildert Tawada etwa in einer Passage, in der sich Yoshiro mit seinem Verleger in einem Café trifft und dabei bemerkt, dass „the whole coffee shop had turned into a parking lot for baby carriages. While babies slept soundly in their mobile beds, mothers talked with furrowed brows." (Tawada 2018a, S. 66)

Eine der vielen Variationen von Katastrophenerzählungen ist „mitunter die Lenkung auf ein ‚Danach' gegenüber der Schilderung des Extremereignisses" (Baum/Košenina 2019b, S. 477). *Kentoshi* 献灯使 folgt einem solchen Typ von Katastrophenerzählung und setzt die ‚Katastrophe' als eine Art Wendepunkt ein, der eine neue Normalität eintreten ließ. Diese Wende hat auch zu einer neuen Gesell-

72 Dazu vgl. den Band *Jeder schreibt für sich allein. Schriftsteller im Nationalsozialismus* von Anatol Regnier (2020).

schaftsordnung geführt. Es ist ein gesellschaftlicher Bruch, der die Gesellschaft in ‚Alte' und ‚Junge' unterteilt. Sie unterscheiden sich hinsichtlich ihres Sprachgebrauchs. Seit der Abschottung vom Rest der Welt haben viele Wörter ihre Bedeutung verändert, sind verschwunden oder wurden durch neue ersetzt. Insbesondere Fremdwörter sind aus der Sprache verschwunden:

> Long ago, this sort of purposeless running had been referred to as *jogging*, but with foreign words falling out of use, it was now called *loping down*, an expression that had started out as a joke meaning "if you lope your blood pressure goes down," but everybody called it that these days. And kids Mumei's age would never have dreamt that adding just an *e* in front of it the word *lope* could conjure up visions of a young woman climbing down a ladder in the middle of the night to run away with her lover. (Tawada 2018a, S. 3 f.)

Allerdings sind auch Wörter vom Aussterben bedroht, die nicht direkt in einem Zusammenhang mit der staatlichen Abschottungspolitik stehen: „The shelf life of words was getting shorter all the time – it wasn't only the foreign ones that were falling out of use. And some words that had disappeared after being labeled 'old-fashioned' had no heirs to take their place." (Tawada 2018a, S. 4) Im Gegensatz zu den ‚Jungen' können sich die ‚Alten', zu denen der Protagonist Yoshiro zählt, noch an die Wörter aus der Zeit vor der Abschottung erinnern. Diese altmodischen Wörter werden aber nicht mehr wertgeschätzt und sorgen immer wieder für Missverständnisse:

> "Some dogs sure don't like to go for a walk," he'd griped as he returned the animal."A what? A walk? Oh, yeah, a walk, ha, ha, ha," laughed the man behind the counter, finally catching on. It was a superior sort of laugh, directed at this old geezer who still used outdated expressions like a walk. (Tawada 2018a, S. 8)

Im Roman *Kentoshi* 献灯使 geht es also immer wieder um die sich verändernde Bedeutung von Wörtern. Der Bedeutungswandel von Wörtern betrifft Lebensmittel wie Brot (13) gleichermaßen wie die Fachsprache Medizin (S. 19) und das Polizeiwesen (S. 79), aber auch Kleidungsstücke (S. 98) oder das altmodisch gewordene Wort *Mama* (S. 119).

Der Bedeutungswandel von Wörtern stellt eine Weiterführung des Motivs in der Kurzgeschichte *Fushi no shima* dar, wo von einem verschwundenen ‚gekidnappten' Premierminister erzählt wird, der eigentlich umgebracht worden war: „In time, the prime minister disappeared altogether. In more normal circumstances newscasters would have used the word *assassination*, but for some reason they spoke only of 'kidnapping.'" (Tawada 2012c, S. 6) Den Sprachwandel gibt es auch in der Isolationsphase Japans, wie dem Reisebericht des portugiesischen Schriftstellers Pinto, ein Nachfahre des Entdeckers und Reiseschriftstellers Fernão Mendes Pinto, zu entnehmen ist: „Pinto came to central Japan during the hottest part of August, when all the doors and windows were left wide open. Words like *robber, burglar* and *thief* were now obsolete." (Tawada 2012c, S. 10) In der neuen Normalität gibt es Wörter, die obsolet werden und in weiterer Folge verdrängt werden zugunsten anderer Wörter. Einem weiteren Beispiel begegnen wir zum Schluss des Textes, wo von einer Renaissance der elektronisch betriebenen Spielkonsolen die Rede ist. Die Sinnlosigkeit wird vor Augen geführt, indem zuerst das Ziel des Spiels erklärt wird, obwohl niemand mehr wissen würde, was das Wort *gewinnen* überhaupt bedeutet: „The contestant who manages to keep on playing without collapsing out is the winner ... although hardly anyone remembers what the word *winner* means anymore." (Tawada 2012c, S. 11)

Jedoch standen Sprache und die Bedeutung von Wörtern schon in den ersten von Tawada im Abstand von wenigen Tagen nach dem Tōhoku-Erdbeben veröffentlichten Stellungnahmen im Vordergrund. Hier interessiert sich Tawada in erster Linie für das Wort *Katastrophe*, das ihr durch die vergleichende Analyse der japanischen mit der deutschen Berichterstattung aufgefallen war. Da Tawada einzelne deutschsprachige Berichterstattungen ins Japanische übertragen und ins Internet gestellt hatte, sind ihr die Schwierigkeiten bei der Übersetzung des Wortes *Katastrophe* ins Japanische aufgefallen, worauf sie in ihren deutschsprachigen Stellungnahmen auch explizit hinweist, wenn sie schreibt: „Es gibt kein Wort im Japanischen, das dem deutschen Wort ‚Katastrophe' genau entspricht." (Tawada 2011a) Im Gespräch mit Ortrud Gutjahr anlässlich ihrer Poetikdozentur führt sie diese Überlegung weiter aus und sagt: „Mit fällt gerade ein, dass das deutsche Wort ‚Katastrophe' schwer ins Japanische zu übersetzen ist. ‚Saigai' ist zu sachlich und trocken, ‚Hakyoku' benutzt man nie in diesem Zusammenhang." (Gutjahr 2012a, S. 34) In weiterer Folge ordnet Tawada den Begriff und das Konzept *Katastrophe* nicht etymologisch, historisch oder poetologisch ein, sondern identifiziert es pragmatisch als einen Begriff, der fest an die deutsche Sprache, Kultur und Tradition gebunden ist; als eine „nationale Haltung" (Gutjahr 2012a, S. 35), wie sie sagt. Mit dieser Aussage wendet sich Tawada gegen einen universalen Katastrophenbegriff und macht die Wahrnehmung eines Ereignisses *als* ‚Katastrophe' abhängig von kulturellen Perspektiven und Standpunkten, zu einem lokalen, lokalisierbaren, situierten Phänomen. Tawada weist darauf hin, dass *Katastrophe* in der deutschen Sprache einen eher alltäglichen Begriff darstellt und auch zur Bezeichnung allgemeiner Unordnung Verwendung findet: „In Deutschland wird das Wort ‚Katastrophe' sehr oft benutzt, auch im Büroalltag. Alles, was die Ordnung durcheinanderbringt, ist eine Katastrophe." (Gutjahr 2012a, S. 34) Neben dieser alltagssprachlichen Verwendung des Katastrophenbegriffs, eigentlich einer verblassten Metapher, die jedes individuelle kleinere oder größere Unglück als Katastrophe titulieren kann, weist sie ebenfalls auf einen literalen Katastrophenbegriffs hin: „Dieses deutsche Wort wird für die Natur und in der Politik gebraucht" (Tawada 2011a). In Gang setzt das nun eine Reflexion über den Begriff *Katastrophe* und dessen Kompositum mit dem Nomen *Natur*, womit sie als Kritik am Diskurs über ‚Naturkatastrophen' ihren Artikel schließt: „Man spricht von Naturkatastrophen, für den Tod durch die Radioaktivität aber ist die Natur nicht verantwortlich." (Tawada 2011a) Im Gespräch mit Gutjahr nennt sie das Wort *Naturkatastrophe* sogar ein „Problem" (Gutjahr 2012a, S. 37).

Diese Problematisierung des Wortes *Naturkatastrophe* geht so weit, dass es von Tawada in ihren späteren, noch im März 2011 erschienenen Stellungnahmen vermieden wird. Sie spricht dagegen ausschließlich von *Katastrophen*, der Pluralform des Wortes *Katastrophe*. In ihren ersten Stellungnahmen hat Tawada das Wort *Naturkatastrophe* noch benutzt, um die Ereignisse vom 11. März zu bezeichnen. Sie gibt also die in den ersten Stellungnahmen eingenommene Einteilung und Unterordnung der *Naturkatastrophe* unter das Wort *Katastrophe* auf und verzichtet schließlich ganz darauf. Die Ereignisse vom 11. März markieren damit einen sprachlichen Wendepunkt, was in die Kurzgeschichte eingeflossen ist, aber erst im Roman völlig ausgearbeitet wurde.

Neben der sich verändernden Sprache ist auch das Klima in dieser Zukunftsfiktion vom Wandel betroffen, wie an einer Passage deutlich zum Ausdruck kommt:

> Long ago Yoshiro would have tried to break the ice by noting how hot or cold it was, or how it looked like rain, but talking about the weather had become very tricky. Heat and cold mingled together into a dry humidity, taunting the skin. As if making fun of the very words human beings used to describe the weather. The minute you said, "It's very warm" you'd be shivering; no sooner were the words "It's awfully nippy this morning" out of your mouth than your forehead would be damp with sweat. (Tawada 2018a, S. 104 f.)

Die Veränderung der Sprache ist also nicht nur auf die Folgen der politisch motivierten Isolation zurückzuführen, sondern auch auf die Veränderung des Klimas. Als Grund für den Klimawandel wird die neue Lage der Insel infolge des Erdbebens angegeben. Darüber wird Mumey von seinem Lehrer Yonatani in einer Schulstunde informiert:

> Long, long ago, the Japanese archipelago was a peninsula, attached to the continent, until it was thrown off to become an archipelago. And until just recently it was still much closer to the continent, but the last big earthquake left a deep crevice in the seabed, pushing our archipelago much farther away. [...] Due to the greater distance from the continent, many changes have taken place in Japan's climate and culture. (Tawada 2018a, S. 120 f.)

Mit dem Lehrer Yonatani wird neben Yoshiro eine weitere Figur der Dissidenz eingeführt. Yonatani ist neben seiner Tätigkeit als Lehrer auch für eine internationale Organisation tätig und für die Suche nach den titelgebenden ‚Sendboten' zuständig. Unter allen Schulkindern muss er ein Kind für eine geheime Mission im Ausland auswählen, wo „an international medical research institute would be waiting for him. Data about his health would be used for medical research that would help people the world over" (Tawada 2018a, S. 129). Mit dem Lehrer Yonatani tritt also eine Vermittlerfigur auf, die als einzige Figur im Roman Kontakt zu Japans Außenwelt betreibt.

Der Roman legt dem Lehrer auch eine politische Mitteilung in den Mund. Es handelt sich um eine Idee, mit der Tawada bereits ihre erste Stellungnahme zu den Ereignissen vom 11. März 2011 geschlossen hat: „Man spricht von Naturkatastrophen, für den Tod durch die Radioaktivität aber ist die Natur nicht verantwortlich." (Tawada 2011a) So erzählt Yonatani den Kindern, dass ein Erdbeben die Erdplatten und das darauf liegende Land weit verschoben hat, was zu klimatischen Veränderungen führte. Dieser ‚Klimawandel' wirkt sich selbstverständig auch auf die Gesellschaft aus. Jedoch ist die Veränderung nicht einzig auf Vorgänge in der Natur zurückzuführen. Der Lehrer deutet in seiner Schulstunde sehr wohl eine menschliche Mitschuld an, wenn er wie folgt ausführt:

> The huge plates at the bottom of the Pacific Ocean shift sometimes. When that happens, at the edge of the plates there's a big earthquake, and sometimes a tsunami. There's nothing human beings can do to prevent it. That's just the way the earth is. But Japan isn't the way it is now just because of earthquakes and tsunami. If natural disasters were the only problem, we certainly would have recovered long before now. So it's not just natural disasters. Got that? (Tawada 2018a, S. 122)

Auch im deutschsprachigen Raum hat man sich zunehmend gegen den Begriff der *Naturkatastrophe* ausgesprochen, da er eine menschliche Mitschuld ausschließt und die ‚Natur' (als Gegensatz zu der vom Menschen verbundenen ‚Kultur') als einzige Schuldige darstellt. Indem Tawada diesen Gedanken in ihren auf Japanisch geschriebenen Roman aufnimmt, stellt er noch einmal ein besonders anschauliches Beispiel transkultureller Verfahren Tawadas seit ‚Fukushima' vor Augen.

Yoko Tawadas Gedichtsammlung *Out of Sight*

Mit ‚Fukushima' hat sich Tawada in der deutschen Sprache vorwiegend in der ersten Phase nach der Dreifachkatastrophe beschäftigt. Für die literarische Bearbeitung ihrer Erfahrung wählte Tawada aber zunehmend die japanische Sprache. Die Jahre 2012 und 2013 lassen sich als Transitzone des Übergangs vom Deutschen ins Japanische begreifen. In dieser Zeit arbeitete Tawada sowohl auf Deutsch als auch auf Japanisch an einer Bearbeitung ihrer Erfahrung. Zu den auf Deutsch verfassten Beiträgen aus dieser Zeit gehört ihre Beteiligung am Projekt *Out of Sight* zusammen mit der Fotografin Delphine Parodi, einer in Japan lebenden Französin. Nach einem Treffen im Jahr 2012 in Berlin beschlossen die beiden, der Präfektur Fukushima einen Besuch abzustatten und ihre Eindrücke und Begegnungen in einer gemeinsamen Ausstellung festzuhalten (vgl. Japanisch Deutsches Zentrum Berlin 2014). Vom 18. Februar bis zum 28. März 2014 war in Berlin die Ausstellung *Out of Sight* im *Japanisch Deutschen Zentrum Berlin* zu sehen, in der die Fotografien von Parodi und vierundzwanzig Gedichte von Tawada ausgestellt wurden. Interessanterweise sind diese Gedichte bis heute nicht im deutschsprachigen Raum erschienen. Sie wurden in ein Fotobuch eines französischen Verlags aufgenommen, erweitert durch Übersetzungen in drei weitere Sprachen. Im digital verbreiteten Buchtrailer spielen die japanische, die französische und die englische Sprache eine besondere Rolle, anders als die deutsche, die nur noch eine untergeordnete Rolle spielt. Deshalb kann von einem Kulturtransfer der „offenen Verleugnung (und ‚Erfindung' eines autochthonen Ursprungs)“ (Middell 2016) gesprochen werden. Tawada reagiert auf die weltweit geteilte Erfahrung, im Störfall auf Übersetzungen angewiesen zu sein und nicht auf ein Original zugreifen zu können. Anhand der Lektüre eines Gedichts aus der Sammlung soll zunächst ein Zusammenhang zu Tawadas Erfahrung in Deutschland hergestellt werden. Anschließend soll die Konzeption der viersprachigen Buchausgabe in den Blick genommen werden.

Wie der Titel *Out of Sight* vermuten lässt, steht alles außerhalb des Sichtbaren im Mittelpunkt, also all das, was sich dem Sichtbaren entzieht. Einerseits wird damit auf die unsichtbare Gefahr Bezug genommen, die von der Radioaktivität ausgeht. So ist die Gefahr außer Sichtweite. Andererseits behandeln viele der Gedichte in *Out of Sight* Alternativen zu den in den Medien verbreiteten Katastrophenbildern. Sie fokussieren auf sprachlicher und visueller Ebene auf Gegenstände außerhalb der medialen Sichtweise, so auch das vierzehnte Gedicht der Sammlung:

> Nicht die Säule, sondern der Raum
> zwischen Holzbrettern schützt das Haus.
> Den Spielraum schätzt der kaum,
> wer vor Angst erstarrt im Chaos.
> Eine kratzige Wolke ähnelt dem Milchschaum.
> Ein hundertjähriges Haus hält jedes Beben aus.
> (Tawada 2020, S. 46)

Die erste Zeile des Gedichts lenkt die Aufmerksamkeit auf die Bedeutung des Zwischenraums. Das Gedicht wertet den „Raum / zwischen Holzbrettern“ auf, den Zwischen- bzw. „Spielraum“, der im Gedicht die schützende Funktion übernimmt. Ob damit der Türstock gemeint ist, der im Falle eines Erdbebens den besten Schutz vor einstürzenden oder herabfallenden Gegenständen gewährt, geht aus dem Gedicht nicht hervor. Es fällt aber insgesamt das vordergründige Motiv der Bauweise auf, das sich auch in der äußeren Form des Gedichts zeigt. So schaffen Kreuzreim (z. B. „Raum" und „kaum") und Binnenreim (z. B. „Spielraum" und „kaum") ebenfalls einen Zwischen- bzw. „Spielraum" und tragen zu einer gewissen Stabilität des Gedichts bei. Damit handelt es sich um ein Motiv, das nach ‚Fukushima' plötzlich aus seiner Selbstverständlichkeit heraustrat und in künstlerischen Bearbeitungen des Theaters oder in Gedichten immer wieder thematisiert wurde: „Das Wohnen, das man bis dahin als selbstverständliche Basis der eigenen Tätigkeiten fest glaubte und auf das man deshalb seine Gedanken kaum richtete [...]" (Harigai 2019, S. 91).

Das Gedicht setzt aber auch mit einer Verneinung ein („Nicht") und bietet mittels Konnektors („sondern") eine Alternative gegenüber dem von ihm Verneinten. Diese dem Gedicht zugrundeliegende diskursive Struktur ist mit Konrad Ehlich „als eine Struktur des Streitens, als eine *eristische Struktur*, zu qualifizieren; denn sie enthält Bewertungen von vorgängigen Auffassungen, Qualifizierungen als ‚echt' bzw. ‚unecht'." (Ehlich 1993, S. 28–29) Das Gedicht verhandelt eine außerhalb des Gedichts getätigte Äußerung, Meinung oder Idee in korrigierender Absicht. Das „Nicht" am Anfang des Gedichts wendet sich gegen die Annahme, dass die „Säule" eines Hauses vor einem Erdbeben schützt. Insgesamt erinnert das Ethos des Gedichts an das Gespräch Tawadas am Flughafen, das sie in ihrer Stellungnahme „Die Stadt existiert im Kopf" (2011d) reflektiert hat. Noch einmal sei daran erinnert, wie Tawada am Flughafen mit einer Frau über die Ereignisse in Japan ins Gespräch kommt: „Die Frau sagte, es mache keinen Sinn, dort die Hauptstadt wieder aufzubauen, alle Häuser seien zerstört und das Gebiet dort sei weiter durch Erdbeben gefährdet. Ich musste sie korrigieren und sagen, die Bilder von vollkommen zerstörten Häusern stammen aus Nord-Japan und nicht aus Tokio." (Tawada 2011d) Tawadas Impuls, ihre Gesprächspartnerin korrigieren zu müssen, wird auch im Gedicht wiederaufgenommen mit der grammatischen Konstruktion „Nicht ..., sondern ...". Dieses Gedicht wurde vielleicht in Japan verfasst, beruht aber auf einer spezifisch deutschen Katastrophenerfahrung.

Dennoch ist das Gedicht nicht im deutschsprachigen Raum erschienen. Bezeichnenderweise ist das Gedicht, zusammen mit den 24 anderen Gedichten, in ein Fotobuch aufgenommen worden, das 2020 im französischen Verlag *Le Bec en l'air* erschienen ist. Es handelt sich um ein viersprachiges Buchprojekt in den Sprachen Deutsch, Englisch, Französisch und Japanisch. Indem von der Mehrsprachigkeit ausgegangen wird und man sich nicht ausschließlich auf eine Nationalsprache beschränkt, unterstreicht das Projekt die Globalität des Ereignisses selbst, sodass man das Ereignis nicht auf lokal begrenzbare Konsequenzen reduzieren kann. Dabei stehen neben den Tawada am nächsten stehenden Sprachen –

dem Deutschen und dem Japanischen – auch zwei globale Sprachen im Mittelpunkt, das Französische und das Englische.

Zu diesem ‚globalen' Buchkonzept passt auch der Verlag *Le Bec en l'air*. Der Verlag wurde 1999 gegründet und steht für Projekte im Zusammenhang mit Regionalität und Internationalität. Entsprechend bezeichnet er sich selbst als „independent Mediterranean publisher open to the world" (Le Bec en l'air 2019). Von dieser weltoffenen Haltung ist die mehrsprachige Buchausgabe *Out of Sight* geprägt. Das Buch behandelt ein Thema von globaler Relevanz, da das Erdbeben, der Tsunami und das Reaktorunglück weltweit Aufmerksamkeit erregten und internationale Reaktionen auslösten, nicht nur auf lokaler Ebene. Die Haltung des Verlags ist aber auch in die Konzeption des Buches programmatisch eingeschrieben, das aus der Zusammenarbeit einer in Japan lebenden Französin und einer in Deutschland lebenden Japanerin entstanden ist und als viersprachiges Fotobuch konzipiert und veröffentlicht wurde. *Out of Sight* präsentiert 52 fotografische Diptychen, die Delphine Parodi zwischen 2012 und 2019 in Fukushima aufgenommen hat, sowie die 24 Gedichte, die Yoko Tawada 2013 im selben Monat ihres Besuchs in der Präfektur Fukushima geschrieben hat. Die Gedichte wurden ursprünglich auf Deutsch verfasst und anschließend ins Französische, ins Englische und ins Japanische übersetzt.

Als Übersetzer ins Französische zeichnet Bernard Banoun, der bereits viele Jahre lang als Übersetzer von Yoko Tawadas deutschen Texten ins Französische tätig ist und unter anderem auch die unmittelbar geschriebenen Zeitungstexte ins Französische übersetzt und in der Anthologie *Journal des jours tremblants* veröffentlicht hat. Als Übersetzerin ins Englische zeichnet Bettina Brandt, die zu transnationalen mehrsprachigen deutschsprachigen Autoren wie Yoko Tawada, Emine Özdamar und Herta Müller arbeitet. Als Übersetzerin ins Japanische zeichnet die Autorin Yoko Tawada selbst.

Das Buch versammelt darüber hinaus die von Delphine Parodi während ihrer Aufenthalte in der Region gesammelten Aussagen von Betroffenen, die ebenfalls in vierfacher Übersetzung vorliegen. Übersetzung spielt deshalb für das Projekt auf mehreren Ebenen eine zentrale Rolle. Die Ereignisse vom 11. März und ihre langfristigen Folgen werden erstmals als ein sprachenübergreifendes, transnationales Phänomen in ihrer Bedeutung als globales Ereignis dargestellt. Von der westöstlichen Verschränkung zeugt zum Beispiel die Gestaltung des Buches. Das in der Farbe Grau gebundene Buch wurde in einem eher unüblichen Hochformat gedruckt (16.5 × 28.5 cm) und führt auf dem Buchdeckel den Titel des Buches in horizontal liegender englischer und in vertikal liegender japanischer Schrift an.

Die ‚globale' Ausrichtung des Buchprojekts ist auch in die Werbekampagne zur Finanzierung des Buches miteingeflossen. Das Buch wurde erfolgreich durch eine Crowdfunding-Aktion mitfinanziert. Darunter versteht man eine webbasierte Finanzierungsform, mit der eine Idee und die notwendigen Schritte zur Realisierung dieser Idee im Internet präsentiert werden, um Geld zu sammeln und die Projektfinanzierung vorab zu gewährleisten. Delphine Parodi hatte auf der französischen Fundraising-Plattform *kisskissbankbank.com* das Crowdfunding-Projekt erstellt und konnte bis zum 7. August 2020 insgesamt 9.869 € für Druckkostenbeihilfe sammeln, was 219 % des ursprünglich festgesetzten Ziels von 4.500 € entsprach.[73] Die Projektbeschreibung wurde sowohl auf Englisch als auch auf Französisch verfasst, womit einerseits ein frankophones Publikum und andererseits ein anglophones Publikum angesprochen wurde. Kurzum, das Projekt zielte auf ein globales Publikum.

Auch das vom Verlag erstellte und auf der Fundraising-Seite eingebettete Werbevideo thematisiert die Verschränkung globaler Perspektiven von ‚Fukushima', indem es mehrsprachig arbeitet (Le Bec en l'air 2020). Das Video mit einer Länge von 3:34 Minuten lässt sich der Gattung *Buchtrailer* zuordnen. Dank kostenloser Videoplattformen konnte diese junge Gattung stark vom Internet profitieren, da sich mit geringen Produktionskosten zahlreiche neue Vermarktungsmöglichkeiten boten (vgl. Ebenau 2011, S. 291). Diese Videos sind mit Juliane Witzke auch als Paratexte zu bezeichnen, die Rezeptionshaltungen beeinflussen und steuern (vgl. Witzke 2017, S. 230–238).

Auf visueller Ebene zeigt der Buchtrailer die Diptychen von Parodi. Einleitend werden unterschiedliche Hintergrundinformationen über das Buchprojekt bereitgestellt und die Ereignisse vom 11. März in ihrer Abfolge von Erdbeben, Tsunami und Reaktorunglück als ‚Dreifachkatastrophe' dargestellt. Dabei bildet Französisch die Hauptsprache des Videos. Anschließend kommt die Autorin Yoko Tawada zu Wort, die auf Japanisch zunächst spricht und dann eines der von ihr eigenständig ins Japanische übertragenen Gedichte vorliest. Es handelt sich um das erste Gedicht der später in Buchform erscheinenden Gedichtsammlung. Daraufhin wechseln sich die auf Französisch vorgetragenen Hintergrundinformationen zum Buchprojekt mit Lesungen anderer Gedichte aus dem Band ab. Auf Englisch werden das zweite Gedicht und das elfte Gedicht vorgelesen. Auf Japanisch liest Tawada noch ein weiteres Gedicht vor; es ist das letzte Gedicht der später in Buchform erscheinenden Sammlung, die Nummer vierundzwanzig. Das Video schließt mit der Lektüre eines weiteren Gedichts auf Französisch. Es handelt sich dabei erneut um die Nummer vierundzwanzig, das zuvor von Tawada auf Japanisch vorgelesen worden war.

73 Webseiten-Auftritt des Fundraising-Projekt auf KissKissBankBank: https://www.kisskissbankbank.com/en/projects/delphine-parodi-yoko-tawada-out-of-sight/tabs/description.

Tabelle 13: Aufbau des Buchtrailers von *Out of Sight*.

Französisch	Hintergrundinformationen I
Japanisch	Gedicht 1
Französisch	Hintergrundinformationen II
Englisch	Gedicht 2
Französisch	Hintergrundinformationen III
Japanisch	Gedicht 24
Französisch	Hintergrundinformationen IV
Englisch	Gedicht 11
Französisch	Gedicht 24

Sieht man sich die Konstruktion des Trailers genauer an, so fällt überraschenderweise das Fehlen der deutschen Sprache auf. Dies überrascht nicht nur deshalb, weil Tawada eine in Deutschland lebende Schriftstellerin ist, sondern auch aufgrund der Tatsache, dass ihre Gedichte ursprünglich auf Deutsch verfasst worden waren. Der Buchtrailer trägt also lediglich die Übersetzungen vor, nicht das Original, was einmal mehr die Wichtigkeit von Übersetzung für das Buchprojekt unterstreicht. Es verweist damit auf die Erfahrung von ‚Fukushima' selbst, wo die Menschen außerhalb Japans oft auf Übersetzungen angewiesen waren und es für sie teilweise unmöglich war, auf ein Original zuzugreifen. Jeder Bezug zum deutschen Original der Gedichte wird vermieden, so als würde das Deutsche in der Kombination Französisch, Englisch und Japanisch den unerwünschten Außenseiter darstellen.

Abschließend lässt sich festhalten, dass sich Tawada mit Vorbehalt auf eine einseitige, d. h. nationale Einverleibung reagiert hat und von Anfang an an der Entwicklung einer globalen Perspektive für den lokalen Katastrophenherd interessiert war. Die Triangulation der Perspektiven macht ihre Werke nach ‚Fukushima' zu einem idealen Untersuchungsobjekt transkultureller Literatur, da sich in ihnen unterschiedliche Sprachen und mit den ihnen einhergehenden Bildern vermischen. Der Seismografie Tawadas geht es damit um die Reflexion über die Lokalisierbarkeit von Bedeutung und Erfahrung weltweit und weniger um eine reine Dokumentation von Ereignissen. Damit hebt sie sich von den zahlreichen Reaktionen nach ‚Fukushima' hinsichtlich ihrer globalen Auswirkungen maßgeblich ab.

3. Teil: **Makroseismik prekärer Verhältnisse. Türkei und Syrien 2023. Epilog**

Literature Beyond Borders, so der Name einer Benefizveranstaltung, die von der türkischstämmigen Schriftstellerin Elif Shafak nach dem schweren Erdbeben in Syrien und in der Türkei im Frühjahr 2023 organisiert wurde und am 22. März im Kings Palace in London stattfand. An der Veranstaltung partizipierten insgesamt sechzehn Schriftsteller*innen mit einem eigenen Lesebeitrag, darunter der nigerianische Schriftsteller Ben Okri und die somalisch-britische Schriftstellerin Nadifa Mohamed. Mit der Veranstaltung wurden Spendeneinnahmen generiert, mit denen die Organisation *Choose Love* unterstützt wurde.

Diese Aktion ist in vielerlei Hinsicht besonders. Nicht zuletzt auch deshalb, weil das Motto, *Literature Beyond Borders*, noch einmal gut auf den Punkt bringt, wovon die vorliegende Arbeit handelte. Das Motto bezieht sich nämlich darauf, dass Literatur von woanders, von außerhalb bzw. *Beyond*, auf das Erdbeben reagiert. Dieses Wort *Beyond*, das sich nur schwer ins Deutsche übersetzen lässt, wird im *Cambridge Dictionary* definiert als „further away in the distance (than something)“ (Cambridge University Press 2009). Diese Definition drückt eine gewisse Distanzierung aus, während weiterhin eine Beziehung zum Referenzpunkt besteht. *Beyond* ist somit das ideale Wort zur Bezeichnung der seismografischen Tätigkeit. Das Erdbeben im Frühjahr 2023 betraf ein lokal begrenztes Gebiet, konkret den Grenzbereich zwischen der türkisch-syrischen Grenze. Shafak nimmt das Erdbeben aber von London aus wahr. Im Wort *Beyond* manifestiert sich die Dualität von Anziehung und Abstoßung, da es gleichzeitig eine Distanz zum Erdbebenherd impliziert und dennoch eine enge Beziehung dazu aufzeigt.

Wie Erdbebenereignisse von Literatur, Kunst und Film jenseits vom Erdbebenherd in Katastrophendiskurse übertragen werden, war Thema der vorliegenden Arbeit. Damit stand insbesondere der grenzüberschreitende Austausch diskursiver Bearbeitung im Vordergrund. Durch die Betonung der Transnationalität wurde bewusst mit dem in der Katastrophenforschung dominierenden nationalen Paradigma gebrochen, das insbesondere von Nationalphilologien aufgegriffen wird.

Die Arbeit kombinierte die Potenziale einer transnationalen Komparatistik mit einem transmedialen Ansatz. Dabei wurden nicht nur Romane, Filme oder Kunstwerke analysiert, sondern auch Zeitungsartikel, Blogposts oder Internetseiten einbezogen. Der Fokus lag auf einer Vielzahl kultureller Ausdrucksformen und nicht ausschließlich auf literarischen Werken. Stärker als die Bedeutung einzelner Texte standen somit Prozesse der Bedeutungsgenerierung im Erkenntnisinteresse.

Das entsprechende seismografische Grundprinzip lässt sich wie folgt beschreiben: Die diskursive Verarbeitung von Erdbeben erfolgt analog zur Ausbreitung seismischer Wellen, wie in der Einleitung bereits skizziert wurde. Bei einem Erdbeben werden verschiedene Arten von seismischen Wellen freigesetzt, die sich unter

https://doi.org/10.1515/9783111709321-012

und auf der Erdoberfläche ausbreiten. Die P-Welle (primäre Welle) ist die erste Welle, die registriert wird. Sie bewegt sich durch Feststoffe, Flüssigkeiten und Gase. Sie ist die schnellste Welle und verursacht das erste Ausschlagen der Nadel im Seismogramm. Nach der P-Welle folgt die S-Welle (sekundäre Welle), die sich ebenfalls durch Feststoffe fortbewegt. Im Gegensatz zur P-Welle bewegt sich die S-Welle jedoch nur durch feste Stoffe und nicht durch Flüssigkeiten oder Gase. Die S-Welle erreicht später den Seismografen und verursacht somit ein zweites Ausschlagen der Nadel im Seismogramm, das in der Regel größer ist als das der P-Welle. Erst nach dem Auftreten der P- und S-Wellen treffen die Oberflächenwellen ein. Diese Wellen breiten sich entlang der Oberfläche der Erdkruste aus und verursachen die meisten Schäden bei einem Erdbeben. Im Seismogramm zeigen sie sich als langsamere und größere Wellen nach den P- und S-Wellen.

Analog zu der Ausbreitung seismischer Wellen und deren Registrierung durch den Seismografen lässt sich für die diskursive Verarbeitung von Erdbeben eine ähnliche Dynamik beschreiben. Die ersten Reaktionen zeichnen sich in kurz- und mittelfristigen Medien ab. Es sind die zunächst in Umlauf gebrachten Blogposts, Beiträge in Tages- und Wochenzeitungen, später auch die Zeitschriftenartikel oder die Vorträge. Diese entstehen in einer Reihe und werden nicht unabhängig voneinander erstellt. Die Verarbeitung der Erdbebenerfahrung in eigenen Werkbeiträgen fällt schließlich in eine Phase, die mit der Ausbreitung der Oberflächenwellen vergleichbar ist. Das Verfassen eines Romans erfordert weit mehr Vorlaufzeit als das Schreiben eines Zeitungsartikels. Gleichzeitig entsteht der Roman im Dialog mit dem Zeitungsartikel, nicht unabhängig von ihm. Jede weitere ‚Welle' ersetzt nicht einfach die vorhergehende, sondern schließt an sie an. Dabei verändert sie zwar nicht die Gestalt der vorhergehenden Wellen, jedoch ihre Bedeutung. Es handelt sich somit um ein System der Kontinuität, Permanenz und stetigen Transformation und erlaubt keine abschließende Fixierung oder Stabilisierung.

In den sechs Fallbeispielen hat sich dieses Prinzip immer wieder neu gezeigt. Auf kurz- und mittelfristige Reaktionen folgt die Bearbeitung in längerfristigen Medien der Literatur, des Films und der Kunst, die in einem Dialog mit früheren Bearbeitungen stehen. Davon betroffen ist das gesamte System der Produktion kultureller Ausdrucksformen und nicht die einzelnen ‚Kulturschaffenden' allein. Im Falle der Literatur reicht es von der Übersetzung bis hin zur Redaktion und der Vermittlungstätigkeit durch einzelne Literaturagenturen und betrifft nicht die Autor*innen allein.

Seismografien entstehen also in diesem Wechselverhältnis von Aktion und Reaktion. Ihnen gemein ist ihre Verortung, von der vorhin als *Beyond* die Rede war. Sie lassen sich an der Schnittstelle geisteswissenschaftlicher Katastrophenforschung und literaturwissenschaftlicher Kulturtransferforschung als Verschränkung lokaler Praktiken und – speziell im 21. Jahrhundert – globaler Transferprozesse beschreiben.

Zu klären bleibt noch die Frage nach der Vorauswahl der Ereignisse. Warum wurde auf Erdbeben des lateinamerikanischen oder des afrikanischen Kontinents verzichtet? Handelt es sich um Orte, an denen sich keine Erdbeben ereignen? Mit Sicherheit sind es keine ‚erdbebenfreien' Zonen. Im Gegenteil, sowohl der afrikanische Kontinent als auch der lateinamerikanische Kontinent gelten als seismisch hochaktive Zonen. Als die Erde am 19. September 2017 in Mexiko-Stadt bebte und dabei mehrere hundert Menschen ums Leben kamen, wurde zwar über das Erdbeben gesprochen, aber weder im deutschsprachigen Raum noch in Frankreich oder in Italien wurde das Erdbeben in Katastrophendiskurse überführt, wie dies nach den in dieser Arbeit besprochenen Erdbeben der Fall war. Dieses Ereignis steht stellvertretend für die hohe Zahl seismischer Ereignisse, die sich jedes Jahr weltweit ereignen, aber nicht in Katastrophendiskurse überführt werden. Während die Zahl der jährlich registrierten seismischen Ereignisse sehr hoch ist, wird nur eine kleine Auswahl von Ereignissen in öffentlichkeitswirksame Diskurse überführt. Nur teilweise kann diese fehlende diskursive Auseinandersetzung auf das Fehlen geeigneter Vermittler*innen zurückgeführt werden. An der Überführung seismischer Ereignisse in Katastrophendiskurse ist nicht ausschließlich das einzelne Individuum beteiligt. Erst das komplexe Zusammenspiel einer Vielzahl von Faktoren bringt ‚Katastrophen' hervor. Eingebettet in den „Diskurskreislauf" (Gebhardt 2021, S. 77) spielen eine Reihe von Faktoren eine wichtige Rolle, von den Schreibenden bis hin zu den Verlagen, den Literaturagenturen oder den Redaktionen. Sie alle beteiligen sich an der Diskursivierung von Ereignissen, einschließlich der Überführung seismischer Ereignisse in Katastrophendiskurse. Kulturseismologie ist nichts anderes als die Erschließung dieses komplexen Zusammenspiels hinsichtlich der Intensität der Auseinandersetzung.

Diese ineinandergreifenden Mechanismen ließen sich nach dem türkisch-syrischen Erdbeben im Frühjahr 2023 erneut beobachten, worauf abschließend noch kurz eingegangen werden soll. Nach dem Erdbeben im Februar 2023 erschien am 11. Februar ein Gastbeitrag des türkischen Schriftstellers Orhan Pamuk in der englischsprachigen Übersetzung von Ekin Oklap in der *New York Times* unter dem Titel „A Girl Trapped Under Fallen Concrete. A Man Unsure of What to Do" (Pamuk 2023a); in der *Süddeutschen Zeitung* wurde dieser Text wenige Tage später als Kettenübersetzung aus dem Englischen unter dem Titel „Schaut hin" (Pamuk 2023b) veröffentlicht.

Pamuk, der bereits auf das Erdbeben von Gölcük 1999 reagierte und einige seiner Texte dazu in deutschsprachigen Zeitungen veröffentlichte (vgl. Pamuk 1999, 2000), betrachtet das aktuelle Erdbeben im Kontext seiner eigenen Erfahrungen von vor über 20 Jahren. Dabei hebt er die Unterschiede in der Wahrnehmung hervor, insbesondere im Vergleich zur Berichterstattung über das Erdbeben im Jahr 2023, das er vor allem durch soziale Medien vermittelt bekommt. Das titelgebende Mädchen („A Girl Trapped Under Fallen Concrete"), das unter den Trümmern gefangen wurde, stamme aus einem auf *Twitter* veröffentlichten Video. Wie so viele Videos in sozialen Medien wurde es laut Pamuk kommentarlos veröffentlicht, was zwei Dinge unterstreichen würde: das überwältigende, erschütternde Ausmaß der ‚Katastrophe', sowie das allgemeine Gefühl der Verlassenheit und Verzweiflung. Insbesondere zweiteres hätte auch politische Relevanz, wenn die digital verbreiteten Videos die fehlende Unterstützung seitens des Staates aufzeigen würden (vgl. Pamuk 2023a).

Auch eine andere Schriftstellerin greift auf soziale Medien zurück, um sich über das Ausmaß der Zerstörung zu informieren. Schon seit längerem war die türkischstämmige und heute in London lebende Elif Shafak aktiv in sozialen Medien. In der Vergangenheit hatte sie auf *Twitter* immer wieder auf Erdbeben in der Türkei reagiert und ihre Betroffenheit signalisiert, so auch sofort nach dem Erdbeben im Februar 2023 mit einem Tweet am 6. Februar: „Devastating, utterly terrifying news of a 7.8 magnitude earthquake in Turkey. I struggle to find words. []Lots of people are still under the rubble, thousands out in the cold. #DEPREMOLDU The death toll will rise. We must send urgent help, share @AFADTurkiye @ahbap #TurkeyEarthquake" (Shafak 2023a). Im Unterschied zu früheren Ereignissen veröffentlichte sie am 10. Februar, vier Tage nach dem Erdbeben, einen von ihr anlässlich des Erdbebens verfassten Text in einer der wichtigsten überregionalen Tageszeitungen Großbritanniens, der *Financial Times*. In ihrem Zeitungsartikel mit dem Titel „Erdoğan, the earthquake and the failings in my homeland" (2023b) übt sie starke Kritik am amtierenden Präsidenten der Türkei, dem sie eine Mitschuld an der hohen Zahl der Todesopfer vorwirft. Shafak politisiert das Erdbeben und reagiert dabei auf eine ‚Stimmung' im Sinne von Hans Ulrich Gumbrecht, der sie als „effects of latent conditions" (Gumbrecht 2013, S. 24) beschreibt. Diese unterschwellige Atmosphäre richtet sich gegen die autokratische Politik der türkischen Regierung.

In einem weiteren Artikel über das Erdbeben, der am 8. März 2023, dem internationalen Frauentag, im *Guardian* veröffentlicht wurde (Shafak 2023c), weist Shafak auf die prekäre Situation von Frauen und Mädchen im Erdbebengebiet hin und verknüpft deren Situation mit der Situation von Frauen weltweit, einschließlich der Frauen im Iran, wo der Tod von Jina Mahsa Amini am 16. September 2022 schwere Proteste gegen das iranische Regime ausgelöst hatte. Shafak erwähnt die im Westen stark wahrgenommenen Giftanschläge auf 26 iranische Schulen, bei denen mehr als 1000 Mädchen vergiftet worden waren und überführt so das Erdbeben in den größeren Zusammenhang von Feminismus und Demokratisierung.

Schließlich wurde am 22. März die Benefizveranstaltung *Literature Beyond Borders* organisiert. Die zahlreichen Gäste, viele von ihnen mit Migrationserfahrung, stehen stellvertretend für die internationale Solidarität, die Shafak bereits in ihrem Zeitungsartikel vom 8. März eingefordert hatte, als sie schrieb: „There never has been a more urgent time for global solidarity, and especially, global sisterhood. There never has been a more urgent time to say out loud that we can both dearly love and care for our own countries or our adopted countries and at the same time be citizens of the world, citizens of humankind.“ (Shafak 2023c)

An den ersten Reaktionen von Elif Shafak lässt sich noch einmal gut beobachten, wie das lokale Erdbeben in globale Katastrophendiskurse übertragen wird. Shafak nimmt das Erdbeben nicht als das singuläre und unvorhergesehene Ereignis wahr, sondern bettet es in unterschiedliche Kontexte ein, die in erster Linie politisch sind. Damit macht sie aus dem Erdbebenherd ein Politikum. Wie Ai Weiwei, dem das Erdbeben von Sichuan durch soziale Medien vermittelt wurde, sitzt Shafak in London in noch weiterer Entfernung, von wo aus sie erste Einschätzungen liest und zahlreiche Videos und Bilder sieht. Dort finden sich neben Solidaritätsbekundungen mit den Opfern auch Schuldzuweisungen, vor allem gegen die Politik der letzten zwanzig Jahre. Shafak, die seit Jahren gegen die autokratische Politik des amtierenden Präsidenten Stellung bezieht, nutzt das Erdbeben und weist den Fehlern der Politik in ihrem ersten Zeitungsartikel eindeutig die Schuld am Ausmaß der Zerstörung zu. Mit ihrem zweiten Zeitungsartikel stellt sie das Erdbeben hingegen in internationale Zusammenhänge. Sie hebt, wie Yoko Tawada, globale Zusammenhänge hervor und entwickelt somit eine globale Perspektive. Indem Shafak die Situation von Frauen und Mädchen nach dem Erdbeben mit der Situation von Frauen und Mädchen weltweit vergleicht und auf deren besondere Fragilität hinweist, überträgt sie das Erdbeben in einen globalen feministischen Katastrophendiskurs. Durch die öffentliche Literaturveranstaltung, die einen Fokus auf internationale Solidarität setzt und Beitragende mit deutlich erkennbarem Migrationshintergrund einlädt, werden zusätzliche globale Perspektiven eingebunden. Mit der ästhetischen Erfahrung einer Veranstaltung, die sich zum Ziel gesetzt hat, eines Erdbebens zu gedenken und dabei möglichst viele Spendeneinnahmen zu generieren, wird auch ein weiterer Mechanismus von Katastrophendiskursen im 21. Jahrhundert sichtbar. Aus einem Erdbeben wird eine ästhetische Erfahrung und die ‚Katastrophe‘ wird popularisiert – gemeinsam zelebriert.

Die Intensität der Auseinandersetzung mit dem Erdbeben in der Türkei und in Syrien kann zusammenfassend nicht allein auf die hohe Zahl der Erdbebenopfer und den enormen Schaden zurückgeführt werden. Die hohe Opferzahl und der beträchtliche Gesamtschaden sind nicht als Ursache anzusehen, sondern vielmehr als Konsequenz grundlegender Gegebenheiten, von denen auch die Intensität der Auseinandersetzung abhängt. Diese Gegebenheiten sind die vorherrschenden prekären Verhältnisse. Sie sind prekär im Sinne einer instabilen und schwankenden Grundlage. Daher dienen die Isoseisten von Katastrophendiskursen auch als Indikatoren für etwas, das beim Ausbleiben räumlicher Verteilung ebenso offensichtlich wird: das Gemeine prekärer Verhältnisse.

Quellenverzeichnis

A

Agazzi, Elena/Pailer, Gaby/Unger, Thorsten: CFP: „Katastrophenliteratur"; Sektion auf dem Kongress der IVG in Palermo 2020 (31.03.2018).

Agazzi, Elena/Pailer, Gaby/Unger, Thorsten: Katastrophenliteratur. Zur Einführung. In: Auteri, Laura et al. (Hg.): Jahrbuch für Internationale Germanistik. Wege der Germanistik in transkultureller Perspektive. Akten des XIV. Kongresses der Internationalen Vereinigung für Germanistik (IVG). Bern: Peter Lang 2022. S. 13–21.

Ai, Weiwei: Fairytale. Projekt (1001 chinesische Besucher*innen). documenta 2007.

Ai, Weiwei: Namelist. Installation (Schwarz-Weiß-Druck auf Aluminium montiert, 5184 x 21584 cm). 2008–2011.

Ai, Weiwei: Remembering. Installation (Rucksäcke und Metallarmaturen, 925 cm x 10605 cm x 10 cm). Haus der Kunst, Munich 2009a.

Ai, Weiwei: Soft Ground. Installation (Wolle, ca. 127 m x 122 m). Haus der Kunst, Munich 2009b.

Ai, Weiwei: Hoher Dachstein. Installation (Stein, 245 cm x 140 cm x 170 cm). Dachstein, Österreich 2010.

Ai, Weiwei: Grief. In: Ambrozy, Lee (Hg.): Ai Weiwei's Blog: Writings, Interviews, and Digital Rants, 2006–2009. Übersetzt von Philip Tinari. Cambridge/London: The MIT Press 2011. S. 149–150.

Ai, Weiwei: Macht euch keine Illusionen über mich. Der verbotene Blog. Übersetzt von Wolfram Ströle et al. Berlin: Galiani 2011b.

Ai, Weiwei: 5.12.2018. The 10 year anniversary of the 5.12 Wenchuan Earthquake (2018a). URL: https://www.5122018.com [30.01.2023].

Ai, Weiwei: 1000 Jahre Freud und Leid. Erinnerungen. Übersetzt von Norbert Juraschitz und Elke Link. München: Penguin 2021.

Ai, Weiwei: #512Birthday. In: Twitter (o. J.). URL: https://twitter.com/search?src=typed_query&q=(%23512Birthday)%20(from%3Aaiww) [09.07.2023].

@aiww: 转:@牦牛袜子 @aiweiwei Ai called for the low key protests to mark a day that is also the anniversary of the founding of China's Communist Party. In: Twitter (22.06.2009). URL: https://twitter.com/aiww/status/2277150472 [28.04.2022].

Amano, Yukiya: The Fukushima Daiichi Accident. Report by the Director General. Wien: International Atomic Energy Agency 2015. URL: https://www-pub.iaea.org/MTCD/Publications/PDF/Pub1710-ReportByTheDG-Web.pdf [11.07.2023].

Ambrozy, Lee: Introduction. In: Ambrozy, Lee (Hg.): Ai Weiwei's Blog. Writings, Interviews, and Digital Rants, 2006–2009. Cambridge: The MIT Press 2011a. S. XVII–XXVIII.

Ambrozy, Lee (Hg.): Ai Weiwei's Blog. Writings, Interviews, and Digital Rants, 2006-2009. Übersetzt von Lee Ambrozy. Cambridge: The MIT Press 2011b.

Ambrozy, Lee: Preface. In: Ambrozy, Lee (Hg.): Ai Weiwei's Blog. Writings, Interviews, and Digital Rants, 2006-2009. Cambridge: The MIT Press 2011c. S. XIII–XIV.

Amerio, Luca/Baino, Luca/Fila, Nicolò/Antonellini, Sara: L'Aquila 3.32. Padua: Becco Giallo 2014.

Amnesty International: Urteil gegen Menschenrechtler. In: Amnesty International (01.04.2009). URL: https://www.amnesty.de/urgent-action/ua-091-2009-1/urteil-gegen-menschenrechtler [09.07.2023].

Arminio, Franco: Viaggio nel cratere. Mailand: Sironi 2003.

https://doi.org/10.1515/9783111709321-013

Arminio, Franco: Lettera a chi non c'era. Parole delle terre mosse. Florenz, Mailand: Bompiani 2021.

Arnett, Kyra Nicole: Dislocating Disaster. The Problem with Ai Weiwei's Earthquake Artworks. In: Bowdoin Journal of Art (2017). S. 1–56. URL: https://www.academia.edu/32426603/Dislocating_Disaster_The_Problem_with_Ai_Weiweis_Earthquake_Artworks [06.07.2023].

Assmann, Aleida: Formen des Vergessens. Göttingen: Wallstein 2016.

Assmann, Jan: Das kulturelle Gedächtnis. Schrift, Erinnerung und politische Identität in frühen Hochkulturen. 3. Auflage. München: C.H.Beck 2000.

Aust, Stefan/Schnibben, Cordt (Hg.): 11. September. Geschichte eines Terrorangriffs. 3. Auflage. Stuttgart/München/Hamburg: Deutsche Verlags-Anstalt/Spiegel-Buchverlag 2002.

B

Banoun, Bernard/Ivanovic, Christine: „Schrei laut, daß du hier bleiben möchtest." Zur Einführung in den Band. In: Banoun, Bernard/Ivanovic, Christine (Hg.): Eine Welt der Zeichen: Yoko Tawadas Frankreich als Dritter Raum. Mit dem Tagebuch der bebenden Tage und zwei weiteren Originaltexten von Yoko Tawada. München 2015a: Iudicium. S. 1–11.

Banoun, Bernard/Ivanovic, Christine (Hg.): Eine Welt der Zeichen: Yoko Tawadas Frankreich als Dritter Raum. Mit dem Tagebuch der bebenden Tage und zwei weiteren Originaltexten von Yoko Tawada. München: Iudicium 2015b.

Barad, Karen: Meeting the Universe Halfway: Quantum Physics and the Entanglement of Matter and Meaning. Durham/London: Duke University Press 2007.

Barthes, Roland: L'Empire des signes. In: Oeuvres complètes III : 1968–1971. Paris: Éditions du Seuil 1993. S. 346–438.

Barthes, Roland: Mythen des Alltags. Vollständige Ausgabe. Übersetzt von Horst Brühmann. Berlin: Suhrkamp 2010.

Bassi, Serena: Italy's Salman Rushdie: The renarration of "Roberto Saviano" in English for the post-9/11 cultural market. In: Translation Studies 8/1, 2015. S. 48–62. https://doi.org/10.1080/14781700.2014.921238.

Baum, Constanze/Košenina, Alexander: Katastrophen. Vorwort. In: Baum, Constanze/ Košenina, Alexander (Hg.): Zeitschrift für Germanistik. Neue Folge XXIX. Schwerpunkt: Katastrophen 66/3, 2019. S. 475–480.

Baum, Constanze/Košenina, Alexander (Hg.): Themenheft Katastrophenliteratur. In: Zeitschrift für Germanistik. Neue Folge XXIX. Schwerpunkt: Katastrophen 66/3, 2019.

Beck, Andreas et al.: Visuelles Design / Visual Design: Die Journalseite als gestaltete Fläche / The Periodical Page as a Designed Surface. Hannover: Wehrhahn 2019.

Beller, Manfred: Italians. In: Beller, Manfred/Leerssen, Joep (Hg.): Imagology. The cultural construction and literary representation of national characters. A critical survey. Amsterdam: Rodopi 2007. S. 194–200.

Benjamin, Walter: Erdbeben von Lissabon. In: Tiedemann, Rolf/Schweppenhäuser, Hermann (Hg.): Walter Benjamin. Gesammelte Schriften VII/1. Frankfurt am Main: Suhrkamp 1991a. S. 220–226.

Benjamin, Walter: Das Passagen-Werk. Aufzeichnungen und Materialien. In: Tiedemann, Rolf (Hg.): Gesammelte Schriften V/1. Frankfurt am Main: Suhrkamp 1991b. S. 79–654.

Beret, Madlen: „Worte ohne Schutzanzug". Wagô Ryôichi: Japanische Lyrik nach „Fukushima". Berlin: EB 2016.

Bergmann, Karin: Einleitung. In: Erdbeben. Das Burgtheater Magazin (02.–03.2019). S. 3.

Bernabei, Stefano: La Germania vuole ricostruire Onna per trasformare la storia. In: Reuters (04.05.2009). URL: https://www.reuters.com/article/oittp-onna-germania-steiner-idITMIE5430RQ20090504 [07.03.2022].
Best, Stephen/Marcus, Sharon: Surface Reading: An Introduction. In: Representations 108/1 (2009). S. 1–21. https://doi.org/10.1525/rep.2009.108.1.1.
Biess, Frank: Republik der Angst. Eine andere Geschichte der Bundesrepublik. Hamburg: Rowohlt 2019.
Bingham, Dennis: Whose Lives Are They Anyway? The Biopic As Contemporary Film Genre. New Brunswick/New Jersey/London: Rutgers University Press 2010.
Birken, Jacob: Die kalifornische Institution: Fernwestliche Weltbilder um 1906. Heidelberg: Universitätsbibliothek Heidelberg 2018.
Blank, Juliane: Der komparatistische Eros. Einleitung. In: Blank, Juliane/Gerigk, Anja (Hg.): Erregungsmomente. Funktionen des Erotischen in der Literatur. Berlin: Christian A. Bachmann 2017. S. 9–19.
Blank, Juliane: Katastrophe und Kontingenz in der Literatur. Zufall als Problem der Sinngebung im Diskurs über Lissabon, die Shoah und 9/11. Berlin/Boston: De Gruyter 2021.
Blasberg, Anita et al.: Das Leben nach dem Tod. In: Der Spiegel (13.03.2005). URL: https://www.spiegel.de/politik/das-leben-nach-dem-tod-a-8ba3464a-0002-0001-0000-000039694640 [10.07.2022].
Blaseio, Gereon/Pompe, Hedwig/Ruchatz, Jens (Hg.): Popularisierung und Popularität. Köln: DuMont 2005.
Blimlinger, Eva: Kulturist*innen – oder wie wir einen neuen Begriff finden. In: KUPFzeitung. Kulturplattform Oberösterreich 177 (2021). S. 12. URL: https://kupf.at/zeitung/177/kulturistinnen/ [11.07.2023].
Blumenberg, Hans: Schiffbruch mit Zuschauer: Paradigma einer Daseinsmetapher. Frankfurt am Main: Suhrkamp 1997.
Boccaccio, Giovanni: Il Decamerone. Nona Edizione Integra. Mailand: Editore Ulrico Hoepli 1965.
Bonfadelli, Heinz et al. (Hg.): Seismographische Funktion von Öffentlichkeit im Wandel. Wiesbaden: VS 2008. S. 7–14. https://doi.org/10.1007/978-3-531-91126-7_1.
Bonfadelli, Heinz: Einleitung. In: Bonfadelli, Heinz et al. (Hg.): Seismographische Funktion von Öffentlichkeit im Wandel. Wiesbaden: VS 2008. S. 7–14. https://doi.org/10.1007/978-3-531-91126-7_1.
Borst, Arno: Das Erdbeben von 1348: Ein historischer Beitrag zur Katastrophenforschung. In: Historische Zeitschrift 233/3 (1981). S. 529–569.
Brandlechner, Daniel: From the Earth to the World. Ai Weiwei's Functional Dante Reference in the Music Album "The Divine Comedy" (2013) and in the Lego Portrait "Dante Alighieri in LEGO" (2016). In: Between 10/20 (2020). S. 329–346. https://doi.org/10.13125/2039-6597/4207.
Brandlechner, Daniel: "Réagir à chaud". Yanick Lahens' Quick-Response Writing in the Context of Francophone Literature. In: Simonis, Annette/Sexl, Martin/Müller, Alexandra (Hg.): Komparatistik. Jahrbuch der Deutschen Gesellschaft für Allgemeine und Vergleichende Literaturwissenschaft 2022. Bielefeld: Aisthesis 2023a. S. 199–212.
Brandlechner, Daniel: Der Ort der Katastrophe im Feuilleton. Medialität und Materialität in Yoko Tawadas Die Ruhe im Sturm. In: Platelle, Fanny et al. (Hg.): Catastrophes, menaces et risque naturels. Natur und Umwelt: Risiken, Gefahren und Katastrophen. Münster: Nodus 2023b. S. 317–328.
Brandlechner, Daniel: Dichtung als Seismografie. Globale Dimensionen lokaler Fragilität im poetologischen Vortrag ‚Der Dichter und diese Zeit' von Hugo von Hofmannsthal. Sprachkunst.

Beiträge zur Literaturwissenschaft LIV/2023/2. Wien: Österreichische Akademie der Wissenschaften 2024. S. 169–188.
Buergel, Roger: Die Wege des Mittlers. Freiheit und Kunst des Ai Weiwei. In: Holzwarth, Hans Werner (Hg.): Ai Weiwei. Köln: Taschen 2016. S. 197–217.
Buchanan, Andy et al.: The Darfield Earthquake. The value of long-term research. In: The Royal Society of New Zealand (11.2010). URL: https://www.royalsociety.org.nz/assets/documents/darfield-earthquake.pdf [11.07.2023].
Buhre, Franziska: „Diese Bilder verstehen Japaner nicht". In: taz (15.04.2011). URL: https://taz.de/Diese-Bilder-verstehen-Japaner-nicht/!302665/ [08.10.2021].
Bulbeck, Pip: Peter Jackson to Assist New Zealand Earthquake Rescue Effort. In: The Hollywood Reporter (23.02.2011). URL: https://www.hollywoodreporter.com/movies/movie-news/peter-jackson-assist-new-zealand-160766/ [04.05.2022].
Burri, Alberto: Cretto di Burri. Installation (Beton, 1,50 m × 350 m × 280 m). Gibellina, Italien 1984–2015.
Buschheuer, Else: www.else-buschheuer.de. Das New York Tagebuch. Köln: Kiepenheuer & Witsch 2002.
Buteau, Pierre/Saint-Éloi, Rodney/Trouillot, Lyonel (Hg.): Refonder Haïti? Montreal: Mémoire d'encrier 2010.
Butler, Judith: Gender Trouble. Feminism and the subversion of identity. New York: Routledge 1990.
Butler, Judith: Precarious Life: The Power of Mourning and Violence. London, New York: Verso 2004.

C

Cambridge University Press: beyond. In: Cambridge Dictionary (2009): https://dictionary.cambridge.org/dictionary/english/beyond [28.06.2023].
Caporale, Giuseppe: L'Aquila non è Kabul. Cronaca di una tragedia annunciata. Rom: Castelvecchi 2009.
Caporale, Antonello: Terremoti spa. Dall'Irpinia all'Aquila. Così i politici sfruttano le disgrazie e dividono il paese. Mailand: Rizzoli 2010.
Carrère, Emmanuel: D'autres vies que la mienne. Paris: P.O.L. 2009.
Cary, Eve: China's Dangerous Tofu Projects. Corruption and graft have created a significant problem with many Chinese construction projects. In: The Diplomat (10.02.2012). URL: https://thediplomat.com/2012/02/chinas-dangerous-tofu-projects/ [12.07.2022].
Celan, Paul: Todesfuge. In: Wiedemann, Barbara (Hg.): Paul Celan. Die Gedichte. Kommentierte Gesamtausgabe in einem Band. 6. Auflage. Berlin: Suhrkamp 2017. S. 40–41.
Char, René: A une sérénité crispée. In: Œuvre complètes. Paris: Éditions Gallimard 1983. S. 747–761.
Cleave, Paul: The Killing Hour. Auckland: Black Swan 2007.
Cleave, Paul: Cemetery Lake. Auckland: Black Swan 2008.
Cleave, Paul: Merry Christmas everybody! In: Facebook (24.12.2010). URL: https://www.facebook.com/PaulCleave/posts/pfbid0uHjrVc8ER4haBpnnhFbKjFg7KJTnKQpDzQ1PUemU9eMU5wTgmCUAENp2y3jCDEtKl [05.07.2022].
Cleave, Paul: Collecting Cooper. New York: Atria Books 2011a.
Cleave, Paul: Thanks for all the emails. In: Facebook (23.02.2011b). URL: https://www.facebook.com/permalink.php?story_fbid=193311500689210&id=145137725506588 [04.05.2022].

Cleave, Paul: Merry Christmas everybody! In: Facebook (24.12.2011c). URL: https://www.facebook.com/PaulCleave/posts/pfbid0oJT9B84vCXaQbP8kJEqzYBX4rbbbPxX5Khba4mxha6ehTCVm2xHUxrhDo9CTs4GTl [05.07.2022].
Cleave, Paul: I finished the first draft of the new book this morning. In: Facebook (08.08.2012). URL: https://www.facebook.com/permalink.php?story_fbid=452899484730409&id=145137725506588 [05.05.2022].
Cleave, Paul: Opferzeit. Thriller. Übersetzt von Frank Dabrock und Alexander Wagner. München: Heyne 2013.
Cleave, Paul: Un prisonnier modèle. Übersetzt von Fabrice Pointeau. Paris: Sonatin Éditions 2016.
Cleave, Paul: Joe Victim (E-Book). Auckland: Penguin Random House New Zealand 2017.
Coulmas, Florian/Stalpers, Judith: Fukushima. Vom Erdbeben zur atomaren Katastrophe. München: C.H.Beck 2011.
Crutzen, Paul: Geology of mankind. In: Nature 415/6867 (2002). S. 23–23. https://doi.org/10.1038/415023a.
Curtius, Ernst Robert: Europäische Literatur und lateinisches Mittelalter. Bern: A. Francke 1948.
Czurda, Elfriede: Schwierigkeiten beim Verständnis der Narayama-Lieder. In: Draschan, Jürgen/Vögel, Bertlinde (Hg.): Nachbeben Japan. 12 Standpunkte. Wien: Luftschacht 2012. S. 49–56.

D

Dabringhaus, Sabine: Chinesische Umweltgeschichte. Ursprünge und Neuansätze. In: Zeithistorische Forschungen/Studies in Contemporary History 9 (2012). https://doi.org/10.14765/zzf.dok-1607.
Dalembert, Louis-Philippe: Le crayon du bon Dieu n'a pas de gomme. Monaco: Le Serpent à Plumes 2004.
Dalembert, Louis-Philippe: L'autre face de la mer. Monaco: Le Serpent à Plumes 2005.
Dalembert, Louis-Philippe: L'île du bout des rêves. Monaco/Paris: Les Editions du Rocher 2007a.
Dalembert, Louis-Philippe: Die Insel am Ende der Träume. Übersetzt von Peter Trier. Kehl: Litradukt 2007b.
Dalembert, Louis-Philippe: Gottes Bleistift hat keinen Radiergummi. Übersetzt von Peter Trier. Kehl: Litradukt 2008a.
Dalembert, Louis-Philippe: Jenseits der See. Übersetzt von Peter Trier. Kehl: Litradukt 2008b.
Dalembert, Louis-Philippe: Et pourtant elle tourne. In: Libération. Lignes de faille (19.01.2010a). S. IV–V.
Dalembert, Louis-Philippe: Wenn die Mangobäume im Hof tanzen. In: Die Tageszeitung (20.01.2010b). URL: https://taz.de/!499134/ [30.06.2023].
Dalembert, Louis-Philippe: Ballade d'un amour inachevé. Paris: Mercure de France 2013.
Dalembert, Louis-Philippe: Avant que les ombres s'effacent. Roman. Paris: Sabine Wespieser éditeur 2017.
Daniel, Trenton: Le cinéaste haïtien Raoul Peck tourne un film sur le séisme de 2010. In: Le Devoir (12.04.2014). URL: https://www.ledevoir.com/culture/cinema/405415/le-cineaste-haitien-raoul-peck-tourne-un-film-sur-le-seisme-de-2010 [16.02.2023].
De Felip, Eleonore: Liebe im Zeichen einer ‚unzeitgemäßen' Ästhetik der Intensität. Michael Donhausers erotischer Roman Livia oder Die Reise. In: Blank, Juliane/Gerigk, Anja (Hg.): Erregungsmomente. Funktionen des Erotischen in der Literatur. Berlin: Christian A. Bachmann 2017. S. 209–227.

Defoe, Daniel: A Journal of the Plague Year. In: Project Gutenberg (2020). URL: https://www.gutenberg.org/files/376/376-h/376-h.htm [10.05.2023].
Deleuze, Gilles: Das Bewegungs-Bild. Kino 1. 2. Auflage. Frankfurt am Main: Suhrkamp 1998.
Der Spiegel: Italien: „Armes, unglückseliges Vaterland". In: Der Spiegel (07.12.1980). URL: https://www.spiegel.de/politik/italien-armes-unglueckseliges-vaterland-a-3f23c9d4-0002-0001-0000-000014334606 [30.06.2023].
Der Spiegel: Titelseite. In: Der Spiegel 10 (06.03.2021).
Der Standard: „Von den Behörden kam wenig Hilfe". Überlebende der Flutkatastrophe kritisieren mangelnde Unterstützung durch österreichische Vertretungen. In: Der Standard (30.12.2004). S. 3.
Dietze, Antje: Cultural brokers and mediators. In: Middell, Matthias (Hg.): The Routledge Handbook of Transregional Studies. London: Routledge 2019. S. 494–502.
Die Presse: Fels des Künstlers Ai Weiwei erreichte Dachstein-Gipfel. In: Die Presse (09.07.2010). URL: https://www.diepresse.com/579963/fels-des-kuenstlers-ai-weiwei-erreichte-dachstein-gipfel [27.01.2022].
Die Zeit: Titelseite. In: Die Zeit 10 (04.03.2021).
Drake, Andrew: Live monitor of #eqnz and geonet tweets. In: NZ Earthquake Twitter Monitor (2023). URL: https://eqnz.nz/ [05.07.2022].
Draschan, Jürgen/Vögel, Bertlinde: Vorwort. In: Draschan, Jürgen/Vögel, Bertlinde (Hg.): Nachbeben Japan. 12 Standpunkte. Wien: Luftschacht 2012. S. 7–19.
Duden: Die Grammatik. Unentbehrlich für richtiges Deutsch. 8. Auflage. Berlin: Dudenverlag 2009.
Dudenredaktion: „Katastrophe". In: Duden online (o. J.). URL: https://www.duden.de/rechtschreibung/Katastrophe [20.12.2022].
Dudenredaktion: „Marginalisierung". In: Duden online (o. J.). URL: https://www.duden.de/rechtschreibung/Marginalisierung [10.03.2023].
Dudenredaktion: „prekär". In: Duden online (o. J.). URL: https://www.duden.de/rechtschreibung/prekaer [18.07.2023].
Duppel-Takayama/Pekar, Mechthild/Pekar, Thomas: Buchbesprechung I, Lisette Gebhardt. *Japanische Literatur nach Fukushima. Sieben Exkursionen*. In: OAG Notizen 03 (2022). S. 42–51.
Dupuy, Jean-Pierre: A Short Treatise on the Metaphysics of Tsunamis. Übersetzt von M. B. DeBevoise. East Lansing: Michigan State University Press 2015.
Duque, Carl Antonius Lemke/Gasimov, Zaur: Introduction. Outlines of a Logical Constitutive Model of Cultural Transfer. In: Comparativ. Zeitschrift für Globalgeschichte und vergleichende Gesellschaftsforschung 25/2 (2015). S. 7–15.
Dusini, Arno: Tagebuch. Möglichkeiten einer Gattung. München: Wilhelm Fink 2005.
DWDS: redigieren. In: DWDS (o. J.). URL: https://www.dwds.de/wb/redigieren [01.06.2021].
Dziudzia, Corinna: Ästhetisierung und Literatur: Begriff und Konzept von 1800 bis heute. Heidelberg: Universitätsverlag Winter 2015.

E

Earthquake Hazards Program: 20 Largest Earthquakes in the World Since 1900. In: USGS (26.06.2019). URL: https://www.usgs.gov/programs/earthquake-hazards/science/20-largest-earthquakes-world [12.02.2022].

Ebenau, Katharina: „Als die Bücher laufen lernten …“ Buchtrailer als Marketinginstrument in der Verlagsbranche. In: Gutenberg-Jahrbuch 86 (2011). S. 290–298.
Eberhard, Marc et al.: The M W 7.0 Haiti earthquake of January 12, 2010; USGS/EERI Advance Reconnaissance Team report. In: U. S. Geological Survey Open-File Report 2010–1048 (07.12.2016). URL: https://pubs.usgs.gov/of/2010/1048/ [30.06.2023].
EERI: The Mw 6.3 Abruzzo, Italy, Earthquake of April 6, 2009. Learning from Earthquakes. In: Earthquake Engineering Research Institute (06.2009). URL: http://www.reluis.it/doc/pdf/Aquila/EERI_L_Aquila_report.pdf [06.07.2023].
EERI: The M 6.3 Christchurch, New Zealand, Earthquake of February 22, 2011. In: Earthquake Engineering Research Institute (05.2011). URL: https://www.eeri.org/site/images/eeri_newsletter/2011_pdf/EERI_NewZealand_EQRpt_web.pdf [06.07.2023].
Ehlich, Konrad: Deutsch als fremde Wissenschaftssprache. In: Jahrbuch Deutsch als Fremdsprache 19 (1993). S. 13–42.
Eliassen, Knut Ove: Catastrophic Turns – From the Literary History of the Catastrophic. In: Meiner, Carsten/Veel, Kristin (Hg.): The Cultural Life of Catastrophes and Crises. Berlin/Boston: De Gruyter 2012. S. 33–57.
Erbani, Francesco: Il disastro. L'Aquila dopo il terremoto: le scelte e le colpe. Rom: Laterza 2010.
Espagne, Michel/Werner, Michael: Deutsch-französischer Kulturtransfer im 18. und 19. Jahrhundert. Zu einem neuen interdisziplinären Forschungsprogramm des C.N.R.S. In: Francia 13/1 (1985). S. 502–510.
Espagne, Michel/Werner, Michael: La construction d'une référence culturelle allemande en France : genèse et histoire (17501914). In: Annales 42/4 (1987). S. 969–992.
Estelmann, Frank: Emmanuel Carrère. In: Wild, Gerhard (Hg.): Kindler Kompakt. Französische Literatur der Gegenwart. Stuttgart: J.B. Metzler 2017. S. 148–155.
etnobofin (2011): Witi Ihimaera on the Christchurch Earthquake. In: Soundcloud (26.02.2011). URL: https://soundcloud.com/etnobofin/witi-ihamaera-on-the [11.07.2023].
Etonnants Voyageurs: Invités. In: Etonnants Voyageurs (2022). URL: https://www.etonnants-voyageurs.com/-Invites-150-.html [29.06.2022].

F

Felski, Rita: The Limits of Critique. Chicago/London: The University of Chicago Press 2015.
Fischer, Carolin: Gärten der Lust. Eine Geschichte erregender Lektüren. Stuttgart/Weimar: J. B. Metzler 1997.
Fischer, Carolin: Drei literarische Schlüsselfunktionen des Erotischen. In: Blank, Juliane/Gerigk, Anja (Hg.): Erregungsmomente. Funktionen des Erotischen in der Literatur. Berlin: Christian A. Bachmann 2017. S. 43–60.
Foreign Languages Press (Hg.): After the Tangshan earthquake. How the Chinese people overcame a major natural disaster. Peking: Foreign Languages Press 1976.
Formanek, Susanne: Japanische Reaktionen auf (Natur)Katastrophen. Am Beispiel des großen Edo-Erdbebens von 1855 und seiner medialen Aufarbeitung. In: Hammerl, Christa/Steffelbauer, Ilja (Hg.): Naturkatastrophen: dramatische Naturereignisse aus kulturwissenschaftlicher Perspektive. Wien: Mandelbaum 2014. S. 48–63.

Forzano, Duccio (R)/Saviano, Roberto (DB)/Fazio, Fabio (DB): Il terremoto a L'Aquila. Vieni via con me. Italien: Endemol 2018. URL: http://www.rai.tv/dl/RaiTV/programmi/media/ContentItem-3d0fca2e-6138-44b8-a6ca-e52a0cc15e9e.html [18.12.2018].
Foucault, Michel: Les mots et les choses. Une archéologie des sciences humaines. Paris: Éditions Gallimard 1966.
Foucault, Michel: L'archéologie du savoir. Paris: Éditions Gallimard 1969.
Foucault, Michel: L'Ordre du discours. Leçon inaugurale au Collège de France prononcée le 2 décembre 1970. Paris: Éditions Gallimard 1979.
Foucault, Michel: Archäologie des Wissens. 3. Auflage. Übersetzt von Ulrich Köppen. Frankfurt am Main: Suhrkamp 1988.
Foucault, Michel: Histoire de la sexualité. 1. La volonté de savoir. Paris: Éditions Gallimard 1990.
Frank, Christine: Weltliteratur im globalen Zeitalter. „Hamlet No See" von Yoko Tawada als Beispiel transkultureller Literatur. In: Komparatistik 2023. S. 131–158.
Frank, Gustav/Scherer, Stefan: Zeit-Texte.: Zur Funktionsgeschichte und zum generischen Ort des Feuilletons. In: Zeitschrift für Germanistik 22/3, 2012. S. 524–539.
Franzen, Jonathan: Strong Motion. London: Harper Perennial 2007.
Freud, Sigmund: Der Mann Moses und die monotheistische Religion. Drei Abhandlungen. Amsterdam: Allert de Lange 1939.

G

Gamper, Michael: Menschenmasse und Erdbeben. Natur- und Bevölkerungskatastrophen im 18. Jahrhundert und bei Kleist. In: Lauer, Gerhard/Unger, Thorsten (Hg.): Das Erdbeben von Lissabon und der Katastrophendiskurs im 18. Jahrhundert. Göttingen: Wallstein 2008. S. 520–535.
Gebhardt, Lisette: Japanische Literatur nach Fukushima: Sieben Exkursionen. Berlin: EB 2021.
Gerstenberger, Katharina: Surviving to Tell the Tale: Josef Haslinger's Phi Phi Island (2007). In: Ecozon@ 3/1 (2012). S. 31–41.
Ghelli, Samuel: Da Scampia a Gomorra. Nell'archivio di Saviano. In: Esperienze letterarie 1 (2013). S. 87–98.
Ghosh, Amitav: The Great Derangement: Climate Change and the Unthinkable. Chicago: University of Chicago Press 2016.
Giacomoni, Paola: Locus amoenus and locus horridus in the contemporary debate on landscape. In: Schmeling, Manfred/Schmitz-Emans, Monika (Hg.): Das Paradigma der Landschaft in Moderne und Postmoderne. (Post-)Modernist Terrains: Landscapes – Settings – Spaces. Würzburg: Königshausen & Neumann 2007. S. 82–92.
Giuliani, Giampaolo: L'Aquila 2009. La mia verità sul terremoto. Rom: Castelvecchi 2009.
Goethe, Johann Wolfgang: Dichtung und Wahrheit. In: Stapf, Paul (Hg.): Vermischte Schriften. Berlin/Darmstadt/Wien: Deutsche Buch-Gemeinschaft 1961. S. 5–626.
Google Trends: Fukushima. In: Google Trends (2022). URL: https://trends.google.de/trends/explore?date=2011-01-01%202011-12-31&q=Fukushima [13.07.2022].
Gramlich, Naomie: Situiertes Wissen. In: Gender Glossar (23.06.2021). URL: https://www.gender-glossar.de/post/situiertes-wissen [27.02.2023].
Grasso, Aldo: Storia della televisione italiana. I 50 anni della televisione. Mailand: Garzanti 2004.

Grillotti, Emiliano: Gli incassi di Young Pope di Sorrentino a Venezia devoluti in favore di Amatrice, Accumoli e Arquata. In: Rieti Life (11.10.2016). URL: https://www.rietilife.com/2016/10/11/gli-incassi-young-pope-sorrentino-venezia-devoluti-favore-amatrice-accumoli-arquata/ [07.02.2022].
Grimm, Jacob/Grimm, Wilhelm: Deutsches Wörterbuch von Jacob Grimm und Wilhelm Grimm. Fünfter Band. K. Leipzig: S. Hirzel 1873. URL: https://www.digitale-sammlungen.de/de/view/bsb11159135? [19.07.2023].
Grotzinger, John/Jordan, Thomas: Understanding Earth. 7. Auflage. New York: Bedford 2014.
Gumbrecht, Hans Ulrich: After 1945. Latency as Origin of the Present. Stanford: Stanford University Press 2013.
Gutjahr, Ortrud: „In meinen Poetikvorlesungen werde ich viel über das Wasser sprechen, und der Tsunami kommt auch vor". Yoko Tawada im Gespräch mit Ortrud Gutjahr. In: Gutjahr, Ortrud (Hg.): Yoko Tawada. Fremde Wasser. Vorlesungen und wissenschaftliche Beiträge. Tübingen: Konkursbuch Verlag Claudia Gehrke 2012a. S. 17–45.
Gutjahr, Ortrud (Hg.): Yoko Tawada. Fremde Wasser. Vorlesungen und wissenschaftliche Beiträge. Tübingen: Konkursbuch Verlag Claudia Gehrke 2012b.
Guzzanti, Sabina (R): Draquila. L'Italia che trema. Italien: Secol Superbo e Sciocco Produzioni/Gruppo Ambra/Alba Produzioni, BiM 2010.

H

Habermas, Jürgen: Strukturwandel der Öffentlichkeit. Untersuchungen zu einer Kategorie der bürgerlichen Gesellschaft. 5. Auflage. Frankfurt am Main: Suhrkamp 1996.
Haraway, Donna: Situated Knowledges: The Science Question in Feminism and the Privilege of Partial Perspective. In: Feminist Studies 14/3 (1988). S. 575–599.
Harigai, Mariko: Ort der Gespenster. Klänge und Stimmen in Time's Journey Through a Room von Okada Toshiki. In: Duppel-Takayama, Mechthild/Kobayashi, Wakiko/Pekar, Thomas (Hg.): Wohnen und Unterwegssein. Bielefeld: transcript 2019. S. 91–114.
Haslinger, Josef: Opernball. Roman. Frankfurt am Main: S. Fischer 1995.
Haslinger, Josef: phi phi island. ein bericht. Frankfurt am Main: S. Fischer 2010.
Haslinger, Josef: Mein Fall. Frankfurt am Main: S. Fischer 2020.
Haus der Kunst: Blog. Ai Weiwei. In: aiweiwei.blog.hausderkunst.de (01.09.2009a). URL: http://aiweiwei.blog.hausderkunst.de/ [09.07.2023].
Haus der Kunst (Hg.): Ai Weiwei: So Sorry. München et al.: Prestel 2009b.
Haus der Kunst: Chronik Haus der Kunst. In: Haus der Kunst (2023). URL: https://www.hausderkunst.de/geschichte/chronik [09.07.2023].
Haverkamp, Anselm: Auswendigkeit. Das Gedächtnis der Rhetorik. In: Haverkamp, Anselm/Lachmann, Renate (Hg.): Gedächtniskunst: Raum – Bild – Schrift. Studien zur Mnemotechnik. Frankfurt am Main: Suhrkamp 1991. S. 25–52.
Haverkamp, Anselm: Figura cryptica. Theorie der literarischen Latenz. Frankfurt am Main: Suhrkamp 2002.
Haverkamp, Anselm: Latenzzeit. Wissen im Nachkrieg. Berlin: Kadmos 2004.
Haverkamp, Anselm: Latenz. Zur Genese des Ästhetischen als historischer Kategorie. Göttingen: Wallstein 2021.

Hayes, Gavin et al.: Tectonic summaries of magnitude 7 and greater earthquakes from 2000 to 2015. U. S. Geological Survey Open-File Report 2016–1192. Reston: U. S. Geological Survey 2017. DOI: doi.org/10.3133/ofr20161192.

Heydendorff, Christiane Conrad von: Roberto Saviano: Eine Autor-Figur zwischen Literatur und neuen Medien. In: Kreknin, Innokentij/Marquardt, Chantal (Hg.): Das digitalisierte Subjekt. Grenzbereiche zwischen Fiktion und Alltagswirklichkeit. Sonderausgabe #1 von Textpraxis. Digitales Journal für Philologie 2 (2016). S. 181–201.

Hofmannsthal, Hugo von: Buch der Freunde. Tagebuch-Aufzeichnungen. Wiesbaden: Insel 1949.

Hofmannsthal, Hugo von: Der Dichter und diese Zeit. In: Heumann, Konrad/Ritter, Ellen (Hg.): Reden und Aufsätze 2. Sämtliche Werke. Frankfurt am Main: S. Fischer 2009. S. 127–148.

Höller, Herwig (2010): Letzte Hoffnung: Getriebeschaden. In: Falter (07.07.2010). URL: https://www.falter.at/zeitung/20100707/letzte-hoffnung-getriebeschaden/1547350134 [01.07.2023].

Holm, Isak Winkel: The Cultural Analysis of Disaster. In: Meiner, Carsten/Veel, Kristin (Hg.): The Cultural Life of Catastrophes and Crises. Berlin/Boston: De Gruyter 2012.

Homschak, Claus (R)/Jelinek, Elfriede (DB): Ramsau am Dachstein. Österreich: ORF 1976.

Hooper, John: Silvio Berlusconi wants G8 to be in earthquake-stricken city of L'Aquila. In: The Guardian (23.04.2009). URL: https://www.theguardian.com/world/2009/apr/24/silvio-berlusconi-g8-laquila [16.07.2023].

Hoppe, Katharina/Lemke, Thomas (Hg.): Neue Materialismen zur Einführung. Hamburg: Junius 2021.

Horn, Eva: The Future As Catastrophe. Imagining Disaster in the Modern Age. New York: Columbia University Press 2018.

Hu, Charles/Suettinger, Robert Lee/Hu, Yueh-Gin Gung: Sichuan. In: Encyclopædia Britannica (02.11.2021). URL: http://academic.eb.com/levels/collegiate/article/117341 [21.01.2022].

I

IAEA: INES. The International Nuclear and Radiological Event Scale User's Manual. 2008 Edition. Wien: International Atomic Energy Agency 2013. URL: https://www-pub.iaea.org/MTCD/Publications/PDF/INES2013web.pdf [01.07.2023]

Iovino, Serenella: Ecocriticism and Italy: Ecology, Resistance, and Liberation. London/New York: Bloomsbury Publishing 2016.

Iser, Wolfgang: Auktorialität. Die Nullstelle des Diskurses. In: Städtke, Klaus/Kray, Ralph (Hg.): Spielräume des auktorialen Diskurses. Berlin: Akademie 2003. S. 219–241.

Iser, Wolfgang: Emergenz. Ein Essay. In: Schmitz, Alexander (Hg.): Wolfgang Iser. Emergenz. Nachgelassene und verstreut publizierte Essays. Konstanz: Konstanz University Press 2013. S. 19–150.

Ivanovic, Christine: Bewegliche Katastrophe, stagnierende Bilder – Mediale Verschiebungen in Kathrin Rögglas „really ground zero". In: Kultur & Gespenster. Unter Vier Augen 2 (2006). S. 108–117.

Ivanovic, Christine: Exophonie und Kulturanalyse. Tawadas Transformationen Benjamins. In: Ivanovic, Christine (Hg.): Yoko Tawada. Poetik der Transformation. Beiträge zum Gesamtwerk. Tübingen: Stauffenburg 2010. S. 171–206.

Ivanovic, Christine: Jenseits des Vergleichs. Bilderschrift als kulturkritisches Verfahren. Zur Buchästhetik von Yoko Tawadas deutschen Büchern. In: Hölter, Achim (Hg.): Comparative Arts. Neue Ansätze zu einer universellen Ästhetik. Beiträge zur XIV. Tagung der Deutschen

Gesellschaft für Allgemeine und Vergleichende Literaturwissenschaft. Heidelberg: Synchron 2011. S. 153–163.
Ivanovic, Christine: „Surface Reading" – Ein ‚weniger begangener' Weg der Celan-Philologie. In: Celan-Jahrbuch 11 (2020a). S. 79–119.
Ivanovic, Christine: Um-wege. Wege, um ... Übersetzen und Mehrsprachigkeit in Peter Waterhouse' (Krieg und Welt). In: Darstellung als Umweg. Essays und Materialien zu (Krieg und Welt) von Peter Waterhouse. Münster: LIT 2020b. S. 27–43.
Iwata-Weickgenannt, Kristina/Geilhorn, Barbara: Negotiating nuclear disaster. An introduction. In: Geilhorn, Barbara/Iwata-Weickgenannt, Kristina (Hg.): Fukushima and the Arts. Negotiating nuclear disaster. London: Routledge 2016. S. 1–20.

J

James, William: On Some Mental Effects of the Earthquake. In: The Youth's Companion (07.06.1906). S. 283. URL: https://ia802300.us.archive.org/4/items/sim_youths-companion_1906-06-07_80_23/sim_youths-companion_1906-06-07_80_23.pdf [01.07.2023].
Japanisch Deutsches Zentrum Berlin: Out of Sight. Gedichte – Fotografien. In: photography-now (2014). URL: https://photography-now.com/exhibition/97394 [15.04.2022].
Jelinek, Elfriede: Bambiland. In: Elfriede Jelinek Homepage (02.04.2003). URL: https://www.elfriedejelinek.com/fbambi.html [11.07.2023].
Jelinek, Elfriede: Kein Licht. In: Elfriede Jelinek Homepage (21.12.2011). URL: https://www.elfriedejelinek.com/fklicht.html [15.09.2021].
Junkerjürgen, Ralf: Haarfarben. Eine Kulturgeschichte in Europa seit der Antike. Köln/Weimar/Wien: Böhlau 2009.

K

Kalmbach, Karena: From Chernobyl to Fukushima: The Impact of the Accidents on the French Nuclear Discourse. In: Bohn, Thomas et al. (Hg.): The Impact of Disaster: Social and Cultural Approaches to Fukushima and Chernobyl. Berlin: EB 2015. S. 67–95.
Kant, Immanuel: Kritik der Urteilskraft. 5. Auflage. Leipzig: F. Meiner 1922.
Kappeler, Florian: Die Haitianische Revolution: Ein Paradigma der Aufklärung? Geschichte eines Erzählkomplexes des späten 18. und frühen 19. Jahrhunderts. In: Das Achtzehnte Jahrhundert 40/2 (2016). S. 202–210.
Kilbourn, Russell: The Cinema of Paolo Sorrentino. Commitment to Style. New York: Wallflower Press 2020.
Kittler, Friedrich: Discourse Networks. 1800 /1900. Übersetzt von Michael Metteer. Stanford: Stanford University Press 1990.
Kittler, Friedrich: Aufschreibesysteme 1800/1900. 3. Auflage. München: Wilhelm Fink 1995.
Klayman, Alison (R, DB) / Oppenheim, Jonathan (DB): Ai Weiwei. Never Sorry. USA: United Expressions Media, MUSE Film and Television 2012.
Kleist, Heinrich von: Das Erdbeben in Chili. In: Von Kleist. Novellen. Dortmund: Die große Erzähler-Bibliothek der Weltliteratur 1984. S. 129–142.

Koberg, Roland: Vielgeliebtes Österreich. Über Elfriede Jelineks provokanten Dokumentarfilm Ramsau am Dachstein (ORF, 1976). In: Kastberger, Klaus/Maurer, Stefan (Hg.): Heimat und Horror bei Elfriede Jelinek. Wien: Sonderzahl 2019. S. 37–49.

Koch, Lars: Constellations of Primal Fear in Josef Haslinger's Phi Phi Island. In: Gerstenberger, Katharina/Nusser, Tanja (Hg.): Catastrophe and Catharsis: Perspectives on Disaster and Redemption in German Culture and Beyond. Rochester/New York: Camden House 2015. S. 138–154.

Kocher, Ursula: Vom Nutzen der Hybridedition. Überlegungen zu einer Editionsform mit besonderen Anforderungen. In: editio 33/1 (2019). S. 82–93.

Kocher, Ursula: Der Link als Kommentar. Verweisstrukturen und ihre editorischen Herausforderungen. In: Lukas, Wolfgang/Richter, Elke (Hg.): Annotieren, Kommentieren, Erläutern: Aspekte des Medienwandels. Berlin/Boston: De Gruyter 2020. S. 113–125.

Kōdansha (Hg.): Soredemo sangatsu wa mata それでも三月は, また. Tokyo: Kōdansha 2012.

Konkursbuch Verlag Claudia Gehrke: 2014/15. Gesamtverzeichnis. In: Konkursbuch Verlag Claudia Gehrke (2014). URL: https://doczz.net/doc/6069971/konkursbuch-verlag-claudia-gehrke [15.04.2022].

Koschorke, Albrecht: Das buchstabierte Panorama. Zu einer Passage in Stifters Erzählung „Granit". In: Vierteljahresschrift des Adalbert-Stifter-Instituts des Landes Oberösterreich 38/1/2 (1989). S. 3–13.

Koselleck, Reinhart: Vergangene Zukunft. Zur Semantik geschichtlicher Zeiten. Frankfurt am Main: Suhrkamp 1989.

Koselleck, Reinhart: Kriegerdenkmale als Identitätsstiftungen der Überlebenden. In: Marquard, Odo/ Stierle, Karlheinz (Hg.): Identität. Poetik und Hermeneutik. 2. Auflage. München: Wilhelm Fink 1996. S. 255–276.

Kowata, Yoko et al.: The Great East Japan Earthquake in Overseas Media: Survey of Eight News Programs in Seven Countries. Tokyo: NHK Broadcasting Culture Research Institute Media Research & Studies 2012. URL: http://www.nhk.or.jp/bunken/english/reports/pdf/report_12090101-2.pdf [01.07.2023].

Krämer, Sybille: Medium, Bote, Übertragung. Kleine Metaphysik der Medialität. Frankfurt am Main: Suhrkamp 2008.

Krämer, Sybille: Epistemologie der Medialität: Eine medienphilosophische Reflexion. In: Deutsche Zeitschrift für Philosophie 67/5 (2019). S. 833–850.

Kraus, Werner: Die Zeichen lesend. Islamische Interpretationen und Reaktionen auf den Tsunami in Aceh. In: Internationales Asienforum 37/3–4 (2006). S. 239–263.

Kraus, Karl: Das Erdbeben. In: Textlog. Historische Texte und Wörterbücher (23.01.2007). URL: https://www.textlog.de/36379.html [15.02.2023].

Kuhn, Axel: Die Französische Revolution. Mit 15 Abbildungen und 2 Karten. Ditzingen: Reclam 2012.

L

La Biennale di Venezia: Cancellation of the gala dinner for the opening ceremony of the 73rd Venice International Film Festival. In: La Biennale di Venezia (25.08.2016). URL: https://web.archive.org/web/20160828102332/http://www.labiennale.org/en/cinema/news/28-05-cancellation.html [07.02.2023].

La Repubblica: Berlusconi e Merkel a Onna „Un borgo colpito dalla Germania". In: La Repubblica (08.07.2009). URL: https://www.repubblica.it/2009/07/sezioni/esteri/g8-vertice4/g8-vertice4/g8-vertice4.html [15.05.2022].

Laferrière,Dany: Tout bouge autour de moi. Chronique. Montréal: Mémoire d'encrier 2010.

Lahens, Yanick: Gomorra à la haïtienne. In: Libération (21.12.2008). S. 31.

Lahens, Yanick: Failles. Récit. Paris: Sabine Wespieser 2010a.

Lahens, Yanick: «Haïti ou la santé du malheur». In: Libération (19.01.2010b). URL: https://www.liberation.fr/planete/2010/01/19/haiti-ou-la-sante-du-malheur_605105/ [24.04.2021].

Lahens, Yanick (2011): Und plötzlich tut sich der Boden auf. Ein Journal. Übersetzt von Jutta Himmelreich. Zürich: Rotpunktverlag.

Lahens, Yanick: Guillaume et Nathalie. Roman. Paris: Sabine Wespieser 2013.

Lamp, Christian/Schadewald, Annika: Materialität. In: Durdel, Patrick et al. (Hg.): Literaturtheorie nach 2001. Berlin: Matthes & Seitz 2020. S. 74–81.

Lauer, Gerhard/Unger, Thorsten (Hg.): Das Erdbeben von Lissabon und der Katastrophendiskurs im 18. Jahrhundert. Göttingen: Wallstein 2008a.

Lauer, Gerhard/Unger, Thorsten: Angesichts der Katastrophe. Das Erdbeben von Lissabon und der Katastrophendiskurs im 18. Jahrhundert. In: Lauer, Gerhard/Unger, Thorsten (Hg.): Das Erdbeben von Lissabon und der Katastrophendiskurs im 18. Jahrhundert. Göttingen: Wallstein 2008b. S. 13–46.

Lauer, Gerhard: Wie die Moderne die Katastrophe zu denken lernte. In: Reder, Michael/Risse, Verena/Cojocaru, Mara-Daria (Hg.): Katastrophen – Perspektiven. Stuttgart: Kohlhammer 2017. S. 13–26.

Le Bec en l'air: About. In: Le Bec en l'air (2019). URL: https://www.becair.com/about/ [15.04.2022].

Le Bec en l'air: Out of sight, de Delphine Parodi et Yoko Tawada. In: Vimeo (27.05.2020). URL: https://vimeo.com/423060924 [15.04.2022].

Le Bris, Michel: Pour une littérature-monde en français. In: Le Bris, Michel/Rouaud, Jean (Hg.): Pour une littérature-monde. Paris: Gallimard 2007. S. 23–53.

Le Monde: Titelseite. In: Le Monde 23691 (10.03.2021).

Leak, Andrew: A Vain Fascination. Writing from and about Haiti after the Earthquake. In: Bulletin of Latin American Research 32/4 (2013). S. 394–406.

Leerssen, Joep: Imagology: On using ethnicity to make sense of the world. In: Iberic@l, Revue d'études ibériques et ibéro-américaines 10 (2016). S. 13–31.

Lehnstaedt, Stephen: Der Kern des Holocaust: Bełżec, Sobibór, Treblinka und die Aktion Reinhardt. München: C.H. Beck 2017.

Lessig, Lawrence: Remix. Making Art and Commerce Thrive in the Hybrid Economy. London: Bloomsbury Academic 2008.

Levisalles, Natalie (Hg.): Lignes de failles. In: Libération 8922. Spécial Haïti (19.10.2010a).

Levisalles, Natalie: Une île d'écrivains. In: Levisalles, Natalie (Hg.): Libération. Spécial Haïti (19.01.2010b), S. II.

Lévi-Strauss, Claude: Die andere Seite des Mondes. Schriften über Japan. Übersetzt von Eva Moldenhauer. Berlin: Suhrkamp 2012.

London, Jack: The Story of an Eye-Witness. In: Collier's (05.05.1906). S. 22–23.

Losson, Christian et al.: «Les bidonvilles ont chuté comme des châteaux de cartes». In: Libération (14.01.2010). URL: https://www.liberation.fr/planete/2010/01/14/les-bidonvilles-ont-chute-comme-des-chateaux-de-cartes_604336 [01.07.2023].

Lotan, Gilad et al.: The Arab Spring. The Revolutions Were Tweeted. Information Flows during the 2011 Tunisian and Egyptian Revolutions. In: International Journal of Communication 5 (2011). S. 1375–1405.

Loth, Laura: (Re)Reading the Ruins: Yanick Lahens's Post-Earthquake Narrative Revisions. In: Women in French Studies 23/1 (2015). S. 125–142.

Lovell-Smith, Rebecca: Christchurch Sure To Rise. Siebdruck (Papier, 497 mm x 696 mm). Museum of New Zealand 2011.

Luke, Elmer/Karashima, David: Introduction. In: Luke, Elmer/Karashima, David (Hg.): March was Made of Yarn. London: Harvill Secker 2012a. S. 15–19.

Luke, Elmer/Karashima, David (Hg.): March was made of yarn. Writers respond to Japan's earthquake, tsunami and nuclear meltdown. London: Secker 2012b.

Lüsebrink, Hans-Jürgen: Der Kulturtransferansatz. In: Solte-Gresser, Christiane/Lüsebrink, Hans-Jürgen/Schmeling, Manfred (Hg.): Zwischen Transfer und Vergleich. Theorien und Methoden der Literatur- und Kulturbeziehungen aus deutsch-französischer Perspektive. Stuttgart: Franz Steiner 2014. S. 37–50.

Lüsebrink, Hans-Jürgen: Kulturtransfer. In: Lüsebrink, Hans-Jürgen (Hg.): Interkulturelle Kommunikation. Interaktion, Fremdwahrnehmung, Kulturtransfer. 4. Auflage. Stuttgart: J.B. Metzler 2016. S. 143–188.

Lüsebrink, Hans-Jürgen: De la théorie de la réception littéraire à l'étude des transferts culturels. Rupture et continuités. In: Fischer, Carolin/Nickel, Beatrice/Wehinger, Brunhilde (Hg.): Rezeption und Kulturtransfer. Zur Interaktion literarischer Vermittlungsprozesse. Réception et transferts culturels. Interactions entre deux procédés de médiation littéraire. Konzepte der Rezeption 3. Tübingen: Stauffenburg 2021. S. 17–30.

M

Manganelli, Giorgio: Pinocchio. Un libro parallelo. Turin: Enaudi 1982.

Manzoni, Alessandro: I Promessi Sposi. Storia Milanese Del Secolo XVII. Mailand: Editore Ulrico Hoepli 1958.

Margesson, Rhoda/Taft-Morales, Maureen: Haiti Earthquake. Crisis and Response. In: Donlon, Rachael A. (Hg.): Haiti. Earthquake and Response. New York: Nova Science Publishers 2012. S. 1–67.

Mariani, Annachiara: Viral (per)versions of power in Paolo Sorrentino's diptych Loro. In: Modern Italy. Journal of the Association for the Study of Modern Italy 25/3 (2020). S. 299–315.

Marini-Maio, Nicoletta: A Very Seductive Body Politic. Silvio Berlusconi in the Cinema. Mailand: Mimesis International 2015.

Marini-Maio, Nicoletta: 'È solo l'alito di un vecchio': Obscenity, Exchange Regimes, and the Catastrophe of Aging in Loro 1. In: Mariani, Annachiara (Hg.): Paolo Sorrentinos Cinema and Television. Bristol: Intellect Books 2021. S. 179–205.

Márquez, Gabriel García: El amor en los tiempos del cólera. Madrid: Mondadori España 1987.

McCormick, Robert: Ballade d'un amour inachevé. In: World Literature Today 87/6 (2013). S. 61–62.

McGrath, Laura B: Literary Agency. In: American Literary History 33/2 (2021). S. 350–370. https://doi.org/10.1093/alh/ajab005.

McSaveney, Eileen: Historic earthquakes – The 2010 Canterbury (Darfield) earthquake. In: Te Ara (2017a). URL: http://www.TeAra.govt.nz/en/historic-earthquakes/page-12 [10.03.2023].

McSaveney, Eileen: Historic earthquakes – The 2011 Christchurch earthquake. In: Te Ara (2017b). URL: https://teara.govt.nz/en/historic-earthquakes/page-13 [05.07.2022].

McSaveney, Eileen: Historic earthquakes – Earthquakes in Māori tradition. In.: Te Ara (2017c). URL: https://teara.govt.nz/en/historic-earthquakes/page-1 [04.05.2022].

Meis, Mareike: Die Ästhetisierung und Politisierung des Todes. Handyvideos von Gewalt und Tod im Syrienkonflikt. Bielefeld: transcript 2021.

Meyer, Lily: The Literature of the Pandemic Is Already Here. In: The Atlantic (22.07.2020). URL: https://www.theatlantic.com/culture/archive/2020/07/zadie-smith-decameron-project-pandemic-literature/614458/ [20.09.2022].

Middell, Matthias: Kulturtransfer, Transferts culturels, Version: 1.0. In: Docupedia-Zeitgeschichte (28.01.2016). doi.org/10.14765/zzf.dok.2.702.v1.

Middell, Matthias/Dietze, Antje: Methods in transregional studies. Intercultural transfers. In: Middell, Matthias (Hg.): The Routledge Handbook of Transregional Studies. London: Routledge 2019. S. 58–66.

Mika, Kasia: Disasters, Vulnerability, and Narratives: Writing Haiti's Futures. London: Routledge 2018.

MoMA: Vincent van Gogh. The Starry Night. In: MoMA (2019). URL: https://www.moma.org/collection/works/79802 [05.07.2022].

Moravia, Alberto: Ho visto morire il sud. In: L'Espresso (07.12.1980), S. 4–11.

Moser, Walter: Cultural Transfer and Its Complexities. A Study on Transnational and Transhistorical Mobilities of the Baroque. In: Jørgensen, Steen Bille/Lüsebrink, Hans-Jürgen (Hg.): Cultural Transfer Reconsidered. Transnational Perspectives, Translation Processes, Scandinavian and Postcolonial Challenges. Leiden/Bosten: Brill Rodopi 2021. S. 167–197.

Most, Jeroen van der (2011): Tweet Cathedral. Digitalisat (born digital). Museum of New Zealand 2011. URL: https://collections.tepapa.govt.nz/object/1224638#open-iiifViewer [14.07.2023].

Münker, Stefan: Emergenz digitaler Öffentlichkeit. Frankfurt am Main: Suhrkamp 2009.

Museum of New Zealand: Canterbury Earthquake Collection. In: Museum of New Zealand. Te Papa Tongarewa (2011). URL: https://collections.tepapa.govt.nz/topic/3565 [04.05.2022].

N

Nancy, Jean-Luc: Äquivalenz der Katastrophen (Nach Fukushima). Übersetzt von Thomas Laugstien. Zürich/Berlin: diaphanes 2013.

New Zealand Police: List of deceased. In: New Zealand Police (09.02.2012). URL: https://www.police.govt.nz/news/major-events/previous-major-events/christchurch-earthquake/list-deceased [03.05.2022].

Niggemeier, Stefan: Problemformat Nachrichtenticker. Live dabei, wenn nichts passiert. In: FAZ (24.03.2014). URL: https://www.faz.net/aktuell/feuilleton/medien/stefan-niggemeier-ueber-live-ticker-12859289.html?printPagedArticle=true#pageIndex_2 [31.08.2021].

O

Obermayr, Gerrit Edda: Ai Weiwei. Ein chinesischer Künstler der Gegenwart. Graz: Universität Graz 2014.

Oellers, Norbert: Das Erdbeben in Chili. In: Hinderer, Walter (Hg.): Kleists Erzählungen. Stuttgart: Reclam 1998. S. 85–110.

P

Pailer, Gaby: Seismische Erschütterungen und female empowerment. Erdbeben-Narrative und Gender vom 18. bis zum frühen 20. Jahrhundert. In: Zeitschrift für Germanistik 66/3 (2019). S. 553–572.

Pamuk, Orhan: Fünfundvierzig Sekunden. In: Frankfurter Allgemeine Zeitung (25.08.1999). S. 43.

Pamuk, Orhan: Wer lacht, der hört das Beben nicht. Wie man sich in Istanbul auf die nächste Katastrophe einrichtet. In: Frankfurter Allgemeine Zeitung (12.02.2000). S. I.

Pamuk, Orhan: A Girl Trapped Under Fallen Concrete. A Man Unsure of What to Do. In: The New York Times (11.02.2023). URL: https://www.nytimes.com/2023/02/11/opinion/turkey-earthquake-orhan-pamuk.html [30.06.2023].

Pamuk, Orhan: Schaut hin. In: Süddeutsche.de (15.02.2023). URL: https://www.sueddeutsche.de/kultur/orhan-pamuk-erdbeben-tuerkei-hinschauen-gastbeitrag-1.5751228 [05.04.2023].

Paolucci, Francesco: Crepati dentro „Voci per uscire dal silenzio". In: YouTube (17.11.2010). https://www.youtube.com/watch?v=jaZAmZs0BMI [06.07.2023].

Parikka, Jussi: A Geology of Media. Minneapolis/London: University of Minnesota Press 2015.

Parisse, Giustino/Scimia, Aldo: Indagine su un massacro. La strage nazista di Onna con le foto inedite dell'eccidio. L'Aquila: Centro Stampa Graphitype 2010.

Parodi, Delphine: Out of sight, by Delphine Parodi & Yoko Tawada. In: KissKissBankBank (07.08.2020). URL: https://www.kisskissbankbank.com/en/projects/delphine-parodi-yoko-tawada-out-of-sight [15.04.2022].

Parr, Rolf: Diskurs. In: Reinhardt-Becker et al. (Hg.): Foucault-Handbuch: Leben – Werk – Wirkung. Stuttgart/Weimar: J. B. Metzler 2014. S. 233–237.

Peck, Raoul (R, DB)/ Bonitzer, Pascal (DB)/Trouillot, Lyonel (DB): Meurtre à Pacot. Haiti, Frankreich: Velvet Film/ARTE/Ape&Bjørn 2014.

Penke, Niels/Schaffrick, Matthias: Populäre Kulturen zur Einführung. Hamburg: Junius 2018.

Pezzotti, Barbara: Serial killers in the antipodes. The case of Carlo Lucarelli and Paul Cleave. In: Italian Studies in Southern Africa/Studi d'Italianistica nell'Africa Australe 24/1 (2011).

Pfeifer, Wolfgang et al.: „Seismograph". In: Etymologisches Wörterbuch des Deutschen, digitalisierte und von Wolfgang Pfeifer überarbeitete Version im Digitalen Wörterbuch der deutschen Sprache (1993a). URL: https://www.dwds.de/wb/etymwb/Seismograph [20.12.2022].

Pfeifer, Wolfgang et al.: „-graph". In: Etymologisches Wörterbuch des Deutschen, digitalisierte und von Wolfgang Pfeifer überarbeitete Version im Digitalen Wörterbuch der deutschen Sprache (1993b). URL: https://www.dwds.de/wb/etymwb/-graph [20.12.2022].

Pfeifer, Wolfgang et al.: „Katastrophe". In: Etymologisches Wörterbuch des Deutschen, digitalisierte und von Wolfgang Pfeifer überarbeitete Version im Digitalen Wörterbuch der deutschen Sprache (1993c). URL: https://www.dwds.de/wb/Katastrophe [20.12.2022].

Platelle, Fanny et al. (Hg.): Catastrophes, menaces et risque naturels. Natur und Umwelt: Risiken, Gefahren und Katastrophen. Münster: Nodus 2023.

Pletcher, Kenneth/Rafferty, John: Sichuan earthquake of 2008. In: Encyclopedia Britannica. URL: https://www.britannica.com/event/Sichuan-earthquake-of-2008 [03.01.2022].

Prophète, Emmelie: Impasse dignité. Montréal: Mémoire d'encrier 2012.

Q

Quentin, Corinne/Sakai, Cécile (Hg.): L'archipel des séismes. Ecrits du Japon après le 11 mars 2011. Arles: Éditions Philippe Picquier 2012.

R

Rabelais, François: Le Quart livre des faits et dits héroïques du bon Pantagruel. In: Wikisource (28.03.2017). URL: https://fr.wikisource.org/wiki/Le_Quart_Livre/Texte_entier [25.07.2023].

Rajewsky, Irina: Transmedial Passages. Remarks on the Heuristic Potential of a Transmedial Research Perspective in the Wider Field of Comparative Literature. In: Between 8/16 (2018).

Ramondino, Fabrizia: Terremoto con madre e figlia. Genua: Il Melangolo 1994.

Reckwitz, Andreas: Die Erfindung der Kreativität. Zum Prozess gesellschaftlicher Ästhetisierung. 7. Auflage. Berlin: Suhrkamp 2021.

Redaktion Der Standard: Auch Prominente kritisieren: „Von den österreichischen Behörden kam wenig Hilfe". In: Der Standard (02.01.2005). URL: https://www.derstandard.at/story/1904691/auch-prominente-kritisieren-von-den-oesterreichischen-behoerden-kam-wenig-hilfe [02.01.2023].

regionale10: Ai Weiwei: Hoher Dachstein. In: YouTube (15.07.2010a) https://www.youtube.com/watch?v=mQ9jPz3h7m8 [09.07.2023].

regionale10: „Hoher Dachstein": Ai Weiweis Antworten im „öffentlichen" Interview. In: Regionale 10. Beiheft (2010b).

Regnier, Anatol: Jeder schreibt für sich allein. Schriftsteller im Nationalsozialismus. München: C.H. Beck 2020.

Richter, Petra: Ein Erdbeben in den Köpfen der Menschen. In: Palinsesti 1/2 (2011). S. 12–23.

Richter, Petra: Joseph Beuys. Ein Erdbeben in den Köpfen der Menschen. Neapel Rom 1971–1985. Düsseldorf: Richter 2017.

Rigby, Kate: Dancing with Disaster. Environmental Histories, Narratives, and Ethics for Perilous Times. Charlottesville/London: University of Virginia Press 2015.

Rinderknecht, Christine: "Der sechsundzwanzigste Dezember zweitausendundvier: Naturkatastrophen in der Literatur". In: German Cultural News. Cornell Institute for German Cultural Studies 17/2 (2008). S. 16–26.

Robinson, Andrew: Earth-Shattering Events. Earthquakes, Nations, and Civilization. Illustrated Edition. New York: Thames & Hudson 2016.

Röggla, Kathrin: really ground zero. 11. september und folgendes. Frankfurt am Main: S. Fischer 2001.

Röggla, Kathrin: besser wäre: keine. Essays und Theater. Frankfurt am Main: S. Fischer 2013.

Ruf, Oliver/Winter, Christoph H. (Hg.): Was sind Small Critics? Perspektiven eines Phänomens medialer Gegenwart. In: Small Critics. Zum transmedialen Feuilleton der Gegenwart. Würzburg: Königshausen & Neumann 2022. S. 11–17.

Rushdie, Salman: The Ground Beneath Her Feet. London: Vintage 2000.

S

Sabine Wespieser éditeur: Guillaume et Nathalie. In: Swéditeur. Maison d'édition littéraire (2023). URL: https://www.sweditteur.com/titre/guillaume-et-nathalie/ [16.02.2023].
Said, Edward: Orientalism. New York: Vintage 1979.
Sargnagel, Stefanie: Binge Living. Callcenter-Monologe. Wien: redelsteiner dahimène edition 2013.
Saviano, Roberto: Gomorra. Viaggio nell'impero economico e nel sogno di dominio della camorra. Mailand: Mondadori 2007.
Saviano, Roberto: La ricostruzione a rischio clan ecco il partito del terremoto. In: La Repubblica (14.04.2009a). URL: https://www.repubblica.it/2009/04/sezioni/cronaca/sisma-aquila-5/saviano/saviano.html [01.07.2023].
Saviano, Roberto: Goldgrube für die Mafia. In: Frankfurter Rundschau (17.04.2009b). URL: https://www.fr.de/kultur/goldgrube-mafia-11512396.html [30.06.2023].
Saviano, Roberto: Rien n'arrête la Mafia, pas même les séismes. In: Courrier international (21.04.2009c). URL: https://www.courrierinternational.com/article/2009/04/17/rien-n-arrete-la-mafia-pas-meme-les-seismes [30.06.2023].
Saviano, Roberto: Saviano, La ricostruzione a rischio clan. In: Facebook (15.04.2009d). URL: https://www.facebook.com/notes/372627720609725/ [03.01.2019].
Saviano, Roberto: Die Schönheit und die Hölle. Artikel 2004–2009. Berlin: Suhrkamp 2010a.
Saviano, Roberto: Il terremoto a L'Aquila. In: Facebook (29.11.2010b). URL: https://www.facebook.com/permalink.php?story_fbid=153245954722290&id=17858286863 [18.05.2022].
Saviano, Roberto: Vieni via con me. Mailand: Feltrinelli 2011a.
Saviano, Roberto: La bellezza e l'inferno. 2. Auflage. Mailand: Mondadori 2011b.
Saviano, Roberto: Le combat continue. Résister à la mafia et à la corruption. Übersetzt von Marguerite Pozzoli. Paris: Robert Laffont 2012.
Saviano, Roberto: Der Kampf geht weiter. Widerstand gegen Mafia und Korruption. Übersetzt von Friederike Hausmann und Rita Seuß. München: dtv 2013.
Saviano, Roberto: My Italians. True Stories of Crime and Courage. Übersetzt von Anne Milano Appel. London: Penguin 2016.
Schalansky, Judith: Schwankende Kanarien. In: Wortmeldungen (2023). URL: https://www.wortmeldungen.org/literaturpreis/lp23-judith-schalansky [05.05.2023].
Schmitz, Alexander (Hg.): Wolfgang Iser. Emergenz. Nachgelassene und verstreut publizierte Essays. Konstanz: Konstanz University Press 2013.
Schneider, Sabine: Bildlöschung. Stifters Schneelandschaften und Aporien des realistischen Erzählens. In: Lüthi, Ariane/Previsic, Boris/Villiger, Christian (Hg.): Variations. Zürich: Peter Lang 2008. S. 175–188.
Schnibben, Cordt (Hg.): Tsunami. Geschichte eines Weltbebens. München: Deutsche Verlags-Anstalt 2005.
Scholl, Sabine: Über- und Untertreiben. In: Draschan, Jürgen/Vögel, Bertlinde (Hg.): Nachbeben Japan. 12 Standpunkte. Wien: Luftschacht 2012. S. 125–130.
Schuh, Franz: Über Literatur am Rande. Ein „statement" zum Thema: „Die marginalisierte Literatur in einer nicht-literarischen Öffentlichkeit". In: Aspetsberger, Friedbert/Lengauer, Herbert/Schwendter, Rolf (Hg.): Marginalisierung. Die Literatur und die neuen Medien. Wien: Österreichischer Bundesverlag 1990. S. 5–12.

Schwärzler, Dietmar/Szely, Sylvia: Ramsau am Dachstein (aus der ORF-Reihe: „Vielgeliebtes Österreich“, Folge 5). In: Diagonale (2021). URL: https://www.diagonale.at/filmarchiv/?fid=10782 [30.06.2023].
Schwieren, Alexander: Zwischen Demenz und Korrespondenz: Friederike Mayröckers diaristisches Schreiben in „Paloma“. In: Zeitschrift für Germanistik 25/3 (2015). S. 536–550.
Seifert, Nicole: Frauenliteratur. Abgewertet, vergessen, wiederentdeckt. Köln: Kiepenheuer & Witsch 2021.
Shafak, Elif: Devastating, utterly terrifying news of a 7.8 magnitude earthquake in Turkey. In: Twitter (06.02.2023). URL: https://twitter.com/Elif_Safak/status/1622524658040901634 [08.08.2023].
Shafak, Elif: Erdoğan, the earthquake and the failings in my homeland. In: Financial Times (04.03.2023b). URL: https://www.ft.com/content/b068a94c-91e2-4e89-8e00-627083dabfe3 [30.06.2023].
Shafak, Elif: After the terrifying earthquakes, it's women and girls in Turkey feeling the aftershocks. In: The Guardian (08.03.2023c). URL: https://www.theguardian.com/commentisfree/2023/mar/08/earthquakes-women-girls-turkey-abuse-misogynist-society [18.07.2023].
Shapiro, Judith: Mao's War against Nature. Politics and the Environment in Revolutionary China. Cambridge: Cambridge University Press 2001.
Siemons, Mark: China als Readymade. Über das System Ai Weiwei. In: Haus der Kunst (Hg.): Ai Weiwei: So Sorry. München et al.: Prestel 2009. S. 30–34.
Sixdorf, Nicole: Von der verstrahlten Unsterblichkeit – Japan nach Fukushima in Tawada Yôkos Kurzgeschichte Fushi no Shima. In: Gebhardt, Lisette/Richter, Steffi (Hg.): Lesebuch „Fukushima“. Übersetzungen, Kommentare,Essays. Berlin: EB 2013. S. 176–196.
Sontag, Susan: The Pornographic Imagination. In: Styles of Radical Will. New York: Farrar, Straus and Giroux 1969. S. 35–73.
Sorace, Christian: Shaken Authority. China's Communist Party and the 2008 Sichuan earthquake. New York: Cornell University Press 2017.
Sorrentino, Paolo: L'occhio del regista tra le macerie. Quel crocifisso appeso a un albero. In: La Repubblica (08.04.2009a). S. 13.
Sorrentino, Paolo: L'assegnazione delle tende. In: La Repubblica (08.04.2009b). URL: https://video.repubblica.it/dossier/registi-macerie/l-assegnazione-delle-tende/31530/32005?video [24.04.2021].
Sorrentino, Paolo/Contarello, Umberto: Loro. Mailand: Feltrinelli 2018.
Sorrentino, Paolo (R, DB) / Contarello, Umberto (DB): Loro. Die Verführten. Italien, Frankreich: Indigo Film, Pathé, France 2 Cinéma 2018.
Stifter, Adalbert: Granit. In: Geiger, Hannsludwig (Hg.): Adalbert Stifter. Sämtliche Werke 2. Berlin/Darmstadt/Wien: Deutsche Buch-Gemeinschaft 1959. S. 17–48.
Stifter, Adalbert: Aus dem bayrischen Walde. 1867. In: Steffen, Konrad (Hg.): Adalbert Stifter. Gesammelte Werke in vierzehn Bänden 14. Basel: Birkhäuser 1972. S. 71–102.
Strafella, Giorgio/Berg, Daria: "Twitter Bodhisattva": Ai Weiwei's Media Politics. In: Asian Studies Review 39/1 (2015). S. 138–157.
Strasser, Alfred: Josef Haslinger: Phi Phi Island – Bericht einer Katastrophe. In: Platelle, Fanny et al. (Hg.): Catastrophes, menaces et risque naturels. Natur und Umwelt: Risiken, Gefahren und Katastrophen. Münster: Nodus 2023. S. 295–304.
Straub, Dominik: Besuch der Kanzlerin als starkes Symbol. In: Der Tagesspiegel Online (07.07.2009). URL: https://www.tagesspiegel.de/politik/italien-besuch-der-kanzlerin-als-starkes-symbol/1551892.html [07.03.2022].

SWR2: Nach Fukushima: Merkel läutet Atomausstieg ein. In: SWR2 (14.03.2011). URL: https://www.swr.de/swr2/wissen/archivradio/nach-fukushima-merkel-laeutet-atomausstieg-ein-2011-100.html [20.12.2021].

T

Tawada, Yoko: Verwandlungen. Tübinger Poetik-Vorlesung. 2. Auflage. Tübingen: Konkursbuch Verlag Claudia Gehrke 2001a.

Tawada, Yoko: Narrateurs sans âmes. Übersetzt von Bernard Banoun. Paris: Éditions Verdier 2001.

Tawada, Yoko: Opium pour Ovide. Notes de chevet sur vingt-deux femmes. Übersetzt von Bernard Banoun. Paris: Éditions Verdier 2002.

Tawada, Yoko: L'œil nu. Roman. Übersetzt von Bernard Banoun. Paris: Éditions Verdier 2005a.

Tawada, Yoko: Le voyage à Bordeaux. Übersetzt von Bernard Banoun. Roman. Paris: Éditions Verdier 2009.

Tawada, Yoko: Train de nuit avec suspects. Roman. Übersetzt von Ryoko Sekiguchi und Bernard Banoun. Paris: Éditions Verdier 2005b.

Tawada, Yoko: Die Ruhe im Sturm. Yoko Tawada über deutsche Sprache. In: Der Tagesspiegel (15.03.2011a). S. 23.

Tawada, Yoko: Die Ruhe im Sturm. Yoko Tawada über deutsche Sprache. In: Tagesspiegel (14.03.2011b). URL: https://www.tagesspiegel.de/kultur/yoko-tawada-ueber-deutsche-sprache-die-ruhe-im-sturm/3950332.html [13.05.2018].

Tawada, Yoko: Die Ruhe im Sturm. Japanische Kultur. In: ZEIT (15.03.2011c). URL: https://www.zeit.de/kultur/2011-03/japan-katastrophe-tawada [19.05.2020].

Tawada, Yoko: Die Stadt existiert im Kopf. In: SonntagsBlick (20.03.2011d). S. 9.

Tawada, Yoko: Erst die Tränen, dann ein Reisbällchen. In: Die Zeit. Christ und Welt (24.03.2011e). S. 4.

Tawada, Yoko: Mein Japan. In: Die Zeit. Christ und Welt (17.03.2011 f). S. 1.

Tawada, Yoko: Tanegashima – Die Europäer landen an. I. Poetikvorlesung. In: Gutjahr, Ortrud (Hg.): Fremde Wasser. Hamburger Gastprofessur für Interkulturelle Poetik. Vorlesungen und wissenschaftliche Beiträge. Tübingen: Konkursbuchverlag 2012a. S. 49–69.

Tawada, Yôko: Franchir la barrière de Shirakawa. In: Quentin, Corinne/Sakai, Cécile (Hg.): L'archipel des séismes : Ecrits du Japon après le 11 mars 2011. Arles: Éditions Philippe Picquier 2012b. S. 225–243.

Tawada, Yoko: The Island of Eternal Life. In: Luke, Elmer/Karashima, David (Hg.): March Was made of Yarn. Übersetzt von Margaret Mitsutani. London: Harvill Secker 2012c. S. 3–11.

Tawada, Yoko: Journal des jours tremblants. Après Fukushima. Übersetzt von Bernard Banoun. Paris: Éditions Verdier 2012d.

Tawada, Yōko (2014): Kentōshi 献灯使. Tōkyō: Kōdansha.

Tawada, Yoko: Tagebuch der bebenden Tage. In: Banoun, Bernard/Ivanovic, Christine (Hg.): Eine Welt der Zeichen. Yoko Tawadas Frankreich als Dritter Raum. Mit dem Tagebuch der bebenden Tage und zwei weiteren Originaltexten von Yoko Tawada. München: Iudicium 2015. S. 281–291.

Tawada, Yoko: Histoire de Knut. Roman. Übersetzt von Bernard Banoun. Paris: Éditions Verdier 2016a.

Tawada, Yoko: akzentfrei. Tübingen: konkursbuch 2016b.

Tawada, Yoko: The Emissary. Übersetzt von Margaret Mitsutani. New York: New Directions 2018a.

Tawada, Yoko: Last Children Of Tokyo. Übersetzt von Margaret Mitsutani. London: Granta 2018b.

Tawada, Yoko (2019): Sendbo-o-te: Roman. Übersetzt von Peter Pörtner. Tübingen: konkursbuch.
Tawada, Yoko: [14]. In: Parodi, Delphine/Tawada, Yoko (Hg.): out of sight. Marseille: Le bec en l'air 2020. S. 46.
Tawada, Yoko: Portrait eines Kreisels. Gedichte und Kurzprosa. Tübingen: Konkursbuch Verlag Claudia Gehrke 2022.
Tawada, Yoko: L'ange transtibétain. Roman. Übersetzt von Bernard Banoun. Paris: Éditions Verdier 2023.
Terkl, Daniel: Seismographien II. Autorinnen und Autoren zur aktuellen politischen Lage. In: Der Hammer. Die Zeitung der Alten Schmiede (02.2019).
Titzmann, Michael: Propositionale Analyse – kulturelles Wissen – Interpretation. In: Krah, Hans/ Titzmann, Michael (Hg.): Medien und Kommunikation. Eine interdisziplinäre Einführung. 3. Auflage. Passau: Karl Stutz 2013. S. 85–112.
Trempler, Jörg: Katastrophen. Ihre Entstehung aus dem Bild. Berlin: Klaus Wagenbach 2013.
Trouillot, Évelyne: Absences sans frontières. Montpellier: Chèvre-feuille étoilée 2013.

U

UNICEF: Sichuan Earthquake. One Year Report. In: UNICEF Office for China (05.2009). URL: https://reliefweb.int/sites/reliefweb.int/files/resources/C172ACE7B8EC51BC852575B3006028C1-Full_Report.pdf [09.01.2022].
UNICEF: Sichuan Earthquake. Two Year Report. In: UNICEF Office for China (05.2010). URL: https://www.unicef.cn/media/10301/file/Sichuan%20Earthquake%20Two%20Year%20Report.pdf [09.01.2022].
UNICEF: Sichuan Earthquake. Three Year Report. In: UNICEF Office for China (05.2011). URL: https://www.unicef.cn/media/10311/file/Sichuan%20Earthquake%20Three%20Year%20Report.pdf [09.01.2022].
USGS: Impact – M 9.1 – 2011 Great Tohoku Earthquake, Japan. In: USGS (o. J.). URL: https://earthquake.usgs.gov/earthquakes/eventpage/official20110311054624120_30/impact [15.07.2022].

V

Vieni Via con Me: Ultima puntata di Vieni via con me. In: Facebook (30.11.2010). URL: https://www.facebook.com/permalink.php?story_fbid=165597770144420&id=130520790338495 [18.05.2022].
Viëtor, Marcel: GAU und Glaube. In: Der Tagesspiegel (15.03.2011). S. 23.
Vivarelli, Nick: Paolo Sorrentino Talks 'Loro,' Berlusconi and Not Getting Into Cannes (EXCLUSIVE). In: Variety (03.05.2018). URL: https://variety.com/2018/film/news/paolo-sorrentino-loro-silvio-berlusconi-cannes-film-festival-1202796644/ [23.02.2022].
Vogel, Isolde: Ideologie des Schaffens. In: KUPFzeitung. Kulturplattform Oberösterreich 177, 2021. S. 11. URL: https://kupf.at/zeitung/177/ideologie-des-schaffens/ [11.07.2023].
Vondung, Klaus: Vom Umgang mit Katastrophen. In: Revue d'Allemagne et des pays de langue allemande 52 (2020). S. 9–15.

W

Wajsbrot, Cécile: Über Katastrophen schreiben. In: Sinn und Form 1 (2013). S. 5–14.

Walsh, John Patrick: The Global Frame of Haiti in Yanick Lahens' Failles. In: Contemporary French and Francophone Studies 19/3 (2015). S. 293–302.

Walsh, John Patrick: From Buchenwald to Port-au-Prince. Becoming Haitian in the Holocaust. Louis-Philippe Dalembert's Avant que les ombres s'effacent. In: French Forum 44/1 (2019). S. 163–178.

Watts, Jonathan: When a Billion Chinese Jump: Voices from the Frontline of Climate Change. New York: Scribner 2010.

Weber, Christoph: Vom Gottesgericht zur verhängnisvollen Natur: Darstellung und Bewältigung von Naturkatastrophen im 18. Jahrhundert. Hamburg: Felix Meiner 2015.

Weinrich, Harald: Literaturgeschichte eines Weltereignisses. Das Erdbeben von Lissabon. In: Literatur für Leser: Essays und Aufsätze zur Literaturwissenschaft. Stuttgart: W. Kohlhammer 1971. S. 64–76.

Weinzierl, Ulrich: „Bitte, bleib bei mir". Der österreichische Schriftsteller Josef Haslinger und seine Familie haben die Flutwelle in Thailand nur knapp überlebt. In: Berliner Morgenpost (08.01.2005). S. 3.

Wellbery, David: Positionen der Literaturwissenschaft. Acht Modellanalysen am Beispiel von Kleists „Das Erdbeben in Chili". München: C.H. Beck 1985.

Wellbery, David: Foreword. In: Kittler, Friedrich (Hg.): Discourse Networks. 1800/1900. Stanford: Stanford University Press 1990. S. vii–xxxiii.

Welsch, Wolfgang: Ästhetisierungsprozesse. Phänomene, Unterscheidungen, Perspektiven. In: Deutsche Zeitschrift für Philosophie 41/1 (1993). S. 7–30.

Welt Online: Nur der Zufall ließ Josef Haslinger überleben. In: Die Welt (13.03.2007). URL: https://www.welt.de/kultur/article758940/Nur-der-Zufall-liess-Josef-Haslinger-ueberleben.html [06.07.2023].

Wenzel, Tobias: Erdbebenfester Schriftsteller. In: Deutschlandfunk Kultur (08.10.2012). URL: https://www.deutschlandfunkkultur.de/erdbebenfester-schriftsteller-100.html [04.05.2022].

Witzke, Juliane: Paratext – Literaturkritik – Markt: Inszenierungspraktiken der Gegenwart am Beispiel Judith Hermanns. Würzburg: Königshausen & Neumann 2017.

Woessner, Jochen et al.: The 2013 European Seismic Hazard Model. Key components and results. In: Bulletin of Earthquake Engineering 13/12 (2015). S. 3553–3596. https://doi.org/10.1007/s10518-015-9795-1.

Wojcik, Paula et al.: Intermedialität und Transkulturalität oder: Klassiker populär (eine Einführung). In: Klassik als kulturelle Praxis. Funktional, intermedial, transkulturell. Berlin/Boston: De Gruyter 2019. S. 1–26.

Wolf, Christa: Störfall. Nachrichten eines Tages. Darmstadt/Neuwied: Luchterhand 1987.

Wu, Zhongliang/Ma, Tengfei: The 2008 Wenchuan, China, earthquake. In: Ismail-Zadeh, Alik et al. (Hg.): Extreme Natural Hazards, Disaster Risks and Societal Implications. Cambridge: Cambridge University Press 2012. S. 301–309.

Y

Young, Iris Marion: Fünf Formen der Unterdrückung. In: Horn, Christoph/Scarano, Nico (Hg.): Philosophie der Gerechtigkeit. Texte von der Antike bis zur Gegenwart. Frankfurt am Main: Suhrkamp 2002. S. 428–445.

Yuan, Ye/Li, Jiutai/Nan, Xu: Tangshan Earthquake Memorial Park. In: Yuanye (2018). URL: http://www.yuanye-architects.com/Archives/IndexArchives/index/a_id/51.html [27.01.2022].

Z

Zhou, Yanhua: Ai Weiwei's Fairytale. A unique social engagement. In: Journal for Cultural Research 21/1 (2017). S. 76–91.

Zymner, Rüdiger: Rezeption und Semiosphäre. Zu einer Theorie des Kulturtransfers. In: Fischer, Carolin/Nickel, Beatrice/Wehinger, Brunhilde (Hg.): Rezeption und Kulturtransfer: Zur Interaktion literarischer Vermittlungsprozesse. Réception et transferts culturels: Interactions entre deux procédés de médiation littéraire. Konzepte der Rezeption 3. Tübingen: Stauffenburg 2021. S. 45–60.

Tabellenverzeichnis

https://doi.org/10.1515/9783111709321-014

Ortsregister

https://doi.org/10.1515/9783111709321-015

MIX
Papier | Fördert gute Waldnutzung
FSC® C083411

Kolibri 360 GmbH
Ferdinand-Jühlke-Straße 7
99095 Erfurt, Deutschland
produktsicherheit@kolibri360.de